KB252293

실무와 기술사를 위한

한 국 떡

· 냉동떡 그리고 기초에서 창업까지 ·

대표저자 **류 기 형**

고병윤 · 김미환 · 박지양 · 송동섭 · 임미선

도서출판 **효 일**
www.hyoilbooks.com

머리말

 떡은 서양의 빵과 비교하여 역사, 영양가, 품질 면에서 뒤떨어지지 않는 대표적인 전통곡류식품이다. 고려시대에는 대표적인 귀족 식품이었지만 조선시대에는 서민 식품으로 자리매김되어 종류도 다양해졌다. 특히 조선시대에는 떡에 대한 조리서가 출간되기도 하였다. 조선후기는 떡의 전성기라고 해도 좋을 정도로 떡에 대한 연구가 이루어지면서 식문화의 한 줄기를 주도하였다.

 이러한 떡의 발전이 일제강점기에 주춤하다가 한국전쟁을 거치면서 쌀 문화가 밀가루를 원료로 만든 빵에 밀려나면서 옛날부터 정을 나누었던 떡 문화는 사라질 위기에 직면하게 되었다. 다행히 최근에는 케이크 대신에 떡이 자주 등장하기도 한다. 전통 떡에서 출발한 퓨전 떡이 진열된 매장도 생겨나는 것을 본다. 이러한 경향은 떡산업발전과 떡 관련 상품에 대한 소비를 증가시킬 것이다.

 떡에 대한 관심에서 출발한 공주대학교 떡연구센터는 10년 전부터 직접 떡을 가공하는 분들을 위하여 전통떡 학교를 운영해오고 있다. 떡강의에 대한 수강생들의 관심과 필요한 부분에 대하여 떡가공공정을 비롯한 여러 부분에 대한 집필을 구상하게 되었다. 부족하지만 떡산업과 떡가공전문가에게 필요한 이론과 실기를 전달하고자 정리를 하였다.

 이 책은 떡에 대한 기본서로서 떡의 역사, 배합비, 원료, 떡의 화학, 가공공정, 포장, 품질관리, 떡기계, 떡데코레이션, 마케팅, 창업 분야를 포함하여 종합적으로 정리된 것으로 처음으로 시도하는 내용이다. 떡가공사업을 하고 있거나 떡가공사업을 구상하는 분, 대학에서 떡을 전문적으로 공부하는 분들을 위한 내용으로 구성하였다. 내용 및 용어선정의 오류도 있겠지만 앞으로 독자의 의견을 수렴하여 수정하려고 한다. 또한 참고문헌의 인용한 서적과 연구논문을 저자의 허가 없이 인용한 점이 있으면 양해를 구한다.

떡에 대한 서적의 필요성을 알고 집필에 참여한 공주대학교 식품공학과 대학원 박지양, 고병윤, 임미선, 송동섭, 김미환에게 감사하며 앞으로 한국떡의 현대화에 기여하길 당부한다. 떡가공에 대한 중요성을 알고 출판에 협조해 주신 도서출판 효일 김홍용 사장님과 편집부에 감사를 드린다.

저자 씀

차 례

4장 떡의 화학 ··· 71

5장 떡 가공공정 ·· 103

6장 가공공정에 따른 떡의 분류 ·························· 129

7장 냉동떡 제조 ·· 151

8장 떡의 포장 ·· 201

9장 떡의 품질관리 ·· 217

1장 떡의 소개

1. 떡의 정의

떡의 정의를 국어사전에서 찾아보면 '곡식가루를 반죽하여 쪄서 만든 음식을 통틀어 이르는 말'로 서술되어 있다. 떡의 주재료가 되는 멥쌀, 찹쌀, 보리 등의 곡류를 물에 담가 일정시간 불려 찌거나 삶거나 지져서 익힌 음식으로, 오랜 세월 동안 우리 생활에 밀착되어 각종 제례나 예식, 농경의례, 토속신앙을 배경으로 한 각종 제사, 사람이 출생하여 성장하는 통과의례, 명절의 행사 등에서 빼놓을 수 없는 한국 고유의 음식이다.

떡은 주로 간식으로 이용되는데, 추수가 끝난 가을은 곡식이 넉넉하고 농한기로 접어드는 시기이므로 무시루떡 같은 것을 해 먹었고, 겨울에는 인절미를 말랑말랑하게 구워 꿀, 조청 또는 홍시에 찍어 먹었다.

떡의 어원은 중국 한자에서 찾을 수 있는데 한대(漢代) 이전에는 '이(餌)'라 표기하였다. 이 당시는 중국에 밀가루가 보급되기 전이므로 떡의 재료는 쌀, 기장, 조, 콩 등이었다. 밀가루가 보급된 한대 이후에는 떡의 표기가 '병(餠)'으로 바뀌었다. 즉 떡의 주재료가 쌀에서 밀가루로 바뀐 것에 따른 것이다.

결국 떡을 표기한 한자는 쌀을 주원료로 사용한 조리법에는 '이(餌)'이며 밀가루가 주원료인 경우에는 '병(餠)'이라고 한 것이다. 우리의 떡은 쌀을 위주로 하여 만들어 왔으므로 '이(餌)'이지만 재료 구분 없이 '떡'이라 하고 한자로 표기할 경우에는 '병(餠)'이라 한다.

그림 1-1. 떡 원료로 사용한 벼의 수확 모습

떡은 농경의 시작과 그 기원을 함께한다. 초기농경이 시작된 선사시대에는 잡곡농사를 먼저 지었는데, 원시적인 탈곡과정에서 얻어진 거친 잡곡 가루로 특별한 조리용구 없이 굽거나 지진 떡을 얻을 수 있었다. 이러한 떡이 떡의 기원으로 추정된다.

토기시루를 사용하기 시작한 청동기시대 이후에는 찌는 음식을 주된 먹거리로 볼 수 있다. 곡물 도정이 제대로 발달되지 못한 상황에서 찌는 음식은 거의 떡의 형태였을 것인데, 이것은 오늘날 밥 이전의 상용음식이었으며 의례용으로도 이용되었다. 그 후 무쇠 솥의 이용으로 떡은 주식대용 및 별식, 의례식으로 탈바꿈하게 되었다.

떡은 만드는 과정에 따라 종류와 형태가 다양하다. 곡류가루를 시루에 안쳐서 찌는 떡, 곡물을 알갱이째 또는 분쇄하여 찐 다음 넓고 두꺼운 나무판에 놓고 쳐서 만든 치는 떡, 가루를 반죽하여 모양을 빚어 삶은 후에 고물을 묻히는 삶는 떡, 곡류가루를 반죽한 다음 모양을 만들어 기름에 지지는 떡 등 떡의 종류만 수백여 가지이다.

재료배합에 있어서도 외관을 비롯한 관능적 특성과 기능성을 고려하고 향미·맛 성분 첨가 시 다른 재료와의 조화를 꾀하는 매우 과학적이고 합리적인 특성을 가지고 있다.

떡은 단순 먹거리가 아닌 민족의 정서를 반영하고 있다. 떡을 만들면서 서로 협력하며 화목을 찾고, 정을 나누고 인내를 배우며, 이웃의 기쁨과 슬픔을 내 것으로 여기는 공동체의식을 키워 나갔다.

그림 1-2. 떡 반죽을 만들기 위해 떡메치는 모습

떡은 색상과 형태의 아름다움에 있어서도 쑥, 오미자, 진달래 등 자연에서 얻은 각종 재료를 이용하여 사람의 마음을 사로잡는다. 그리고 떡의 모양 또한 갖가지 자연의 모양을 본떠 조상들의 높은 안목을 가늠케 한다.

과거의 떡은 선조들의 삶에서 빼놓을 수 없었을 정도의 최고의 음식으로 우대받아 왔으나 현대 사회에서의 떡은 식생활의 서구화와 핵가족화, 의례음식의 간소화, 식품 공업의 발달과 제과·제빵 기술의 발달로 인해 설자리를 잃어 가고 있다.

떡에 대한 관심도 고조를 위해서는 재료와 분량의 표준화와 과학화, 공정의 간소화, 포장의 과학화 및 산업화 등을 이루어 떡을 쉽게 접할 수 있는 토대를 만들어 주는 것이 필요하다고 여겨진다.

2. 떡의 역사

1) 상고시대(上古時代)의 떡

언제부터 떡을 만들어 먹었는지는 정확히는 알 수 없다. 그러나 우리나라에서 벼농사보다 피, 수수, 기장 등의 잡곡농사가 먼저 시작되었으며, 신석기 주거지에서 발굴되는 갈돌, 확돌, 돌칼, 뒤지개, 괭이, 보습, 낫 등의 농기구에서 농경의 모습을 상상할 수 있고 또 곡물의 탈곡과 제분의 원시적인 1차 가공도 엿볼 수 있다. 또한 신석기시대 유적인 야외 굽돌화덕과 움집 속의 화덕터의 발굴이 지지는 떡의 역사를 뒷받침해 준다.

그 이후 신석기시대 부엌세간이 토기가 주를 이루고 있는 것으로 보아 화덕에 토기를 얹어 놓고 삶는 조리를 하였을 것으로 짐작해 볼 수 있다.

청동기시대 유적인 나진 초도 조개더미에서 시루가 발견되고 있다. 시루의 형태는 바닥에 여러 개의 구멍이 나 있고 양쪽에 손잡이가 있는 것으로, 솥에서 끓어오르는 증기(steam)를 이용해 식품을 찌는 용구로서 밥이나 떡을 찌는 데 사용되었음을 알 수 있다.

시루의 출토 분포도로 보아 찌는 떡의 보편화는 철기시대부터이며, 시루에 의한 찌는 조리가 일반화되어 떡의 이용이 다양화된 시기는 원삼국시대이다. 그림 1-3은 상고시대에 떡시루로 사용되었던 토기들이다.

그림 1-3. 민무늬토기와 빗살무늬토기

상고시대의 떡의 재료가 되는 곡물은 피, 기장, 조, 수수, 쌀, 콩, 보리 등이고 벼농사의 확대에 따라 여러 종류의 곡물을 혼합한 잡곡 떡에서 쌀의 비중이 점차 커지는 떡으로 발달되어 갔을 것이나, 아직까지도 이 시기에 쌀을 위주로 만든 떡을 기대하기는 어려웠다.

2) 삼국 및 통일신라시대의 떡

부족국가에서 탈피하여 국가체제를 갖춘 삼국시대는 농경이 확립되고 벼농사 중심의 농경경제를 이룬 시기이며, 통일신라시대가 되고 사회가 안정되면서 쌀을 중심으로 한 곡물의 생산량이 증대되어 쌀 이외의 곡물을 이용한 떡도 다양해졌다. 삼국 및 통일신라시대의 대표적인 떡인 콩설기와 잡곡떡을 그림 1-4에서 보여 준다.

그림 1-4. 삼국 및 통일신라시대의 대표적인 떡인 콩설기(a)와 잡곡떡(b)

떡의 기록을 문헌에서 살펴보면, 「삼국유사(三國遺事)」 신라본기 유리왕 원년(298), 왕자인 유리와 탈해의 왕위계승과 관련한 기록이 있는데, 서로 왕위를 사양하자 탈해가 유리에게 말하기를 '왕위는 용렬한 사람이 감당할 바가 못 되며, 든건대 성스럽고 지혜로운 사람은 이가 많다 하니 시험을 하여 결정하자'고 제의하여 떡을 물어 본 결과 유리의 치아 개수가 많아 왕위에 올랐다는 기록이 있다. 당시의 떡이 어떤 종류의 것이었는지는 밝혀진 것이 없으나 깨물어 잇자국이 선명히 날 정도의 떡이라면 흰떡이나 인절미, 절편류였을 가능성이 높다.

이 밖에 「삼국유사(三國遺事)」 가락국기(駕洛國記)에 제향을 모실 때의 차림음식이 기록되어 있는데, '조정의 뜻을 받들어 세시마다 술, 감주, 떡, 밥, 차, 과실 등 여러 가지를 갖추어 제사를 지냈다'는 기록이 있어 떡이 제향음식의 하나였음을 알려 주고 있다.

비슷한 시기에 발해 사람들도 시루떡을 해 먹은 것으로 보아 떡은 여전히 중요한 음식이었음을 짐작할 수 있다.

한편 일본의 「정창원문서(正倉院文書)」의 떡 만드는 방법에는 소두병(小豆餠), 대두병(大斗餠), 전병(煎餅) 등이 수록되어 있는데 이는 우리의 팥시루떡, 콩기주떡으로 해석되어 삼국시대의 우리 음식이 일본에도 전해진 것으로 보인다.

3) 고려시대

통일신라 후기의 제도와 풍속을 이어받은 고려왕조는 강력한 왕권 중심 체제를 확립하였으며, 관료제도의 발달과 불교적 분위기가 심화된 시기였다. 고려 초기에 실행한 권농정책에 힘을 기울인 결과, 곡물의 생산은 크게 늘어나 떡, 죽, 밥 등 곡류중심의 음식이 더욱 발달하였고, 상류층의 세시행사와 제사 때뿐만 아니라 하나의 별식으로서 일반에 이르기까지 널리 보급되었음을 엿볼 수 있다. 그림 1-5는 고려시대의 떡 종류들이다.

(a)   (b)

그림 1-5. 고려시대의 떡인 고물인절미(a)와 수수전병(b)

한편 삼국시대부터 전래된 불교는 고려시대에 절정의 번성기에 이르러 고려인들의 모든 생활에 영향을 미쳤는데, 음식에도 예외일 수 없었다. 채식을 강조하는 경향이 두드러지고 차를 즐겨 마셨다. 음다(飮茶)풍속의 전파는 떡과 과정류를 한층 더 발달시켰으며 고려청자를 탄생시킴으로써 음식문화의 격을 한층 높이게 되었다.

고려시대에 청애병(쑥떡), 송기떡이나 산삼설기 등이 등장한다. 고려 이전에는 쌀가루만을 쪄서 만들던 설기떡류가 이 시기에 와서 찹쌀가루, 밤가루, 쑥잎, 감, 대추 등을 섞는 등 다양한 형태로 발전되었음을 알 수 있다.

이와 같이 전시대에 비하여 고려시대에는 떡의 종류가 다양해져 서민들의 생활과 밀접한 일상식으로 자리잡아 갔음을 알 수 있고, 상사일의 청애병이나 유두일의 수단 등은 시절음식으로서 정착된 것으로 볼 수 있다.

고려시대에는 설기떡을 찔 때 꿀물을 내려서 공기가 고르게 들어가게 하였는데, 이는 떡의 탄력성을 높이고 쉽게 굳지 않도록 하는 과학적이고 합리적인 떡 만드는 기술이 이미 개발되어 통용되고 있음을 보여 준다.

또한 이 시기에는 멥쌀, 찹쌀, 찰수수를 비롯한 잡곡, 밀가루 등을 사용하였으며 떡의 부재료로서 거의 모두가 약이성 효과를 지니고 쌀에 부족되기 쉬운 영양성분이 보강된 것으로, 영양적으로도 우수한 밤가루, 쑥잎, 감, 송기, 대추를 사용하였고 조리법으로는 빚어 삶는 방법(수단 및 경단류), 부풀리는 방법(상화), 꿀물을 내리는 방법, 떡에 고물을 묻히는 방법 등으로 다양화되었다.

고려의 떡은 향약(鄕藥)의 연구와 때를 같이 하여 의식동원(醫食同源)의 개념이 깃든 건강 기능성 식품으로서의 특성을 지니고 있다.

4) 조선시대

조선시대의 과학 문명화는 농업기술과 음식의 조리 및 가공기술을 높여 주어 식생활 문화를 향상시켰다. 또한 유교를 숭상하는 새로운 정치윤리가 확립되어 관혼상제 등의 의례와 세시행사가 관습으로 자리를 잡게 되었으며, 가족윤리에 맞는 식생활의 규범을 세워 한국음식문화의 전통을 정비하였다. 특히 고려청자에 연이은 조선백자의 놀라운 발달이 식생활문화를 한층 높여 주었다고 본다. 그림 1-6은 조선시대의 떡 종류들이다.

고려로부터 일반화된 떡은 조선시대로 이어지면서 그 종류와 맛이 한층 다양하고 섬세하게 고급화되었다. 초기에는 단순하게 곡류가루를 증숙하던 방법에서 벗어나 점

(a)　　　　　　　(b)　　　　　　　(c)

그림 1-6. 조선시대의 떡인 삼색단자(a), 각색주악(b)과 각색경단(c)

차 다른 곡물을 배합하거나 채소, 과일, 버섯, 야생초, 한약재, 해조류 등을 주재료로 이용했고, 소와 고물 그리고 감미료로 조청, 꿀, 계피, 설탕, 엿기름, 참깨, 팥, 밤, 대추 등이 이용되었으며 치자, 수리취, 승검초, 송기, 쑥, 연지, 오미자 등이 천연색소로 이용되면서 궁중과 반가를 중심으로 발달한 떡은 사치스럽기까지 하였다.

조선 중기에 편찬된 각종 조리서를 통해 떡의 발전사를 알 수 있으며 조선시대의 떡을 만드는 기술에 대한 서적도 발간되었다.

석탄병은 고려시대의 감설기가 한층 발전한 것으로, 멥쌀가루에 설탕, 팥, 대추, 잣, 꿀, 녹두, 감가루, 계피, 귤병을 섞어 고물을 얹어 찐 것이며, 특히 잣가루를 많이 사용하여 케이크에 버금가는 부드러운 질감을 갖고 있다.

이 시대에 이르면 인절미도 찹쌀을 쪄서 칠 때 재료를 다양하게 넣어 쑥인절미, 대추인절미, 승검초 인절미 등을 만들었고 주재료도 찹쌀에 기장과 조를 섞어 기장인절미를 만들기도 했다.

또한 그 이전 시대까지 추정단계에 있던 개피떡이 본격적으로 문헌에 등장하고 있으며 흰떡이나 전병류 등에 여러 부재료를 이용하여 다양하게 만들었다.

이 밖에 조선시대에 경단류, 단자류 등도 새롭게 만들어져 떡의 종류가 다양해지는데, 경단류는 1680년경의 문헌인 「요록(要錄)」에 '경단병'이란 이름으로, 단자류는 1766년의 문헌인 「증보산림경제(增補山林逕濟)」에 '향애(香艾)단자'란 이름으로 처음 기록되고 있다. 한편 빈자떡이라 불리는 녹두부침이 만들어지기도 했고, 추석명절의 대표적인 절식으로 계절식과 명절음식으로서의 떡이 크게 발달했다.

이렇듯 다채롭게 발달했던 조선시대의 떡은 제례·빈례·혼례 등 각종 의례행사는 물론 대소연회·무속의례에도 필수음식으로 쓰였으며, 고려시대를 이어 명절식 및 시절식으로 범위도 점점 넓어졌다.

5) 근대 떡

19세기 말 이후 진행된 급격한 사회 변동은 떡의 역사마저 바꾸어 놓았다. 산식이자 별식거리 혹은 밥 대용식으로 오랫동안 우리 민족의 사랑을 받아 왔던 떡은 서양에서 들어온 빵에 의해 점차 식단에서 밀려나게 되었다. 또한 생활환경의 변화로 떡을 집에서 만들기보다는 떡집이나 떡 방앗간 같은 전문 업소에 맡기는 경우가 대부분이다.

이에 따라 다양하게 만들어지던 떡의 종류는 전문 업소에서 주로 생산되는 몇 가지

(a)

(b)

그림 1-7. 근대시대의 떡인 쇠머리떡(a)과 화전(b)

로 축소되어 가는 형편이니 안타깝기 그지없다. 그림 1-7은 근대시대의 떡인 쇠머리떡과 지지는 떡인 화전이다.

그러나 떡은 아직도 중요한 행사나 제사 등에는 빠지지 않고 오르는 필수적인 음식이기도 하다. 이 시기에는 시루떡류의 경우 콩을 섞어 만든 콩설기, 콩시루편, 쇠머리떡 등이 서민들이 즐겨 해 먹던 떡이었다. 특히 인절미는 찰밥을 지어 쳐서 만드는 법과 찹쌀가루를 쪄 쳐서 만드는 두 가지 방법이 함께 이용되어 왔으나 근대 이후에는 간편한 후자 방법이 주를 이루게 되었다. 「조선요리제법(1913년)」의 증보판인 「우리나라 음식 만드는 법(1952년)」에는 송기개피와 세 가지 색의 개피떡을 한데 붙인 셋붙이도 등장하였다.

절편을 송편 모양으로 빚어 다시 찐 재증병도 등장하였는데 지금은 사라진 매우 단명한 떡이다. 「조선무쌍신식요리제법(1943년)」에서 70여 종의 다양한 떡이 소개되는데 토란을 말려서 가루 내어 찌거나 송편으로 만드는 토란병, 백합뿌리를 섞어 찌는 백합떡, 여러 가지 약재를 섞어 만든 신선부귀병, 혼떡, 북떡, 석류, 수수거멀제비 등 특이한 이름의 떡들이 소개된다.

6) 현대 떡

현대에 들어 떡의 고급화물결로 떡의 모양과 포장이 다양해지고 대량생산체계의 떡들이 생산되고 있다. 또한 소비계층에 따라 서민형, 중급형, 고급형으로 나눌 수 있다. 일반적인 서민형의 떡은 인절미, 백설기, 송편, 찹쌀떡, 개피떡 등으로 일반인들이 가장 선호하는 떡들이다. 현대에 사용되는 떡 종류는 소비자의 기호에 맞게 케이크류와 과자류에서 아이디어를 얻어 개발된 제품들이 많다(그림 1-8). 이러한 떡의 퓨전화 경향은 앞으로 더욱 발전될 것이다.

중급형은 일반떡에서 조금 변형된 떡들로 호박인절미, 꽃절편, 화전, 오색경단 등으로 맛과 색상이 조금씩 변해 가는 추세이다.

고급형 떡은 맛을 한 가지로 하지 않고 여러 가지 재료를 혼합하여 더욱더 영양가를 고려한 것으로 맛과 색상을 천연적으로 사용하고 있다. 그리고 인체에 신경을 더욱 쓰면서 건강과 다이어트 등 다양한 떡의 변화로 영양떡, 다이어트떡, 한방떡, 냉동떡, 아침대용떡 등 그 종류도 늘어나는 추세이다.

(a) 꽃설기 (b) 샌드위치떡 (c) 모듬찰떡 (d) 떡케이크

그림 1-8. 현대에 사용되는 떡류

3. 떡의 분류

일반적으로 떡의 이름을 붙이는 기준은 떡을 만드는 재료, 조리법, 떡의 용도, 생김새, 만들어지는 지역에 따라 다양하다. 재료에 따라 찹쌀떡, 보리떡, 수수떡 등으로 불

리며 지역에 따른 향토떡은 각 지역별로 경기도, 강원도, 충청도, 전라도, 경상도, 제주도, 황해도, 평안도, 함경도 지방의 떡 등 9개 지역으로 구분한다. 또한 이용하는 의식과 생김새에 따라 독특한 이름을 붙였다.

위의 분류방법 중에서 떡의 제조공정에 따라 나누는 것이 합리적일 것이다. 즉 일반떡은 찌는 떡[증병(蒸餠), steamed rice cake], 치는 떡[도병(搗餠), punched rice cake], 지지는 떡[유전병(油煎餠), fried rice cake], 삶는 떡[경단류(瓊團類), boiled rice cake] 같이 4종으로 분류하고 각각 세분된다(그림 1-9).

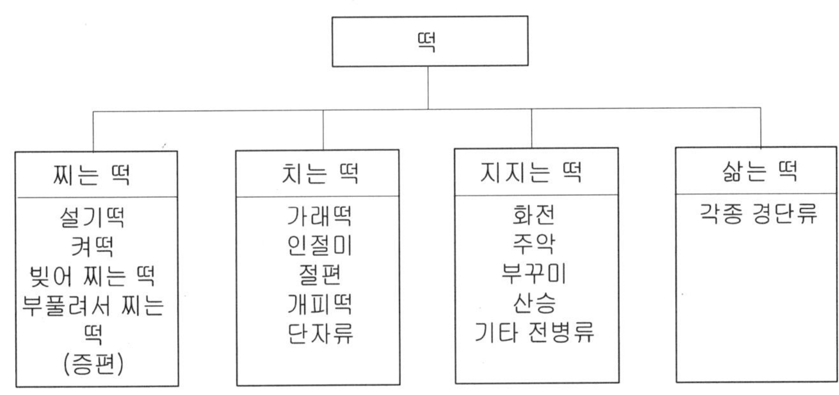

그림 1-9. 제조공정에 따른 떡의 분류와 떡의 종류

그림 1-10은 쌀을 원료로 떡의 제조공정을 나타낸 것으로 쌀을 수세하여 수침, 분쇄, 증자, 지지기, 치기, 성형, 코팅 등과 같은 단위공정(unit process)과 각각의 단위공정에서 확산, 물질전달, 열전달 등의 단위조작(unit operation)에 대한 이해를 통한 공정의 분석이 요구된다.

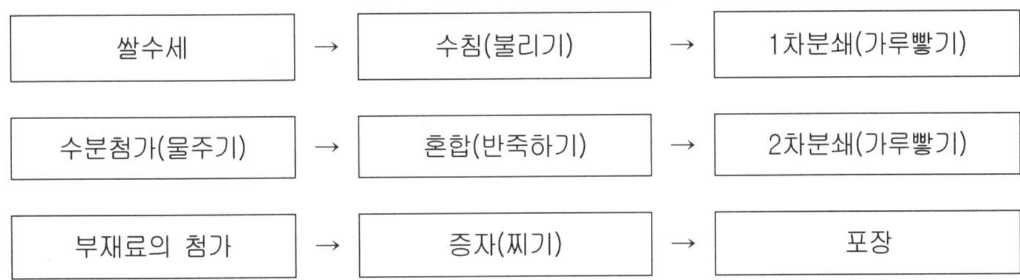

그림 1-10. 찌는 떡의 일반적인 제조 공정도

1) 제조공정에 따른 분류

(1) 찌는 떡

우리 떡 중에서 가장 기본이 되는 떡으로 그 종류도 100여 종에 이른다. 찌는 떡은 곡물을 시루에 쪄서 익힌 것으로 곡류에 포함된 전분은 호화가 일어나며 단백질의 변성이 일어난다. 찌는 떡(steamed rice cake)을 증병(甑餠)이라고 하며 설기떡, 켜떡, 빚는 떡, 부풀려서 찌는 떡 등으로 세분할 수 있다.

주재료는 멥쌀, 찹쌀, 팥, 콩, 녹두, 깨, 밀 등의 잡곡 및 두류가 사용되며 과일 및 견과류는 밤, 대추, 잣, 감, 호두, 복숭아, 살구 등이 재료로 쓰이고 향미성분은 당귀잎, 석이, 무, 쑥, 계피, 후추, 술을 이용하며 감미료는 꿀과 설탕 등이 사용된다.

그림 1-11은 일반화된 찌는 떡인 백편, 시루떡, 모듬 찰설기와 방울증편을 보여준다.

(a)   (b)

(c)   (d)

그림 1-11. 일반화된 찌는 떡인 백편(a), 시루떡(b), 모듬 찰설기(c)와 방울증편(d)

① 설기떡류

설기떡은 고운 쌀가루에 물, 꿀물 또는 시럽을 혼합한 다음, 이것을 다시 체에 쳐서 적당한 수분과 공기를 혼입하여 균질화한 다음 시루에 안쳐 충분하게 찐다. 쌀가루를 물이나 꿀물, 시럽 등으로 내리는 과정에서 쌀 전분이 쉽게 호화될 수 있도록 수분함량을 조절한다.

수분함량과 전분의 호화온도는 수분함량 45~50% 이상에서 65~70℃로 일정하지만 수분함량 45% 이하에서는 수분함량의 감소와 함께 호화온도는 증가한다. 체에 내리는 과정에서 쌀가루 입자가 고르게 되고 입자와 입자 사이에 공간이 생겨 고르게 쪄진다. 결과적으로 설기떡에 약간의 탄력이 생겨 소위 부드러운 정도가 조절될 수 있다.

이때 만일 수분이 지나치거나 설탕이 많아지면 떡의 조직이 유연성을 지니지 못하게 되고 쫄깃하게 된다. 한편 설탕이나 꿀이 섞임으로써 떡의 노화가 지연될 수 있는데 꿀이 설탕보다 더 노화가 지연된다.

섞은 재료에 따라 시율나병, 잡과꿀설기, 밤설기떡, 감설기떡, 도행병, 모해병, 석이떡, 송기떡 등이 있다.

② 켜떡류

켜떡은 떡을 안칠 때 켜를 짓고 켜와 켜 사이를 고물을 얹어 구분이 지도록 하여 찐 떡이다. 고사떡과 같이 켜를 두둑하게 안친 것을 속칭 '시루떡'이라 하고 백편, 꿀편, 승검초편과 같이 켜를 얇게 안친 것을 속칭 '편'이라 하는데 켜를 얇게 안친 여러 가지 편은 대체로 의례용이다.

켜떡은 고물을 얹어 찌는데 재료로는 팥고물과 콩고물이 많이 쓰인다. 종류는 팥시루떡, 무떡, 호박떡, 송피병, 각색차시루떡, 백미병, 녹두고물시루떡, 잡과고, 승검초떡 등이 있다.

③ 빚어 찌는 떡류

송편과 같이 모양을 빚어 찐 것, 두텁떡과 같이 모양을 형성해 가면서 찐 것 등이 있다. 특히 송편은 익반죽을 하여 빚음으로써 증숙이 잘되도록 하였다.

송편은 송병(松餅)으로도 불렸으며 17세기부터 그 명칭이 기록되어 있다. 두텁떡은 혼돈병, 합병, 후병으로도 불렸으며 찹쌀가루, 꿀, 계피가루, 밤, 대추, 통잣, 거피팥고물로 만들어진다.

④ 부풀려서 찌는 떡류

증편은 멥쌀가루에 술을 넣어 묽게 반죽하여 발효된 것을 증편틀에 보자기를 깔고 담은 후 위에 밤, 대추, 석이버섯 채 썬 것, 실백 등으로 고명을 얹어 찐 것이다.

증편은 빵의 제조공정과 유사한 점이 많다. 빵은 밀가루에 설탕, 분유, 식용유지 등과 효모를 혼합하여 반죽을 하여 발효시키는데 이때 효모가 탄산가스를 발생시켜 빵 반죽이 부푼다. 증편도 쌀가루와 함께 혼합된 막걸리에 들어 있는 효모에 의한 발효에 의해 탄산가스가 발생하여 쌀가루 반죽이 부풀어 오른 다음 쪄지게 된다. 증편의 조직도 기공이 형성되어 스펀지와 같은 빵의 조직과 유사하다.

(2) 치는 떡류

치는 떡은 도정한 곡류를 곡립상태나 가루상태로 만들어서 시루에 찐 다음 절구나 안반 등에서 친 떡으로 가래떡(흰떡), 인절미, 절편, 개피떡, 각색단자(밤단자, 쑥단자, 석이단자, 은행단자, 대추단자) 등이 있다. 그림 1-12는 대표적인 치는 떡의 종류이다.

그림 1-12. 일반화된 치는 떡인 가래떡(a), 콩인절미(b), 절편(c), 꿀떡(d), 부편(e)

① 가래떡류

가래떡은 멥쌀을 증자한 다음 성형한 떡으로 「동국세시기」의 기록을 보면 멥쌀로 길게 만든 떡이라 했고, 정월 원일에 이것을 비스듬히 얄팍하게 썰어 장국에 넣어 쇠고기나 꿩고기를 넣고 끓인 것을 떡국이라 하여 먹었다고 한다. 또한 흰떡을 다시 이용해서 산병, 환병, 어름소편, 골무떡 등이 만들어졌다.

가래떡은 현재까지 음력설에 많이 먹고 있으며 비교적 기계화된 공정으로 제조되고 있다. 쌀가루를 증자시키지 않고 직접 단시간에 성형하는 공정과 함께 저온에서 전분을 노화시켜 굳게 한 다음 절단기를 사용하여 절단한다.

② 인절미류

인절미는 본래 찹쌀을 불려서 충분하게 쪄서 뜨거울 때 안반에 놓아 매우 쳐서 치는 동안에 밥알이 뭉개져서 매끄럽게 되도록 한다. 「성호사설」에 '떡을 먼저 익힌 다음에 이것을 잘 치고 여기에 콩을 볶아서 가루로 만든 것을 묻힌다'고 기록되어 있는데 이것이 지금의 인절미로 생각된다.

「음식지미방」에서는 인절미 속에 엿을 집어 넣고 뭉근한 불로 구우라고 했고, 「증보산림경제」에서는 콩고물 묻힌 인절미를 기록했으며, 「동국세시기」에서는 콩·팥·깨고물을 묻힌 인절미가 쓰였다고 한다.

대추인절미는 찹쌀, 건시, 밤, 대추, 거피팥, 꿀 등으로 만든다고 했으며, 깨인절미는 찹쌀과 깨로 만들고 쑥인절미는 찹쌀과 쑥으로 제조되었다는 기록이 있다.

③ 절편류

절편은 「성호사설」에 처음 떡 이름만 보였고 쑥절편, 멥쌀과 소나무 속껍질로 만든 송기절편, 멥쌀·감태·연시·치자와 쑥으로 만든 각색절편, 대절병, 세절병, 양색절병 등의 이름이 문헌에 기록되어 있다.

④ 개피떡류

흰떡을 쳐서 거피팥고물로 소를 넣어 만든다고 했으며 쑥개피떡은 쑥떡으로 소를 넣어 작은 접시로 떼서 만든다고 하였다.

⑤ 단자류(團子類)

단자는 소량 만드는 경우가 많으므로 찜통을 사용하여 쪄서 보에 싸 방망이로 치댄 다음 모양을 만들고 꿀과 잣가루 등으로 고물을 묻힌다. 단자류에 대한 기록을 보면 찹쌀, 팥, 밤, 잣, 꿀로 만든다고 하였다.

석이단자는 찹쌀, 잣, 석이, 꿀, 엿 등으로 만들었다고 하였으며 찹쌀가루에 석이가루, 꿀, 다진 대추를 합하여 버무려서 백지에 기름을 발라 깔고 쪄서 잣가루를 묻혀 쓴다고 기록되어 있다.

쑥단자는 향애단자, 애단자, 청애단자로 기록되었으며 「동국세시기」에서 찹쌀, 콩, 쑥과 꿀로 만들어 10월의 음식으로 먹었다고 기록되어 있다.

(3) 지지는 떡

찹쌀가루를 반죽하여 모양을 만들어 기름에 지진 떡으로 화전, 주악, 부꾸미, 산승과 전병류 등이 있다. 차수숫가루 반죽으로 만든 병은 고려시대의 문신 이색의 「목은집(牧隱集)」에 점서란 제목으로 읊어져 있다. 지금의 빈대떡이 조선중기까지는 지지는 떡이었다고 한다.

그림 1-13은 지지는 떡인 국화전, 부꾸미, 산승과 밀전병을 보여 주는 그림이다.

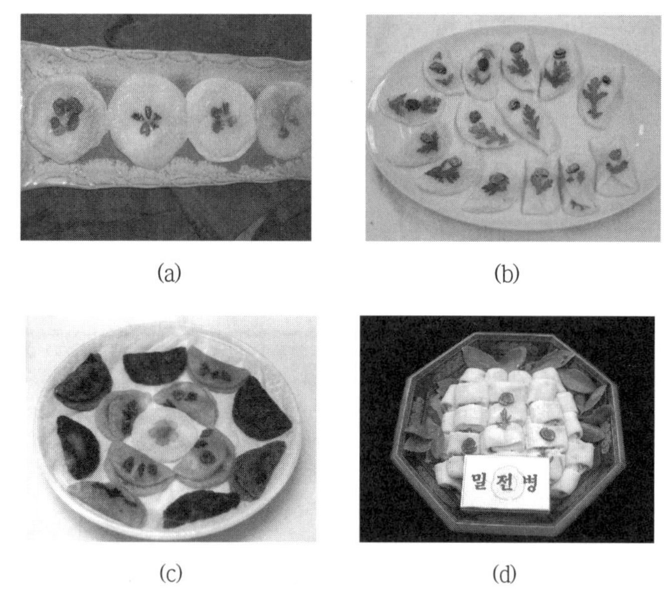

(a)　　　　　　　　(b)

(c)　　　　　　　　(d)

그림 1-13. 지지는 떡인 국화전(a), 부꾸미(b), 산승(c)과 밀전병(d)

① 화전류

「도문대작」에 꽃전, 전화법과 전병으로 처음 기록되었다. 찹쌀가루에 메밀을 섞은 반죽 또는 쌀가루, 녹두가루를 사용했다. 두견화, 장미화, 단화, 국화 등의 꽃과 꿀, 기름, 밤, 대추와 잣 등을 찹쌀가루에 같이 넣어 주물러 반죽하여 꽃의 향기가 그대로였다고 한다.

② 주악류

　찹쌀가루에 석이, 대추, 은행 등을 다져 섞어 반죽하고 작은 송편모양으로 빚어 기름에 지진 것을 주악이라 하며, 조악전 또는 조각병이라 기록되어 있다.

　「수문사설」에서 조악전(造岳煎)은 백미가루를 설탕물로 반죽하여 설탕소를 넣어 기름에 지진 것이라고 하였다. 찹쌀가루에 거피팥소를 넣은 주악을 상품(上品) 떡류로 하였다.

　주악은 각서의 가짜라 하여 조각이라고 하였으며, 다시 각(角)의 음이 악(岳)이 되어 조악(造岳)이 되었고, 이것이 지금의 조악(주악)이라고 변한 것이다.

③ 부꾸미

　부꾸미는 비교적 후대에 만들어진 떡으로, 1958년도의 문헌인 「우리나라 음식 만드는 법」에 '부꾸미'라는 이름으로 표기되고 있다.

　찹쌀가루나 차수숫가루를 익반죽하여 둥글납작하게 빚어 지지다가 팥소를 놓고 반달 모양으로 접어 붙인 떡으로, 수수를 곱게 갈아 앙금을 가라앉혀 말린 뒤 녹말을 해 두었다가 쓰기도 한다.

④ 산승

　찹쌀가루에 꿀을 넣고 익반죽한 뒤 새뿔 모양으로 빚어 기름에 지진 떡이다. 산승은 독특한 형태의 전병으로 「음식지미방」, 「시의전서」 등에 만드는 법이 기록되어 있다. 이들 문헌에 따르면 '잔치산승은 작게 한다'고 하여 각종 잔치에 산승이 널리 쓰였음을 말해 주고 있다. 그러나 어찌된 일인지 현대로 내려오면서 이 떡은 거의 만들지 않게 되었다. 큰상차림에는 갖은 편 위의 가장자리를 주악으로 네 줄 돌리고 가운데 산승을 놓는데, 산승은 주악처럼 여러 가지 색으로 하기도 하며, 웃기떡으로 주로 쓰인다.

⑤ 전병류

　화전, 주악, 부꾸미, 산승 외에 지지는 떡을 말하며 메밀총떡, 권전병, 송풍병, 토란병, 일홍, 돈전병, 빙자 등이 있다.

　전병은 더덕에 찹쌀가루를 묻혀서 기름에 지져 꿀을 재워 두라고 하였다. 서여향병은 마를 넣은 전병이고, 송기떡은 송기가루와 찹쌀가루를 섞고 잣소를 넣어서 참기름에 지져 물에 재우라고 했다.

　겸전편은 밀가루와 메밀가루 각 5홉과 녹말 2홉을 섞어서 반죽하여 얇은 조각을 만들어 채소를 싸서 기름에 튀긴다 하였고 목맥병은 메밀전분으로 반죽하여 얇게 밀어 채소를 싸서 지진다고 하였다.

(4) 삶는 떡(경단류)

삶는 떡은 고물에 따라 명칭이 달라진다. 여러 가지 경단이 삶는 떡류로 나뉘는 것이지만, 찹쌀떡을 반죽하여 빚거나 주악이나 약과모양으로 썰어서 또는 구멍떡으로 만들어서 끓는 물에 삶아 건져 고물을 묻힌 것이 경단이나 잡과병이며 수단도 삶는 떡에 속한다.

그림 1-14는 삶는 떡인 삼색경단과 원소병을 보여 준다.

(a)   (b)

그림 1-14. 삶는 떡인 삼색경단(a)과 원소병(b)

4. 지방에 따른 떡의 종류와 특징

1) 서울, 경기도

쌀, 보리 같은 농산물을 비롯하여 복숭아 등 다양한 종류의 과일이 생산되며, 서해를 접하고 있기 때문에 각종 해산물이 많이 잡혀 식생활이 풍성하고, 특히 맛 좋은 굴이 생산되어 이를 이용한 떡도 있고 쌀, 수수 등이 유명하여 다양한 종류의 떡을 만들어 먹으며 모양도 멋을 부려 화려하다.

경기도 떡의 특색은 일반적으로 맛이 구수하고 양이 많은 편인데 개성 떡만은 사치스러운 편이다. 그러므로 개성을 중심으로 한 떡이 발달한 편이며 그중에서도 주로 해 먹었던 개성경단은 고물을 묻히기 전에 집청꿀을 넣는 것이 특색인데 촉촉하고 넉넉한 고물 맛이 일품이다.

각색경단, 상추설기, 강화근대떡, 개떡, 개성주악, 개성조랭이떡, 백령도김치떡, 쑥버무리 등이 있다.

(a)　　　　　　　　　　　　　(b)

그림 1-15. 경기도 떡 갖은편(a), 삼색물경단(b)

2) 충청도

양반과 서민의 떡이 구분되어 있다. 즐겨 먹는 떡으로는 증편이 있는데 콩물과 막걸리에 반죽한 쌀가루를 발효시킨 다음 틀에 붓고 고명을 얹어 찐 것이다.

해장떡이라고 하여 충북 청원군의 강변 마을에서 큰 나룻배가 왕래할 때 뱃사람들이 술국에 곁들어 먹던 인절미가 있는데 만드는 법은 보통 인절미와 다를 바가 없지만 크기가 손바닥만하고 붉은 팥고물을 묻혀 먹음직스럽게 만들어 놓는다는 것이 특색이다.

산업은 농업이 주이기 때문에 농작물을 이용한 감자떡, 곤떡, 칡개떡, 호박송편, 햇보리떡 등이 있다.

그림 1-16. 충청도 떡 호박송편

3) 전라도

우리나라의 곡창지대로 쌀의 생산량이 많고 밭작물과 고랭지 채소의 재배가 활발하며, 산간지방에서는 산수유, 당귀, 익모초 등의 약초와 산나물과 버섯류가 풍성하고 서쪽과 남쪽은 바다를 끼고 있어 각종 해산물이 풍부하게 산출된다.

이렇듯 전라도는 자연적 특성에 의해 먹을거리가 풍성한 데다가 예부터 부유한 토반들이 대대로 맛깔스런 음식을 전하고 있어 다른 지방에 비해 음식이 사치스럽고 가짓수가 많기로 유명하다. 떡도 예외는 아니어서 국내 최대의 곡물 산지답게 감을 이용한 사치스러운 떡에서부터 약초로 만든 떡에 이르기까지 풍부하고 윤택하게 발달되어 왔다. 주악과 같은 떡은 찹쌀가루를 빻아 미리 송편처럼 만들어 두었다가 손님이 오면 즉석에서 만들어 화려한 고명을 얹어 대접하였다.

감단자, 꽃송편, 구기자떡, 모시떡, 수리취떡, 차조기떡, 풋호박떡, 밀기울떡, 콩대끼떡 등이 있다.

그림 1-17. 전라도 떡 감단자

4) 경상도

젖줄인 낙동강이 흐르고 있어 기름진 평야가 있고 동쪽 지방이 동해에 치우쳐 있어 해안 중 난류와 한류가 만나는 곳에 황금 어장을 이루고 있다. 또한 서부의 경우 지리산을 중심으로 분지와 산간지역을 이루고 있다.

이와 같은 지리적 특성에 의해 경상도의 주요 생산물은 수산물과 농산물이다. 대표적인 수산물로는 대구, 굴, 도다리, 미역, 김, 삼치, 고등어, 멸치, 대구, 오징어 등이 있으며, 농산물로는 쌀, 보리, 콩, 고구마, 옥수수, 감자가 생산되고 밤, 대추, 복숭아 등의 과일 생산량도 많다. 따라서 이들 농산물을 이용한 떡과 산간 지대에서 나는 칡, 청미래덩굴잎, 모시풀 등을 이용한 떡이 발달되어 왔다. 또한 과일 떡을 해 먹었는데, 특히 상주지방은 감을 넣어 설기떡과 편떡을 해 먹었다.

거창송편, 결명자떡, 도토리찰시루떡, 쑥굴레, 유자잎인절미, 칡떡, 호박범벅떡 등이 있다.

그림 1-18. 경상도 떡 부편

5) 강원도

여러 도와 경계를 이루는 강원도는 크게 영서와 영동으로 나뉘는데, 영서에서는 농작물이, 영동에서는 수산물이 많이 생산된다. 영서에서 주로 나는 농작물은 감자, 옥수수, 콩, 메밀 등의 밭작물이 대부분인데, 이곳이 산악지대로 이루어진 만큼 도토리, 칡, 송이, 두릅 등 다양한 산채가 대량 생산된다. 따라서 이곳에서는 찹쌀과 멥쌀을

그림 1-19. 강원도 떡 감자송편

이용하는 대신 감자를 중심으로 한 밭작물과 산채를 이용하여 만든 떡이 발달되어 왔다. 밭작물과 산채를 주로 이용하는 만큼 강원도의 떡은 극히 소박하고 구수한 것이 특징이다. 모시잎송편, 밀비지, 만경떡, 쑥굴레, 잡과편, 잣구리, 부편, 감자송편, 칡떡, 망개떡 등이 있다.

6) 황해도

연백평야와 같은 넓은 곡창지대가 있어 농산물의 생산이 많아 곡물 중심의 떡이 다양하게 발달되어 있다. 그래서 잡곡떡이나 마살떡 등 그 종류가 많고 또한 인심이 좋기로 유명하여 떡도 후한 인심답게 오쟁이떡처럼 푸짐하고 큼직하며 맛은 구수하고 소박한 것이 특징이다. 특히, 혼례 때 만드는 혼인절편이나 혼인인절미는 '안반만 하다'라는 말이 있을 정도로 큼직하게 잘라 큰 고리짝이나 놋동이에 푸짐하게 담는다.

황해도의 떡은 곡창지대답게 종류가 다양한데 오쟁이떡, 좁쌀떡, 큰송편, 연안인절미, 혼인절편, 닭알범벅, 잡곡부치기, 무설기떡, 찹쌀부치기, 징편 등을 자주 해 먹는다.

그림 1-20. 황해도 떡 오쟁이떡

7) 평안도

농산물은 쌀을 비롯하여 조·수수·옥수수·기장·감자·대두·팥·녹두 등의 잡곡과 사과·밤 등의 과일이 생산된다. 떡은 주로 이들 농산물을 재료로 만드는데, 대륙적이고 진취적인 이 지방의 특성이 그대로 반영되어 매우 크고 소담스럽다. 대표적인 떡으로 감자시루떡, 강냉이골무떡, 골미떡, 꼬장떡, 노티녹두지짐, 니도래미, 뽕떡, 찰부꾸미 등이 있다.

그림 1-21. 평안도 노티떡

8) 함경도

함경도는 대체로 지형적 여건이 험준한 산악지대여서 잡곡 중심의 빈약한 농경이 이루어지고 있다. 주요 농작물은 동해안지방에서 쌀·조·콩이 생산되고, 산간 고원지대에서는 감자·귀리 등이 생산된다. 이 밖에 수수·피·메밀·옥수수 등이 생산된다.

이 지방의 떡 또한 이들 농산물을 중심으로 이루어지며, 북쪽 지방 떡이 대개 그렇듯이 장식이나 기교 없이 소박하며 구수한 것이 특징이다.

빻은 옥수수를 옥수수잎이나 가랍잎으로 싸서 먹는 가랍떡과 언감자송편, 콩떡, 깻잎떡, 귀리절편, 찹쌀구이 등이 있다.

그림 1-22. 함경도 콩떡

9) 제주도

제주도는 강수량이 적지 않지만 토질 관계로 물이 귀하여 논이 드물어 산도(山稻),

육도(陸稻)라는 밭벼를 재배한다. 밭작물로는 조, 보리, 메밀, 콩, 팥, 녹두, 깨, 감자, 고구마 등이 있다. 쌀보다 잡곡이 더 흔하여 평상시 떡은 주로 잡곡이나 고구마, 감자, 조, 보리, 메밀 등 밭작물을 이용하여 만든다. 그러나 명절 차례상이나 제사상에는 멥쌀로 만든 떡을 올리는 경우가 많다. 고구마를 감제라고 부르는데 고구마전분으로 떡을 만드는 것이 특이하다. 또 빙떡이라 하여 무채나 무를 소로 넣고 둘둘 말아 부친 떡이 있다. 그 밖에 달떡, 백시리, 빼대기떡, 쑥떡, 약괴, 오메기떡, 은절미, 조, 쌀시리, 찰좁쌀떡 등이 있다.

그림 1-23. 제주도 솔변떡

[연습문제]

1. 떡의 어원에 대해 간략하게 설명하라.

2. 상고시대와 삼국·통일신라시대의 떡에 대해 설명하라.

3. 고려와 조선시대의 떡에 대해 설명하라.

4. 근대 떡과 현대 떡에 대해 설명하라.

5. 근대 떡과 현대 떡의 차이점은 무엇인가?

6. 떡의 종류를 제조공정별로 크게 나누어라.

7. 과거 찌는 떡과 치는 떡의 종류를 나열하고 설명하라.

8. 과거 지지는 떡과 삶는 떡의 종류를 나열하고 설명하라.

9. 음식관련 고서에 나오는 떡의 명칭과 내용을 설명하라.

10. 각 지방별 떡의 종류와 특징을 설명하라.

11. 현재 곡류 가공의 경향과 관련지어 미래의 떡의 종류를 생각해 보아라.

2장　떡의 배합비

　지금까지의 떡 가공 공정은 경험에 의해 전수되어 왔기 때문에 떡집에 따라 재료와 배합비가 조금씩 다르다. 그러나 떡 가공과 비교하였을 때 제과·제빵에서는 빵의 종류에 따라 배합비와 가공공정이 표준화되어 있다. 그러므로 떡 가공 산업이 발전하기 위해서는 재료와 배합비 및 공정의 표준화가 이루어져야 한다.

　떡 가공 공정의 표준화와 새로운 떡의 개발을 위해서는 실기와 이론이 병행되어야 한다. 떡 가공 공정에서 과거와 같이 추측과 경험에 의해 축적된 자기만의 비밀에만 의존하는 것은 문제점이 많다. 떡 제조에서 이론적 지식이 중요한 이유는 떡 가공 분야가 과학적 이론에 바탕을 두고 있는 식품공학의 한 분야이기 때문이다. 따라서 유능한 떡 가공 기술자라면 실기뿐만 아니라 원료에 관한 지식, 물리와 화학에 관련한 떡 제조 공정상 일어나는 법칙과 기본 원리에 대한 철저한 지식을 갖추어야 한다.

　떡 가공 기술자는 기능인이 아니라 기술자로서 자기가 원하는 최상의 제품을 얻을 수 있도록 배합비를 수정하거나 만들 수 있어야 한다. 또한 값비싼 원료를 제품의 품질저하 없이 대체하여 경제성 있는 제품을 만들 수 있는 능력을 갖추어야 하며 원료와 제품의 품질도 평가할 수 있어야 한다.

　제빵 기술자는 배합비를 이야기할 때 조리법(recipe)이라는 명칭보다는 배합비(formula)

라는 명칭을 주로 사용한다. 왜냐하면 제과·제빵에서 일어나는 모든 반응들은 정교한 실험이 진행되는 화학 실험과 동일하게 일어나기 때문이다. 그러므로 떡 가공에서 배합비는 떡의 품질에 있어서 매우 중요한 부분이다.

1. 떡 원료

식품재료는 재료에 포함된 영양소와 생활양식에 따라 분류될 수 있다. 재료에 포함된 영양소의 구성성분에 따라 가장 많이 포함된 영양소를 기준으로 탄수화물, 유지, 단백질, 비타민과 미네랄 식품군으로 분류한다. 생활양식에 따른 분류는 곡류·두류·서류·채소류·과일류를 포함하는 농산식품, 육류·유제품·난류와 벌꿀을 포함하는 축산식품, 어류·패류와 해조류를 포함하는 수산식품, 버섯류와 산채류를 포함하는 임산식품, 식용유지·양조식품·조미료의 다양한 기타 식품군으로 나눈다.

떡의 제조에 필요한 원료를 영양소의 구성성분에 따라 분류하면 탄수화물 식품소재는 멥쌀, 찹쌀, 옥수수 등의 곡류, 팥과 두류, 설탕, 시럽 등이 있다. 유지소재는 지지는 떡에 사용되는 식용유, 참기름, 호두, 잣 등이며 단백질 소재는 콩, 땅콩 등이 사용된다. 떡을 만들 때 첨가되는 소금과 해조류 등은 비타민과 미네랄 식품군에 속한다.

떡 재료의 주성분은 멥쌀과 찹쌀, 옥수수, 수수 등의 곡류가 포함하는 탄수화물이지만 유지, 단백질, 비타민과 미네랄도 포함된 종합적으로 영양적인 조화를 이룬 식품이라고 할 수 있다.

떡 가공에서 원료의 배합비는 영양적으로 중요할 뿐만 아니라 떡의 굳기, 모양, 색깔, 맛, 향기와 같은 품질에 영향을 미친다. 떡의 품질을 표준화하기 위해서는 가공공정에 앞서서 배합비가 중요하다고 볼 수 있다.

2. 측정 단위

떡 가공에서 사용되는 재료들은 부피보다 무게 단위에 의해 계량하는 것이 효율적이다. 왜냐하면 무게에 의한 계량이 부피보다 정확하기 때문이다. 제빵에서와 같이 떡 가공에서도 일정한 품질의 떡 제품을 만들기 위한 무게의 정확성이 아주 중요하다는 것을 인식해야 한다. 따라서 조리법에서 사용하는 부피기준의 1컵, 1스푼 등의 부정확한 계량 단위는 사용하지 않는 것이 좋다.

3. 배합비와 떡 품질

　정확한 원료의 배합비는 지속적인 떡의 품질 유지에 중요한데 떡 원료의 선정에 따라 배합비는 달라질 수 있다. 또한 떡 재료 배합비는 품질의 일관성을 유지하는 표준화에 있어서도 중요하다. 고객들은 변하지 않는 맛과 품질을 원하기 때문이다.

　떡의 품질은 물리적 품질, 영양적 품질, 관능적 품질로 나눌 수 있다. 최근에는 식품의 기능성, 즉 고혈압, 암, 순환계 질환과 같은 경제와 생활의 변화에 의해 발생하는 만성병을 예방하는 기능성 성분에 따라 결정되는 기능적 특성이 추가되기도 한다(그림 2-1).

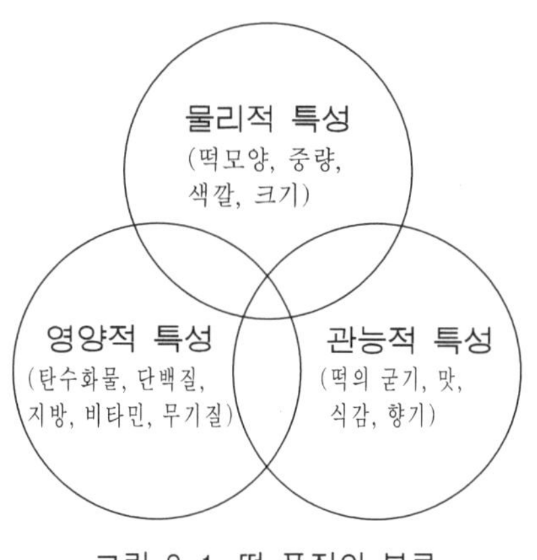

그림 2-1. 떡 품질의 분류

　떡의 품질 면에서 물리적 특성은 떡의 크기, 중량, 색깔, 수분함량을 비롯한 외관, 저장기간에 따른 굳기 등의 조직감을 포함하는 특성이며, 영양적 특성은 탄수화물, 단백질, 지방, 비타민, 무기질의 함량에 따른 특성이고, 관능적 특성은 맛, 향기, 입 안에서 씹히는 성질 등 주관적으로 판단되는 특성이라 할 수 있다.

　떡을 만들 때의 정확한 배합비는 어떻게 해야 하는가? 대부분의 떡 가공업소는 경험에 의해 배합비를 결정하는데 이제는 이러한 경험으로 하는 방식은 과감하게 버려야 한다. 다시 말해 배합비에 따라 원료를 계량할 때는 부피보다 중량으로 계량하는 것이 훨씬 정확하다. 예를 들어, 빵이나 케이크는 배합비에 따라 원료를 계량할 때 부피는 사용하지 않고 중량기준으로 계량한다. 즉 제빵에서는 소비자가 선호하는 떡을 개발하고 품질을 지속적으로 유지하기 위한 원료의 종류와 배합의 표준화가 체계적으로 갖추어져 있다고 볼 수 있다.

앞으로는 떡도 가공할 때 위에서 언급한 품질특성을 생각하면서 만들어야 한다. 그렇다면 어떻게 배합비를 표준화할 것인가?

배합비를 표준화하기 위해서는 현재 만들고 있는 떡의 배합비에 대한 기록이 중요하다. 즉 경험에 의해 이루어지는 대략적인 배합비를 수치화하는 것이다. 앞에서 언급했듯이 부피로 계량하는 것보다 중량으로 계량하는 것이 정확하다. 왜냐하면 부피의 오차는 중량으로 계량하는 것보다 크기 때문이다.

배합비의 중량측정에서는 기준을 어떻게 할 것인가? 당연히 쌀이 가장 중요하므로 쌀의 중량을 기준으로 해야 한다. 이는 제과·제빵에서도 동일하게 이루어지고 있다. 밀가루의 중량을 기준으로 배합비를 계량하는 것을 제과·제빵에서는 베이커 퍼센트(bakers, %)라고 한다. 이런 방식을 떡에도 도입한다면 표준화가 훨씬 수월하리라 생각된다. 떡의 배합비에 적용할 경우 쌀 또는 물에 담가 침지한 다음 분쇄한 쌀가루를 기준으로 배합비를 계량하면 떡원료 퍼센트(Dduk formula percent, %)라고 할 수 있다.

표 2-1에서 표 2-4까지는 대표적인 찌는 떡, 치는 떡, 지지는 떡, 삶는 떡의 떡원료 퍼센트이며 수침한 다음 분쇄한 쌀가루를 기준으로 계산한 중요한 원료의 배합비를 나타낸 것이다.

표 2-1. 주요 찌는 떡의 떡원료 퍼센트(단위 : %)

종류 \ 원료	멥쌀	물	소금	설탕	꿀	검은콩	어린쑥	딸기가루	쑥가루	단호박가루	석이버섯	거피팥가루	소금
백설기	100	21	1.2	19.5	5.9								
콩설기	100	16	1.1	11.9		41.35							
쑥설기	100	15	1.2	18.1			29.85						
무지개떡	100	23	1.1	20				0.4	0.55	0.6	0.6		
거피팥시루떡	100		1.3	22.2								200	0.9

표 2-2. 주요 치는 떡의 떡원료 퍼센트(단위 : %)

종류＼원료	찹쌀	멥쌀	소금	물	콩가루	설탕	쑥데친것	오미자	거피팥고물	소금	꿀	설탕	계피가루
인절미	100		1.5	12	31.4	8							
개피떡		100	1.5	30		6.3	25	2.5	187.5	1.3	10	8	0.25
쑥굴레	100		1.5	15		8	25		131.3	1.25	10	10	
가래떡		100	1.2	25									

표 2-3. 주요 지지는 떡의 떡원료 퍼센트(단위 : %)

종류＼원료	찹쌀	멥쌀	수수	소금	끓는 물	팥고물	설탕	소금	꿀	기름	기타
진달래화전	100			1.5	27	30	12	0.25	21.6	15	진달래
국화전	100			1.5	27	30	12	0.25	21.6	15	국화
수수부꾸미			100	1.5	27	100	25.9	0.75	18.3	15	
개성주악	67	33		2.0	35	40	17.2	0.32	30	25	

2-4. 주요 삶는 떡의 떡원료 퍼센트(단위 : %)

종류＼원료	찹쌀	수수	소금	콩가루	설탕	소금	끓는 물
경단	100		1.5	31.4	1.75	1.5	27
수수경단		100	1.5	80	21.4	1.5	27

처음에는 번거롭고 실행하기 어렵겠지만 쌀의 중량을 기준으로 떡을 만들어 보는 것이 어떨까? 쌀의 중량을 기준으로 소금, 설탕, 물을 계량하여 떡을 만드는 예를 보자. 쌀 1.5 kg에 대하여 설탕 200 g, 소금 100 g, 물 500 g을 혼합한다고 가정하자. 쌀을 기준으로 한 배합비, 즉 떡원료 퍼센트는 다음과 같다.

설탕 : 200/1,500 × 100 ＝ 13.3%

소금 : 100/1,500 × 100 ＝ 6.7%

물 :   500/1,500 × 100 ＝ 33.3%

쌀 100%, 설탕 13.3%, 소금 6.7%, 물 33.3%로 계산되므로 배합할 때마다 이러한 떡 원료 퍼센트(%)를 적용하면 된다.

예를 들어, 100 kg의 쌀로 떡을 만든다면 설탕, 소금과 물을 어떻게 계량해야 할까?

쌀 : 100 kg(100 kg의 쌀가루를 기준)

설탕 : 100 kg × 0.133 = 13.3 kg

소금 : 100 kg × 0.067 = 6.7 kg

물 : 100 kg × 0.333 = 33.3 kg이다.

즉 쌀의 양에 따라 쉽게 배합비를 계산할 수 있다.

(예 1)

중량기준으로 배합비를 계량할 때 전체원료의 중량 또는 멥쌀의 중량을 기준으로 할 수 있다. 예를 들어, 쌀을 기준으로 한 떡원료 퍼센트가 멥쌀 100%, 설탕 35%, 소금 3%, 물 37%라면 멥쌀 200 kg을 기준으로 송편을 제조할 때 배합비를 계산하라.

1) 비율과 비례계산

떡 가공에서도 제과·제빵과 같이 계산 문제를 푸는 데는 비율과 비례계산법을 알면 편리하다. 비율과 비례계산은 정비례나 반비례와 같은 직선 관계에서만 성립된다는 것을 인식할 필요가 있다.

비율은 두 숫자나 두 양을 분수의 형태로 표시하며, 반드시 두 양은 단위가 같아야 한다.

비례는 비례를 이루는 두 개 이상의 비율의 상대적 양이나 관계의 표현이기 때문에 결과적으로 네 개의 숫자나 양들의 관계가 된다. 이러한 정의로부터 네 개의 변수로 이루어진 문제는 비례를 이용하여 풀 수가 있다. 그러나 반드시 네 개의 변수 중 세 개의 변수는 알고 있어야 한다.

정비례계산

비례 계산할 때 ×와 같은 그림을 이용하면 편리하다. 이와 같은 그림을 이용하면 두 변수로 구성되는 두 세트의 비율로 나누어 놓을 수가 있다. 즉 한 세트의 비율은 수평선 위쪽에, 다른 한 세트는 수평선 아래쪽으로 나눌 수가 있다. 어느 세트가 어느 쪽으로 가든 문제가 되지 않는다.

(예 2)

‘쌀가루가 60 kg일 때(쌀가루는 떡원료 %에서 항상 100이다) 설탕의 무게가 4 kg이라면 설탕의 %는 얼마인가?’라는 문제를 가지고 비례계산을 사용하여 풀어 보면, 우선 설탕과 쌀가루라는 두 세트의 비율이 존재한다. 따라서 다음과 같이 문제를 풀 수 있다. 먼저 아래 그림과 같이 수평선을 중심으로 설탕과 쌀가루를 나누어 적고 수직선을 중심으로 같은 쪽에 같은 단위가 오도록 한다. 즉 왼쪽에는 무게 단위가, 오른쪽에는 %가 오도록 한 후 알고 있는 변수들을 적고 현재 모르고 있는 변수는 X로 표시하여 준다. 그 다음에 각 변수들을 중심점을 중심으로 교차하여 곱해 준다.

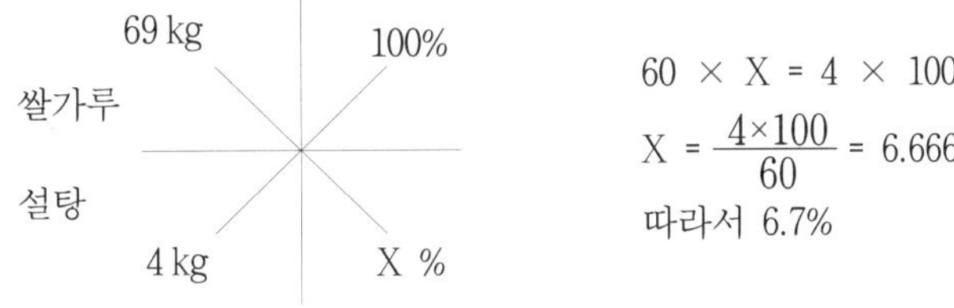

$$60 \times X = 4 \times 100$$
$$X = \frac{4 \times 100}{60} = 6.666$$
따라서 6.7%

(예 3)

8사람이 1시간에 인절미를 1,800개 생산한다. 인절미 3,000개를 생산하기 위해서는 몇 시간이 걸리는지 계산하라.

2) 농도

농도는 단위부피당 물질의 양으로 측정된다. 농도는 무게당 무게 또는 단위부피당 무게로 표현된다. 단위무게당 무게가 사용될 때 농도는 보통 백분율로 표기된다. 그러므로 식품 100 g의 20% 지방은 20 g의 지방을 함유한 것을 의미한다. 농도 값은 단위부피당 질량으로 표기되기도 한다. 예를 들면, 용액의 단위부피당 용해된 용질의 질량이다.

농도를 표기하는 또 다른 용어는 몰농도(molarity)이다. 몰농도는 용액의 리터당 용질의 몰수이다. 무차원의 형태로는 몰분율(mole fraction)이 사용되기도 한다. 계의 어느 물질의 몰수를 총몰수로 나눈 것이다. 그러므로 성분 A와 B를 포함하는 용액에 대해서 각각의 몰수는 nA와 nB라고 할 때 A의 몰분율 X_A는 다음과 같다.

$$X_A = \frac{nA}{nA + nB} \qquad (2 \cdot 1)$$

농도는 가끔 몰랄농도(molality)로 표기되기도 한다. 용액 중의 성분 A의 몰랄농도는 용매로 선정된 다른 성분의 단위질량당 성분의 양으로 정의된다. 몰랄농도의 SI 단위는 kg당 몰이다. 용매 B의 분자량이 M_B이며 용질의 A 성분으로 구성된 용액에서 성분 A의 몰분율, X_A와 몰랄농도 $M_{A'}$ 의 관계는 다음과 같다.

$$X_A = \frac{X_{A'}}{X_{A'} + \dfrac{1,000}{M_{B'}}} \qquad (2 \cdot 2)$$

몰랄농도와 몰분율은 온도와 무관하다.

(예 4)

설탕용액에 대한 농도단위를 계산하기 위하여 컴퓨터에서 스프레드시트(spreadsheet)를 개발하라. 물 90 kg에 설탕 10 kg를 녹여 설탕용액을 준비하였으며 용액의 밀도는 1040 kg/m^{3}이었다. 다음 각 문항을 계산하라.

(a) 농도·단위무게당 무게   (b) 농도·단위무게당 부피

(c) 브릭스(°Brix)   (d) 몰농도

(e) 몰분율   (f) 몰랄농도

(g) ① 설탕용액이 물 80 kg과 설탕 20 kg으로 구성되어 있고 용액의 밀도가 1,083 kg/m^{3}인 경우 ② 물 70 kg과 설탕 30 kg으로 구성된 용액의 밀도가 1,129 kg/m^{3}인 경우에 대하여서도 (a)부터 (f)까지 계산하라.

3) 수분함량

수분함량은 시료에 존재하는 물의 양을 의미한다. 수분함량은 습량기준(wet basis)과 건량기준(dry basis)의 두 가지 방법으로 구해진다. 습량기준(MCwb)의 수분함량은 수분을 함유한 시료의 단위질량당 수분의 양으로 표기된다. 그러므로

$$MCwb = \frac{물의\ 질량}{수분을\ 함유한\ 시료의\ 질량} \tag{2·3}$$

건량기준(MCdb)의 수분함량은 완전히 건조된 고체(dry solid) 시료의 단위질량당 수분의 양으로 표기된다. 그러므로

$$MCdb = \frac{물의\ 질량}{건조고체의\ 질량} \tag{2·4}$$

MCwb와 MCdb의 관계는 다음과 같다.

$$MCwb = \frac{물의\ 질량}{물의\ 질량 + 건조고체의\ 질량} \tag{2·5}$$

식 (2·5)의 분모와 분자를 완전히 건조된 고체의 질량으로 나누면 다음과 같다.

$$MCwb = \frac{물의\ 질량/건조고체의\ 질량}{물의\ 질량 + 건조고체의\ 질량 + 1} \tag{2·6}$$

$$MCwb = \frac{MCdb}{MCdb + 1} \tag{2·7}$$

상기 식은 알려진 MCdb값을 이용하여 MCwb를 계산하는 경우에 유용하다. 유사한 방법으로 MCwb의 값을 알고 있다면 MCdb값 역시 다음 식을 이용하여 계산할 수 있다.

$$MCdb = \frac{MCwb}{1 - MCwb} \qquad\qquad (2 \cdot 8)$$

이미 언급된 식에서의 수분함량값은 분율로 표기된다. 건량기준의 수분함량은 시료에 존재하는 물의 양이 완전히 건조된 고체량보다 많은 경우에는 100%보다 클 수 있다.

(예 5)

습량기준으로 수분함량이 85%인 경우를 건량기준의 수분함량으로 전환하라.

(풀이) (1) $MCwb$ = 85%

(2) 분율로 표기하면 $MCwb$ = 0.85

(3) 식 (2·8)로부터

$$MCdb = \frac{MCwb}{1 - MCwb} = \frac{0.85}{1 - 0.85} = 5.67$$

또는

$$MCdb = 567\%$$

(예 6)

인절미의 습량기준 수분함량($MCwb$)이 45%일 때 건량기준 수분함량으로 계산하라.

[연습문제]

1. 떡의 배합비가 중요한 이유는 무엇인가?

2. 떡의 원료를 영양소의 구성성분에 따라 분류하라.

3. 떡의 배합비에 사용되는 단위를 나열하라.

4. 떡품질의 세 가지 요소를 설명하라.

5. 떡의 배합비의 기준이 되는 것은 무엇이며, 이 기준이 중요한 이유를 설명하라.

6. 떡의 배합비에서 떡원료 퍼센트에 따라 중요한 찌는 떡, 치는 떡, 지지는 떡, 삶는 떡의 예를 들어 작성하라.

7. 비례식계산에서 10사람이 1분에 50개를 생산한다면 꿀떡 50,000개를 생산하는 데 걸리는 시간을 계산하라.

8. 몰농도를 정의하라.

9. 수분함량을 정의하고, 수분함량이 떡가공에서 중요한 이유를 설명하라.

10. 찹쌀떡의 습량기준 수분함량이 65%일 때 건량기준 수분함량을 계산하라.

3장 떡의 원료

1. 곡류의 구조와 영양소

1) 곡류의 구조

곡류는 풀과(Gramineae)에 속하는 식물에서 생산되는 열매로 쌀, 보리, 밀과 같은 곡류의 낟알은 동물이 생명을 유지하는 데 에너지원으로 중요하게 이용된다. 그러므로 영양소를 함유하고 있는 곡류의 구조를 이해하면 곡류가공의 원리를 쉽게 파악할 수 있다. 곡류낟알의 구조를 살펴보면 낟알을 단단하게 감싸서 내부를 보호하는 기능을 하는 외피(pericarp)와 씨눈 또는 배아(embryo), 내배유(endosperm)로 이루어져 있는데 일반적으로 곡류는 거의 유사한 구조를 가지고 있다.

곡류 중 현미의 낟알구조를 보면 도정하여 왕겨부위를 제거한 외피(pericarp), 호분층(allurone layer), 배유(endosperm), 배아(germ)로 크게 구분된다. 백미는 현미에서 외피와 호분층의 일부를 제거한 것이다. 이처럼 떡의 원료는 대부분 외피와 호분층을 제거한 전분질 배유(starchy endosperm)로 구성된 찹쌀이나 멥쌀이 사용된다(그림 3-1).

곡류의 외피는 해충과 수분 등으로부터 내배유를 보호하고 저장 안정성에 큰 역할을 한다. 곡류는 또한 효소와 기질(substrates)을 포함하고 있다. 효소와 기질이 막을 사이에 두고 존재하기 때문에 지방의 산패가 일어나지 않지만 가공공정에 의해 막의 구조가 파괴되면 저장 중 지방의 산패가 쉽게 일어날 수 있다.

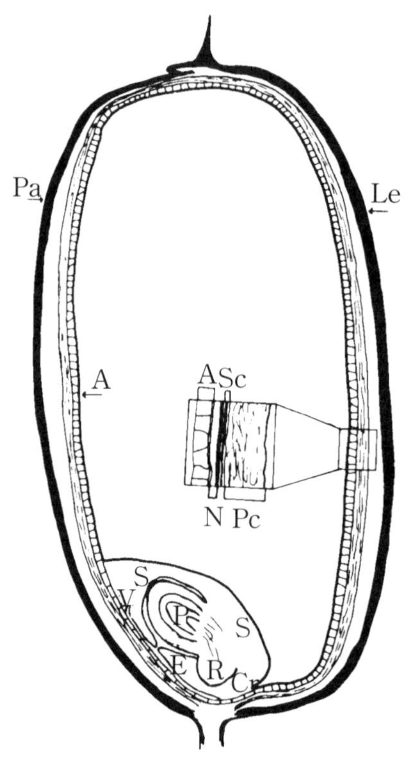

En : 전분층 내배유, Pc : 외피(과피), Le : 표피, A : 호분층, S : 배아

그림 3-1. 현미 낟알의 부위별 명칭

떡의 주원료인 쌀(rice)은 낟알과 껍질이 분리되지 않은 채로 수확되어 도정(milling)공정을 거쳐 껍질이 분리된다. 보리(barley), 귀리(oats)도 쌀과 마찬가지이다. 그러나 밀(wheat), 호밀(rye), 옥수수(corn), 수수(sorghum), 기장(pearl millet)과 같은 곡류는 수확과 함께 바로 낟알(grain)과 껍질(hull)이 쉽게 분리된다.

2) 곡류의 주요성분

곡류에 주로 포함된 영양소는 전분이다. 전분은 인체에서 일을 하는 데 필요한 영양

소이다. 그 외에 지방, 단백질, 섬유질, 무기질 등의 영양소가 존재하는데, 곡류의 종류
와 각각의 부위에 따라 존재하는 영양소의 종류와 양은 다르다.

대표적인 곡류인 쌀을 예로 들면, 각 부분은 과피층, 호분층, 전분질 내배유, 배아
부분으로 크게 나눌 수 있다. 밀, 옥수수, 보리와 같은 곡류의 경우도 약간의 차이는
있지만 쌀과 같이 나눌 수 있다.

곡류의 각 부위에 포함된 영양소를 일반화하면 표 3-1과 같이 요약할 수 있다.

표 3-1. 곡류의 구조에 따른 상대적인 영양소 함량

부 위	전분	단백질	지질	탄수화물	섬유소	비타민
곡 류 낟 알	⊕	△	△	△	⊕	△
외 피	⊖	⊕	⊕	⊕	⊕	⊕
호 분 층	⊖	⊕	⊕	⊕	⊖	⊕
내 배 유	⊕	⊖	⊖	⊖	⊖	⊖
배 아	⊖	⊖	⊕	⊖	⊖	⊕

‡상대적으로 많이 함유(⊕), 보통으로 함유(△), 상대적으로 적게 함유(⊖)

3) 곡류의 영양적 특성

(1) 전분

전분은 곡류 성분의 대부분을 차지하며 소화효소에 의해 당으로 분해되고, 분해된
당이 연소될 때 생기는 에너지를 이용하여 힘을 내는 데 이용된다. 또한 전분은 우리
체내의 소화기관에 존재하는 효소의 작용을 받아 포도당으로 분해되어 근육과 간에서
에너지원으로 이용되고 남은 포도당은 피하지방의 형태로 전환된다.

전분이 인체에서 소화되어 힘을 내는 데 이용되기 위해서는 '호화'란 과정이 필요하
다. 즉 전분을 충분한 물(약 34% 이상)과 함께 65~70℃ 정도로 가열해 주면 전분이 호
화하게 된다.

전분이 호화되면 점도가 높아지고 전분이 가진 결정구조를 상실하며, 효소에 의한
전분의 분해도가 증가하게 된다. 그러므로 우리는 밥솥에서 열과 물을 가해 쌀의 전분
을 호화시켜 밥을 하게 되며 잘된 밥은 전분의 점도가 증가하여 맛이 좋을 뿐만 아니

라 소화효소가 잘 작용하여 소화도 잘된다.

반면 호화된 쌀 전분을 낮은 온도에서 저장하게 되면 전분구조의 재결정이 생기고, 전분 분해효소에 의한 전분의 분해작용의 감소, 호화된 전분과 물의 결합력이 감소하여 전분과 물의 분리가 일어난다. 이때 형성된 젤의 굳기가 증가하게 되는데 이러한 현상을 '노화'라고 한다.

호화된 전분은 전분 분해효소의 작용을 받아서 단당류인 포도당, 이당류, 맥아당을 비롯하여 중합도가 다른 당류로 분해되는데, 이때 전분 분해효소로는 아밀레이스, 그루코아밀레이스 등이 있다. 전분의 분해도가 증가할 경우 점도가 감소하고 당도가 증가하며, 갈변반응이 증가하게 된다. 이러한 현상들은 밥을 엿기름으로 당화시켜 제조하는 식혜에서 볼 수 있다.

최근에는 곡류전분, 특히 쌀 전분에 대한 생리활성에 관한 연구가 이루어지고 호화전분과 같은 맛과 끈기를 가지면서 소화되지 않게 가공된 '효소 저항성 전분(enzyme resistant starch, RS)'이 개발되어 국내에서 시판되고 있다.

(2) 단백질

곡류의 단백질 양은 콩류와 비교하여 낮은 편이다. 밀은 다른 곡류와 비교하여 단백질의 양이 높으며, 밀단백질은 상온에서 반죽을 만드는 유일한 곡류 단백질이다. 그러나 곡류는 필수아미노산인 라이신이 부족하므로 콩이나 육류단백질을 따로 섭취하여야 한다. 콩단백질은 많은 기능성을 기지고 있다는 연구 보고가 있다.

(3) 지질

지질은 단위무게당 열량이 가장 높다. 곡류에 포함된 지질은 동물성 지질과는 생리적인 면에서 다른 기능을 가진다. 그러므로 곡류에 포함된 지질의 기능과 콜레스테롤의 관계를 이해하는 것이 중요하다.

곡류에 포함된 지방은 불포화지방산으로 불포화지방산은 상온에서 액체 상태로 존재한다. 그러나 육류에 포함되어 있는 지방은 대부분이 포화지방산으로 상온에서 고체 상태로 존재한다. 곡류에 포함된 불포화지방산은 혈중의 콜레스테롤의 함량을 강하시키는 작용을 하는데, 그 기작을 이해할 필요가 있다. 일반인들에게 콜레스테롤은 전적으로 나쁜 물질로 이해되지만, 실제로 콜레스테롤은 세포막의 재료로 쓰이는 역할을 비롯해 중요한 작용을 한다. 콜레스테롤은 음식물을 통해서 섭취되기도 하지만 간장에서 합성되어 혈액을 통해 체내 각 부분으로 운반되기도 한다.

콜레스테롤은 혼자의 힘으로는 혈액을 통해 운반되지 못한다. 그래서 콜레스테롤과 결합할 수 있는 단백질과 결합되어야 혈액을 통하여 운반될 수 있다. 즉 콜레스테롤은 기동성이 없는 화차와 같기 때문에 단백질이라는 기관차에 끌려 혈액 속을 통행할 수 있는 것이다.

최근에 와서 콜레스테롤을 좋은 콜레스테롤과 나쁜 콜레스테롤로 나누는데, 사실 콜레스테롤은 그렇게 분리될 수 없다. 단지 콜레스테롤을 끌고 갈 수 있는 지방 단백질인 기관차의 종류에 따라서 좋은 콜레스테롤과 나쁜 콜레스테롤로 나누어야 한다. 나쁜 기관차, 즉 나쁜 콜레스테롤을 끌고 가는 기관차(지방 단백질)는 혈관 벽에 들러붙기가 쉬운 것이다.

곡류에 포함된 지방은 혈중 콜레스테롤이 혈관의 벽에 붙지 않는 기관차(지방 단백질)의 양을 증가시킨다. 따라서 콜레스테롤이 많은 동물성 음식을 먹어 혈중 콜레스테롤의 양이 증가하더라도 곡류에 포함된 지방을 섭취하면 혈관 벽에 들러붙기 쉬운 나쁜 콜레스테롤의 양을 줄일 수 있다.

(4) 섬유질

곡류의 껍질 부위는 섬유소가 다량 존재한다. 이들 섬유소 중에서 먹을 수 있는 식이 섬유소가 생리적으로 중요하다. 식이 섬유소는 대부분 곡류의 과피층에 존재한다. 곡류에 포함된 식이섬유가 소화기관에서 일으키는 생리효과는 다음과 같다.

① 간장과 혈액 속 콜레스테롤 함량의 감소

② 섭취한 음식의 위 내 체류시간의 연장

③ 소장 내 체류시간의 연장으로 영양소의 이용성 증대

④ 유해 물질(암유발 인자 등)의 흡착 배설

⑤ 장내 세균총의 변화

⑥ 유기산 발효에 의한 대변의 산도 강화

(5) 비타민

곡류에는 비타민의 함량이 많지 않다. 그러나 쌀의 배아부분에는 전분이 분해되어 생성되는 당을 에너지로 바꾸는 필수적인 비타민 B_1을 비롯한 비타민 B군의 함량이 높다.

2. 곡류 원료

떡은 저장기간이 경과함에 따라 조직이 굳어져 경도가 증가하므로 떡의 품질이 저하된다. 떡이 굳어지는 현상은 전분의 노화와 관련이 있다. 그러면 노화를 방지하기 위하여 어떻게 할 것인가? 노화는 수분이 많으면 속도가 지연된다. 곡류의 외피에 많이 포함된 섬유소는 수분을 흡수하는 성질을 가지고 있어서 이러한 섬유소가 많으면 노화현상이 지연된다.

분자량이 적은 지방산도 전분의 아밀로오스와 결합하여 노화 속도를 지연시키는 역할을 한다. 쌀의 경우 백미보다 섬유소와 지방산의 함량이 상대적으로 많은 현미로 떡을 할 경우 노화속도가 지연되어 굳어지는 현상을 부분적으로 예방할 수 있다. 그러므로 떡 가공에 있어서 가공공정의 이해와 떡을 만드는 원료의 선택도 매우 중요하다.

1) 쌀

벼(rough rice 또는 paddy rice)는 껍질인 왕겨가 단단하게 결합된 채로 수확된다. 벼의 외피는 벼 무게의 20%를 차지하며 셀룰로오즈(cellulose) 25%, 펜토산(pentosan) 15%, 회분(ash) 21% 등으로 구성된다.

현미(brown rice)는 5~8 mm의 길이이고, 무게는 약 25 mg이다. 현미는 과피 2%와 호분층 5%, 배아 2~3%, 전분질 내배유 89~94%로 구성된다. 현미는 전분질 내배유 속의 공기로 채워진 미세한 기공 때문에 빛이 반사되지 않으므로 불투명성이며 전분질 내배유는 밀집돼 있고 전분과 단백질 몸체로 구성된 다각형이다(그림 3-2a).

단백질 몸체는 전분질 내배유 중심 근처의 세포 속보다 호분 속 세포 속에 많이 존재한다(그림 3-2b). 다각형의 전분은 곡물이 성장하는 동안 전분의 압착에 의해 형성된다(그림 3-2c).

(1) 현미의 내부구조

배아를 제외한 현미의 내부구조는 그림 3-3과 같이 표면으로부터 과피, 종피, 외배유, 호분층, 내배유(전분질 내배유라고도 함)로 구성되어 있다.

① 과피와 종피

과피는 그림 3-3에서와 같이 여러 층으로 형성되어 있고, 층의 두께는 20~30 μm이

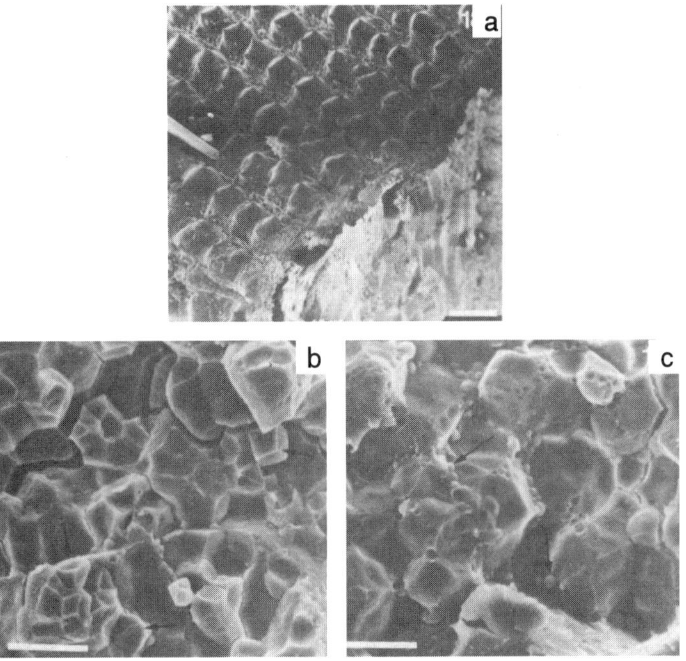

a. 벼 외피의 표면
b. 호분층 근처의 단백질과 전분입자의 복합체(화살표는 단백질 덩어리를 나타냄)
c. 전분질 내배유 중심의 전분입자 및 손상전분입자
그림 3-2. 쌀 낟알의 내부구조를 나타낸 주사전자현미경 사진

며, 내과피는 횡세포(미숙립에서는 엽록소)와 관상세포로 구성되어 있다. 다음 층에 얇은 종피가 있고, 층의 두께는 1 ㎛ 정도로 완숙 후에는 과피층과 결합되어 분리하기 어렵다. 외배유층은 종피의 안쪽에 접해서 두께가 2 ㎛ 정도로 형성되어 있다. 한편 종피에 색소가 들어가면 앵미가 된다.

과피는 배아 및 배유를 적당한 수분상태로 조절하고, 병균 등의 침입을 방지하는 역할을 한다.

② 호분층

호분층은 종피의 안쪽에 접해 있으며, 층의 두께는 25~45 ㎛ 정도로 전분의 축적이 적고, 단백질, 지방, 비타민, 무기성분 등이 많이 포함되어 있다. 그러나 이 층은 세포막이 두껍고, 소화가 잘 안될 뿐만 아니라 밥의 끈기를 감소시키므로 도정할 때 제거한다. 이 층은 현미의 배 부근에서는 2~3층, 등 부근에서는 5~6층으로 형성되어 있다.

 호분층은 수분을 많이 함유하며, 곡온이 올라가면 전분층의 수분을 흡수하고 곡온이 내려가면 전분층으로 수분을 방출하는 성질이 있다.

③ 전분질 내배유

 주로 전분을 저장하는 기능이 있으며, 1~3 μm 정도인 단백질 과립을 저장하고 있다. 저장물질 중에 주로 90~92%가 전분이고, 보통 6~9%가 단백질로 구성되어 있으며, 현미에서 겨층을 제거하면 백미가 되어 식용으로 이용하는 부분으로 씨젖이라고도 한다.

 그림 3-3에서와 같이 전분세포는 중심에서 배와 등 쪽으로 방사상 배열을 하고 있으며, 중심부에 가까울수록 세포가 크다. 세포 속에 포함되어 있는 전분립 중 작은 것은 1~2 μm 정도이고, 큰 것은 9~10 μm 정도로 알려져 있다.

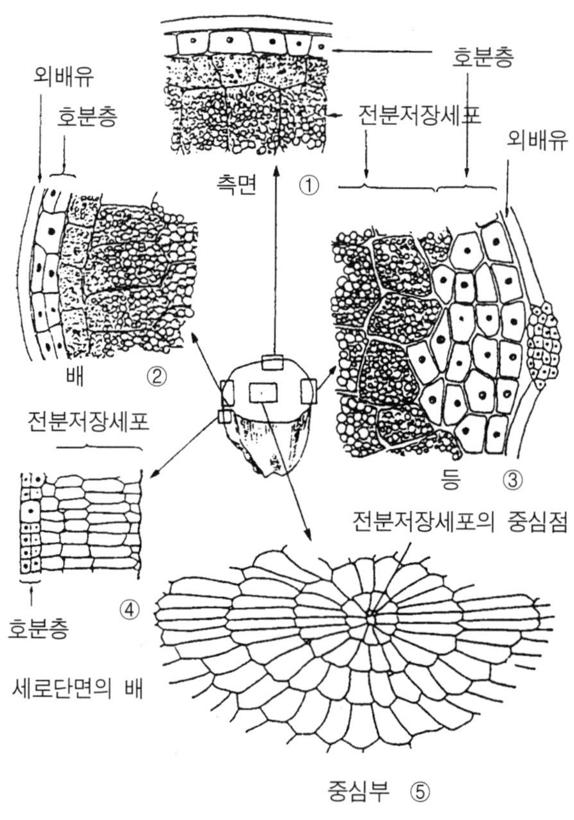

그림 3-3. 현미의 내부구조

④ 배아

현미의 각 부분 중에 가장 우수한 영양가를 함유하고 있는 부분으로 비타민 B_1, 단백질, 지방 등이 함유되어 있다.

배아는 현미와 외부의 평형함수율 상태를 유지하는 기능이 있으며, 곡온이 올라가면 수분을 흡수하고, 곡온이 내려가면 수분을 방출하는 성질이 있다.

(2) 낟알의 주성분

수분함량이 14.5~15.5%인 현미의 주성분은 전분(탄수화물)이 가장 많이 함유되어 있고, 단백질, 지방, 비타민 B_1 등도 함유되어 있다. 특히 지방과 비타민 B_1은 주로 배아와 호분층에 많이 함유되어 있다. 표 3-1은 미립 100 g당 주성분 함량을 나타낸 것이다.

표 3-1. 쌀 낟알의 영양성분

종류	단백질 (g)	지방 (g)	전분(g)		비타민(mg)			칼로리 (kcal)	비고
			당질	섬유질	B_1	B_2	나이아신		
현미	7.4	3.0	71.8	1.0	0.54	0.06	4.5	351	
백미	6.9	1.7	74.7	0.4	0.32	0.04	2.4	356	7분도
백미	7.0	2.0	74.4	0.4	0.30	0.05	2.2	354	배아미
밥	2.6	0.5	31.7	0.1	0.03	0.01	0.3	148	

국내산 현미는 6~10%, 백미는 6~9% 정도의 단백질을 함유하고 있고 품종 및 재배지역에 따라 함량범위 외의 종도 있다. 단백질은 쌀의 품질요소 중 특히 식미에 영향을 미치는 요소로, 단백질함량이 높으면 전분이 물을 흡수하는 것을 어렵게 하여 호화가 억제되므로 밥이 부드럽지 못하고 끈기가 저하된다.

현미와 백미에는 표 3-1에서 보는 바와 같이 전분이 72~75% 함유되어 있는데, 전분은 포도당이 다수 결합되어 만들어진 다당류이다. 포도당, 즉 전분은 아밀로오스와 아밀로펙틴으로 구성되어 있다. 아밀로오스는 쟈포니카(Japonica) 형태의 멥쌀 전분 중에 대략 17~24%, 인디카(Indica) 형태에는 26~31%가 함유되어 있으며, 나머지는 아밀로펙틴이다. 찹쌀 전분에는 아밀로오스가 거의 함유되어 있지 않고, 아밀로펙틴이 주성분이다.

　한편, 아밀로오스의 함유율은 식미의 지표로서 끈기와 관계가 있으며, 아밀로오스의 분자구조는 쌀 전분의 호화성, 노화성에 영향을 미친다. 맛이 있고 끈기 있는 쌀의 아밀로오스 함유율은 대략 17.5~18.0%인 것으로 알려져 있는데, 식미를 향상시키기 위해서는 먼저 아밀로오스의 함유량이 낮은 품종을 개량하는 것이 바람직하다.

2) 보리

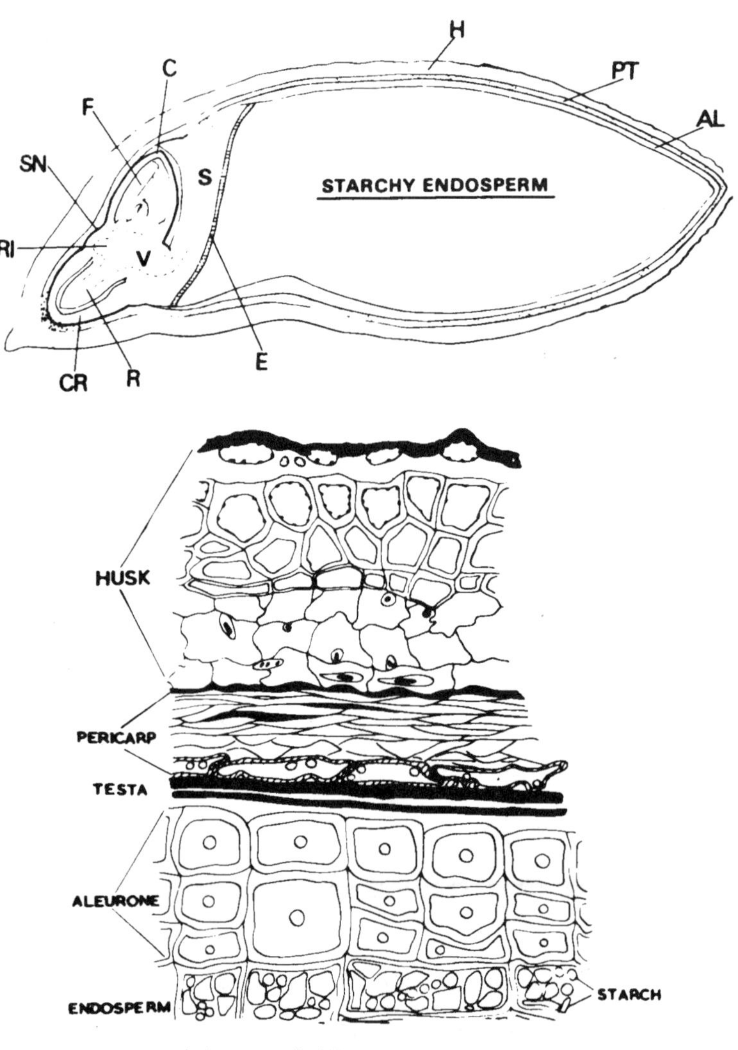

H : 외피, PT : 과피층, AL : 호분층, V : 배아

그림 3-4. 보리 낟알의 구조 및 미세구조

쌀과 보리(barley)는 겨부위가 분리되지 않고 수확되며 보리는 외피(pericarp), 씨의 껍질(seed coat), 배유(germ), 전분질 내배유(endosperm)로 구성된다(그림 3-4).

보리의 호분층은 두세 개의 세포층을 만들며 중간 크기의 낟알은 35 mg이다. 또한 일부 재배종의 호분층은 파란색이고 나머지는 흰색이며 배젖 세포들은 단백질 복합체가 깊숙이 박혀 있는 녹말에 싸여 있다(그림 3-5).

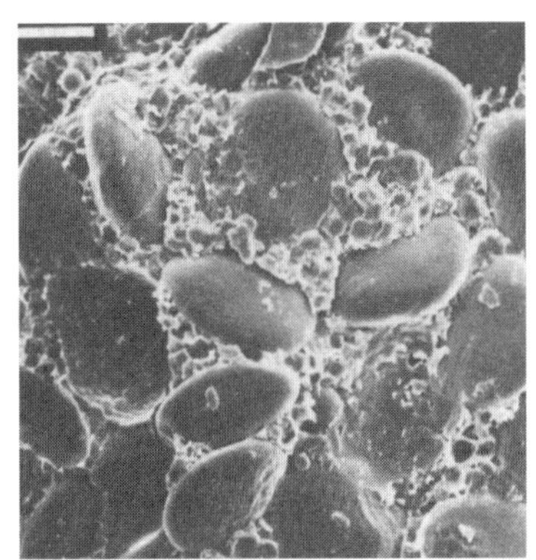

그림 3-5. 전분질 내배유 내부의 전분입자와 단백질 복합체

3) 수수

수수(sorghum)의 낟알은 크기, 모양과 외피의 색깔, 전분질 내배유의 강도 등이 다양하다. 수수의 낟알은 구형이고 20~30 mg이며 외피의 색깔은 백색, 적색, 밤색으로 다양하다. 수수 낟알의 구조는 외피 7.9%, 배아 9.8%, 내배유 82.3%이다.

수수의 외피는 높은 수준의 압축된 타닌(tannin)을 포함하고 있다. 타닌은 최근 여러 가지 약리적인 작용이 밝혀졌다.

수수는 암 예방에 효과적이다. 수수에 들어 있는 타닌과 페놀(phenol) 성분이 항돌연변이, 항산화작용 및 항암작용을 하기 때문이다. 타닌은 중초(中焦 : 염통과 배꼽의 중간)를 덥게 하고 위장을 수렴하며, 기를 보하고 구토와 설사를 멈추게 하는 효능이 있다. 그러한 타닌은 항암작용이 있는 반면 수수로 만든 떡의 색깔을 나쁘게 하는 원인이 되기도 한다. 그래서 보통 수수를 이용한 음식을 만들 때 발효음료수를 만들 경우를 제외하고는 색깔이 적고 타닌함량이 적은 수수품종을 선호하게 된다. 또한 타닌의 나쁜 영향을 없애기 위하여 물에 담가 타닌을 우려 빼 수수를 이용하기도 한다.

폴리페놀(polyphenol)은 곰팡이에 대한 저항성(종실과 식물체)이 있다. 수확 전 발아를 억제해 주고 저장 중 해충의 피해도 줄여 줄 뿐만 아니라 발효식품을 만들 때는 매우 유익한 작용을 한다.

표 3-2. 수수의 영양성분 함량(성분/100g)

에너지	수분	단백질	지방	당질	칼슘	비타민 B_1	비타민 B_2
340 kcal	12.0%	10.3 g	4.7 g	69.5 g	9 mg	0.10 mg	0.03 mg

4) 옥수수

옥수수는 곡물의 낱알 중에서 크기가 가장 크고 무게는 평균 350 mg 정도이며 일반 옥수수, 찰옥수수, 팝콘용, 사료용 등의 다양한 품종이 재배되고 있다.

낱알은 외피, 브랜(과피와 종자의 껍질), 배유, 내배유의 4부분으로 크게 나누어져 있다. 옥수수 낱알은 여러 가지 색깔이 있으며 짙은 흰색에서부터 어두운 갈색이나 자주색 범위의 색을 띤다. 흰색과 노란색이 가장 보편적이며 외피 부분은 낱알의 약 5~6%를 차지한다. 그리고 배아는 상대적으로 크고 낱알의 10~14%를 차지하며 나머지부분은 내배유이다. 옥수수 단백질은 제인(zein)으로 명명되어 왔다.

 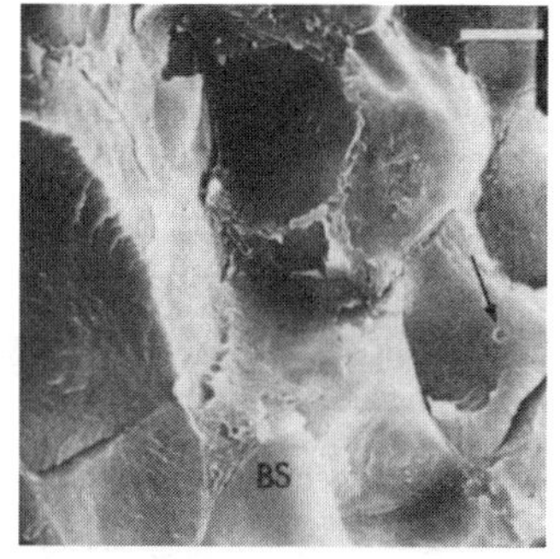

(a) 옥수수 전분입자의 공간 배열   (b) 내배유에 포함된 손상전분(BS)

그림 3-6. 옥수수 전분입자와 손상전분

옥수수의 낱알은 매우 단단하다. 그림 3-6에서 깨진 전분의 많은 부분이 단백질과 녹말의 결합이 강한 것을 보여 준다. 옥수수는 다른 곡류와는 달리 수분이 독립적으로 수분제분과정을 하는 동안에 단백질과 전분을 분리할 수 없다. 그러나 불투명한 내배유를 가진 옥수수는 조직이 부드러운 편이다.

5) 밀

밀의 낱알 평균직경과 무게는 8 mm와 35 mg이며 낱알의 크기는 품종과 이삭의 위치에 따라 차이가 있다. 밀은 종단면을 따라 안쪽으로 파인 주름(crease)이 중앙 가까이 뻗어 있으며, 이러한 주름은 성장과 함께 깊이가 깊어지게 되고 미생물과 먼지로 채워지기도 한다. 또한 주름 때문에 제분(milling)할 때 낱알로부터 브랜(bran)의 분리가 어렵다.

밀 낱알의 강도(hardness)와 색깔은 품종과 기후에 따라 다양하고 변화도 광범위하다. 낱알의 구조는 배유 부위의 전분과 단백질의 상호인력과 관계가 있으며, 외피의 색깔은 보통 흰색이나 적자색으로 이것은 낱알외피의 색소와 관계가 있다. 또한 외피의 색깔은 육종에 의해 변화시킬 수 있다.

밀(wheat) 낱알의 횡단면과 종단면은 그림 3-7과 같다.

(1) 외피

외피(pericarp)는 전체의 낱알을 둘러싸고 있는 몇 개의 층으로 구성되어 있다. 외피의 바깥은 얇은 세포벽의 잔여물로 구성되어 있는데 이는 세포벽의 균열로 생긴 층이며 이러한 층이 없어지면 외피 내부로 수분이 쉽게 이동된다.

외피의 안쪽은 종단세포(cross cells), 튜브세포(tube cells)와 같은 두 가지 세포의 중간형태로 구성되어 있다. 종단세포는 원통모양(약 125/20 μm)으로 길이가 긴 편이다. 전체 낱알무게의 약 5%가 외피이며 단백질 6%, 회분 2%, 셀룰로오스 20%, 지방 0.5%로 구성되어 있고 나머지는 다당류로 되어 있다. 외피에 전분은 존재하지 않는다.

(2) 외막과 세포핵 표피

외막(seed coat)은 바깥쪽 튜브세포 중심 쪽에 세포핵 표피(nuclear epidermis)가 단단하게 결합되어 있으며 세 개 층으로 구성되어 있다. 두꺼운 바깥 외막, 색소를 포함한 층 그리고 얇은 안쪽 외막으로 구성되어 있다. 연질밀(soft wheat)의 외피는 색소가 거의 없는 셀룰로오스의 압축된 세포층을 가지고 있다.

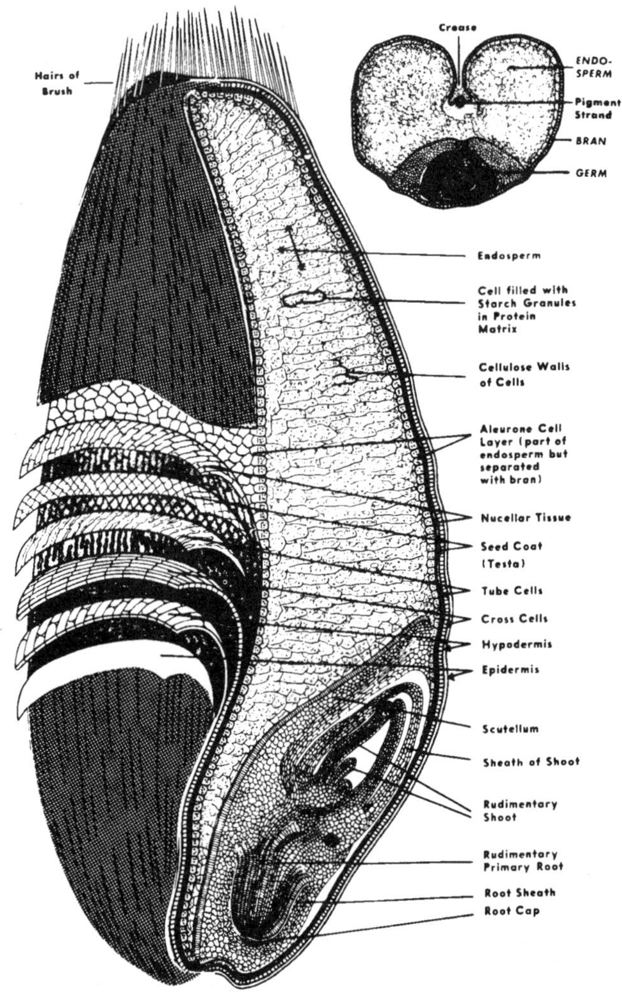

그림 3-7. 밀의 횡단면과 종단면의 구조

외막의 두께는 5~8 ㎛까지 변화하며 투명한 세포핵 표피층은 약 7 ㎛ 두께이고 외막과 호분층(allurone layer)은 단단하게 결합되어 있다.

(3) 호분층

호분층(allurone layer)의 두께는 세포의 직경정도이며 완전히 낟알을 싸고 전분질 내배유(starchy endosperm)와 배아(germ)를 감싸고 있다. 호분층은 제분과정에서 분리되어 브랜(bran)이라고 불리기도 하며 브랜은 호분층과 함께 세포핵 표피, 외막, 외피의 일부로 구성되어 있다.

호분층 세포는 벽이 두꺼운 편이며 낟알이 성장할 때 전분의 이동이 자유롭다. 세포의 평균 크기는 약 50 μm이고 세포벽은 3~4 μm 두께이며 섬유소를 다량 함유하는 것으로 알려져 있다. 호분층의 구조는 복잡한 편이며 상대적으로 회분, 단백질, 파이테이트(phytate), 파이테이트에 포함된 인(phosphorus), 지방, 나이아신(niacin)의 함량이 높은 편이다. 티아민과 리보플라빈은 브랜의 다른 부분보다 호분층에 많이 분포되어 있으며 효소 활성도 높은 편이다.

(4) 배아

밀 배아(germ, embryo)는 전체 낟알의 2.5~3.5%를 차지한다. 배아는 두 개의 주요부분으로 구성되어 있다. 즉, 발아하여 뿌리와 줄기를 구성하는 배아축(embryonis)과 영양소를 저장하는 기능을 가진 스칼텔륨(scutellum)으로 구성되어 있다. 배아에는 상대적으로 단백질 25%, 당 18%, 지방(배아축 16%, 스칼텔륨 32%), 회분 5% 등이 다량으로 함유되어 있고, 전분에 없는 다량의 비타민 B와 효소를 포함한다. 또한 배아에는 아주 높은 비타민 E(토코페롤, 500 ppm 범위)와 당류인 설탕(sucrose)과 라피노스(raffinose)가 함유되어 있다.

(5) 내배유

전분질 내배유(endosperm)는 호분층을 제외하고 세 가지 세포의 형태로 구성되어 있다. 경질밀(hard wheat)은 단백질의 함량이 높아 수분 흡수성이 높고 물의 흡수 선택성을 가지고 있으며 연질밀(soft wheat)은 수분 흡수성은 낮은 편이다. 경질밀과 연질밀의 차이점은 낟알의 부서짐에 있다.

경질밀은 세포알맹이에 관한 것보다 세포벽에 처음으로 부서짐이 일어나는 것을 말하며 이러한 현상은 세포 호분층의 두께가 얇다는 증거이다.

3. 물

수분함량은 떡의 물성과 안전성, 품질을 결정하는 중요한 요인이다. 쌀가루에 수분함량이 많으면 물의 정상적인 표면장력값을 초과할 수 없어 균등하게 수분을 흡수하지 못한다. 따라서 이러한 입자들은 서로 뭉치고 붙어서 외부는 끈적끈적하고 내부는 건조한 상태의 입자로 변해 수용상에서 쉽게 현탁하지 않는다. 쌀가루의 수화속도를 고려하여 적당하게 수분을 첨가하여 혼합하는 것이 좋은 품질의 떡을 만드는 가장 좋은 방법이다.

만약 수분함량이 너무 적으면 딱딱하여 원하는 제품을 얻기 힘들다. 물의 양을 조절하여 떡의 굳기를 조절할 수 있는데, 특히 기온의 차이에 관계없이 항상 일정한 제품을 얻기 위해서는 물의 온도변화를 주는 수온 조절법을 이용하면 만족할 만한 일정한 떡을 얻을 수 있다.

1) 연수와 경수

연수는 단물이라고도 하는데 비누가 잘 용해되고 때가 잘 진다. 일반적으로 저수지, 호수, 강에서 취수하는 물을 말하는 것으로 물속에는 많은 양이온 성분과 음이온 성분들이 들어 있는데 특히 그중에서 양이온 성분(칼슘, 마그네슘 등)이 상대적으로 적은 물을 연수라고 한다.

경수는 센물이라고도 하는데 지하수는 보통 세기가 커서 센물에 가깝고 빗물은 세기가 작아 단물인 경우가 많다. 경수에는 칼슘과 마그네슘이 많이 용해되어 있는데 이들은 독립된 원소로 용해되어 있는 것이 아니라 중탄산염, 황산염, 질산염 그리고 염화물로 녹아 있다. 경수는 비누의 효과가 좋지 않으므로 가정용수와 공업용수로 적절하지 않다. 특히 경수가 보일러 용수로 쓰일 때 물때(slim)의 원인이 되기도 한다. Ca, Fe 등은 인체에 필요한 성분으로 음료수에 다소 있는 것은 좋으나, 너무 경도가 높으면 설사를 일으킬 수 있다. 우리나라 음용수 기준은 300 ppm 이하로 되어 있으나 실제로는 100 ppm 이하가 좋다고 한다.

2) 자유수와 결합수

식품에 함유된 물은 보통의 물과 같은 형태의 자유수(free water)와 결합수(bound water)로 나눈다. 자유수는 수용성 성분을 녹이고 건조식품 또는 냉동식품을 만들 때 증발 또는 동결되는 물을 말하며, 미생물의 번식이나 산소 또는 비 산소반응에 이용되고 식품의 변질에 영향을 준다. 결합수는 전분이나 단백질에 결합되어 있으며 0℃ 이하에서 얼기 어려운 물을 말한다. 결합수는 자유수에 비하여 증발되기 어렵고 또한 얼기 어려우며 용매로 작용하지 않는다.

4. 당류

떡의 단맛을 내기 위하여 첨가되는 당은 주로 설탕이며 떡의 종류에 따라 차이는 있지만 보통 15~20% 범위로 당을 첨가한다. 당류의 단맛은 상대적인 수치인 상대단맛의 설탕(슈크로오스)을 100으로 하여 맥아당(말토오스)은 80, 과당(플락토오스)은 160이다. 당류는 물과의 결합력이 강하므로 떡 반죽에 첨가되면 떡 수분의 확산작용으로 외부로 수분이 증발하는 것을 방지한다. 이러한 이유에서 당의 첨가는 떡의 조직감에 끈기를 주며 노화로 인해 떡의 조직이 굳어져서 품질이 저하되는 것을 방지한다.

1) 설탕

설탕은 떡에 단맛을 내 주는 가장 기본적인 양념으로 백설탕, 황설탕, 각설탕 등 제조법에 따라 여러 종류로 나누어진다. 설탕은 당분의 순도가 높을수록 냄새가 없는 단맛을 함유하며 그 원료는 사탕수수와 사탕무로 감미료로 사용한다.

설탕의 단맛은 신맛이나 쓴맛을 부드럽게 하고 전체의 맛을 순하게 한다. 그러나 양이 너무 많으면 혀가 단맛으로 만족해 버리기 때문에 본래의 재료가 함유하고 있는 독특한 맛을 알 수 없게 한다. 그러므로 설탕 첨가 시에는 적절한 양으로 조절하는 것이 필요하다.

2) 올리고당

올리고당은 기존 당류가 갖고 있는 비만, 충치의 원인, 당뇨병, 콜레스테롤이나 중성지방 증가 등의 생리적 기능을 보완하고, 기존 당류와 이화학적 특성이 매우 유사하며 감미도에서도 비슷하다. 대부분의 당질이 신체 내 소화효소에 의해 구성 단당으로 분해되어 흡수되는 데 반하여 올리고당은 소화효소에 의해 분해되지 않아 칼로리가 아주 적다. 즉 설탕은 칼로리가 4 kcal/g인데 비하여 프럭토올리고당은 1.5 kcal/g, 이소말토올리고당은 2~2.5 kcal/g으로 낮으므로 저열량 제품이 요구되는 당뇨병이나 비만 등과 같은 성인병 환자들에게 설탕을 대체할 수 있는 당으로 사용할 수 있다.

올리고당이 기능성 식품소재로서 주목을 받는 가장 큰 이유는 장내 유용 미생물의 증식을 촉진하는 기능성이 크기 때문이다. 소비자들의 건강지향 욕구가 강해지고 있는 현대의 식생활을 생각해 볼 때 기능성 올리고당을 이용한 제품 개발 시 이들 제품의 소비가 지속적으로 증가하고, 소비자의 인식도 상승될 것이다. 이와 같이 올리고당의 기능성과 소비자의 의식 때문에 떡에 설탕 대신 사용할 수 있는 감미료가 될 수 있다.

5. 지질

유지는 식물성 유지와 동물성 유지로 분류하는데 떡에서는 식물성 유지를 사용한다. 식물성 유지의 종류로는 대두유, 유채유, 올리브, 유참기름, 들기름, 면실유, 야자유 등이 있으며 떡에는 주로 참기름, 유채유, 올리브유 등이 사용된다. 유지의 중요성은 제품의 종류에 따라 달라질 수 있다.

일반적인 설기류는 유지를 전혀 사용하지 않지만 화전이나 찹쌀부꾸미 등 지지는 떡 종류에는 사용되며 경단이나 송편과 같이 제품의 향과 보존성을 위해서도 많은 양의 유지가 사용된다. 유지는 영양적으로 중요하며 조직감, 향미에 영향을 끼친다. 또한 유지 유도체는 유화제로서 그 기능이 매우 중요하다. 유지는 고체인 지방과 액체인 기름으로 구별하는데 서로 지방산 조성과 특성이 다르다.

유지가 중요한 이유는 세포막의 주성분, 장내에서의 유화작용, 에너지원, 신체 보호막, 맛의 상승효과, 지용성비타민 운반체, 향기성분 발현, 필수지방산 공급, 소화율 증진 등 다양한 기능을 수행하고 있기 때문이다. 유지는 마가린, 쇼트닝, 라드, 식용경화유 등의 제조에 직접원료로 쓰이고 기타 가공식품에는 조직감의 향상, 영양보완, 미각, 향미증진용으로 첨가되고 있다.

6. 유화제

떡가공에 있어서 유화제는 1~2% 이하의 아주 적은 양을 첨가한다. 유화제는 전분을 구성하는 아밀로오스 사슬과 결합하여 노화를 지연시키는 역할을 하여 떡의 조직이 굳는 속도를 지연시킨다. 예를 들어, 식물성 유지·레시틴 혼합물은 떡의 조직을 조절할 수 있도록 0.5%에서 1%까지 사용 가능하다. GMS(glyceryl momostearate) 0.3~0.5%의 첨가는 아밀로오스와 복합체를 형성하여 노화를 방지하고 조직감이 바삭한 아침식사대용 시리얼의 제조에 중요하다.

유화제는 하나의 분자에 친수성과 소수성기가 있는 화합물이다. 이것이 수분과 유지 혼합물에 추가될 때 계면장력의 감소와 아밀로오스에 유화제가 복합체를 형성하여 결합할 수 있다. 아밀로오스-유화제 복합체는 불용성이며 가열에 대하여 비가역적이다. 표 3-3은 유화제의 종류에 따른 복합체 형성지수를 보여 준다.

표 3-3. 유화제 종류에 따른 아밀로오스 복합체 형성지수

유화제의 종류	복합체 형성지수
수소화한 돼지기름	92
수소화한 콩기름	87
수소화하지 않은 돼지기름	35
Acetylated monoglyceride	0
Mono-diglyceride(saturated)	42
Lactiylated monoglycerides	22
Succinylated monoglycerides	63
Propylene glycol monostearate	12
Sodium stearoyl-2-lactylate	72
Lecithin(콩기름)	15

7. 소금

소금은 떡 가공에서 가장 중요한 요소 중의 하나로 미생물의 번식과 부패를 방지하며 떡의 색을 선명하게 하는 역할을 한다. 떡에 사용하는 소금은 1년 이상 방치해 간수를 뺀 소금을 사용해야 소금의 쓴맛이 줄어들며, 첨가량은 1.5% 정도가 적당하다.

8. pH 조절제

pH를 낮추는 산의 추가 또는 pH를 증가시키는 염기성 염류는 떡의 특성을 변화시킬 수 있다. 단백질은 pH에 의하여 영향을 받아 변성된다. 떡에 포함된 전분의 점성은 pH에 영향을 받기 때문에 떡기계의 작동 및 떡의 품질을 함께 확인해야 한다. pH 조절제는 제품의 풍미, 감촉, 재수화 비율 등의 변화를 일으킬 수 있다.

9. 기타 부원료의 역할

원료성분의 기능과 역할에 따라 물질을 분류하는 방법을 표 3-4에 제시하였다. 어떤 물질은 여러 가지 기능을 가지고 있다. 예를 들어, 설탕은 맛과 색을 향상시킬 수 있지만 고온에서 설탕의 용융으로 반죽의 점도를 낮추는 역할을 하기도 한다.

표 3-4. 떡가공 소재로 이용되는 원료와 기능의 분류

기능성	원료소재
조직의 형성	곡류, 감자전분, 종실유 단백질, 글루텐 및 글루텐과 유사한 물질
충전물	단백질, 섬유질 추출물, 브랜, 셀룰로오스
가소재 및 윤활제	물, 기름, 유화제
향료	소금, 설탕, 자연 향미료, 향료
착색료	유제품분말, 환원당·단백질, 자연·합성색소

10. 고물

떡의 주원료는 곡류이지만 고물은 콩, 팥, 참깨, 들깨, 잣, 땅콩 등 다양한 재료가 사용된다.

1) 참깨

참깨는 고소한 맛의 대명사로서 고물로 많이 사용된다. 참깨의 영양가를 분석해 보면 일반성분으로는 우리가 먹는 가식부분 100 g당 단백질 19.3 g, 지방 53.8 g, 당질 20.6 g, 칼슘 1.149 mg, 인 595 mg, 칼륨 459 mg, 나이아신 5.2 mg이다. 참깨의 단백질은 주로 글로불린인데 그 구성 아미노산으로 보아 동물성 단백질에 비해서도 뒤지지 않는 우수한 것에 속한다. 예로부터 정력제나 병후의 회복음식으로 깨죽이 이용되어 왔다.

참깨에는 비타민 E가 많아 혈관을 깨끗이 청소한다. 깨의 주성분은 지방이며 전체의 약 50%를 차지한다. 단백질은 20%이지만 식물성 단백질로 영양적으로 아주 우수하다. 참깨에는 칼슘이 풍부하고 철분, 비타민 B_1과 B_2도 많이 들어 있다. 또한 참깨에는 비타민 E도 많이 들어 있는데 이 비타민 E는 혈관을 넓히고 혈액순환을 원활하게

해 피를 깨끗하게 만들어 주므로 성인병에 걸릴 위험이 없고 피부도 늘 깨끗하게 지켜 준다.

2) 팥

콩과 달리 팥종류는 지방질이 거의 없고 탄수화물이 50~60% 정도 들어 있고 단백질도 약 20% 정도이다. 거의 들어 있지 않은 지방질은 인체에 유용한 인지방질(레시틴)이 많다.

특히, 팥에는 독소성분으로 사포닌이 0.3% 정도 들어 있으며 시아니틴 배당체도 들어 있다. 팥은 앙금을 낼 때 금속이온들과 접촉을 막아야 팥 속의 안토시아닌 색소를 고정시킬 수 있다.

팥은 신장염, 각기병, 변비에 좋고 젖을 많게 하고 육류중독, 숙취에 좋다.

3) 잣

잣은 열량이 높고 비타민 B 복합체가 풍부하여 자양강장제로 널리 알려져 있다. 잣나무는 소나무과에 속하는 상록교목으로 우리나라 전역, 중국, 시베리아, 일본의 관동지방 및 중부의 고산지대에 자생한다. 잣의 성분 중에는 비타민 B군도 있으나 식품적 가치는 지질성분에 있다고 할 수 있다. 또한 알칼리성 식품인 해조류와 함께 이용하면 부족한 영양소를 보충할 수 있고 빈혈에도 효과적이다.

잣은 불포화지방산의 함량이 높고 아미노산의 조성도 우수하다. 특히 잣은 지방, 단백질이 풍부한 고열량 식품이며, 피부를 부드럽게 하고 혈압을 내리는 작용을 한다. 잣은 모양이 아름다워 한국음식에 빼놓을 수 없는 고명으로 사용되고 있다.

4) 대추

대추는 우리나라, 중국, 일본 등 동양의 온대지방에 널리 분포되어 있으며 6월경에 황록색의 잔꽃이 피고 꽃이 진 후에 맺은 열매를 늦가을에 딴다. 대추는 수분함량이 비교적 낮고 탄수화물 중 단당류의 함량은 44% 정도이며 평균당도는 26~28%이다.

식용으로 사용할 경우에 다른 과일류와 달라 대량으로 먹는 것은 아니며 영양학적인 면보다는 아직 알려지지 않은 어떤 미지 물질의 효능을 기대하여 약용으로 사용하는 것이 통례이다.

또한 대추에는 잠을 오게 하는 성분이 들어 있다. 주성분은 탄수화물이지만 철분과 칼슘이 풍부하게 들어 있고, 칼슘은 신경의 흥분 상태나 초조함을 진정시키고 가슴이 두근거리는 것을 억제하는 작용이 있다.

5) 콩

콩은 동양 각국에서는 물론 우리나라에서도 예로부터 식품으로서의 중요한 위치를 차지하여 왔다. 특히 콩은 곡류를 주식으로 하는 우리나라 식습관에서는 단백질과 지방의 공급원으로 큰 역할을 해 왔다.

콩의 구조를 살펴보면 꼬투리는 납작한 원통형이며 이곳에 접해 있는 부분인 종제의 양편에 주공과 합점이 있고 종피 내부에 자엽과 배아가 있다. 자엽은 종실의 대부분을 차지하여 90~92%에 달하고, 종피는 6~8%, 배는 2% 정도이다.

콩의 주성분은 단백질과 지질이며 탄수화물도 상당량 들어 있을 뿐만 아니라 대부분의 비타민이 함유되어 있으며, 특히 비타민 B군을 많이 함유하고 있다. 이 때문에 예부터 콩은 '밭에서 나는 쇠고기'라 일컫는다.

또한 검은콩은 신장계통의 대사 촉진에 좋은 효과를 보인다고 한다. 신장계통이 약한 사람은 몸이 냉하고 신진대사가 원활하지 않아 몸에 여분의 수분이나 지방이 쌓이게 되는 것이다. 검은콩을 먹으면 신장의 작용이 활발해져 수분과 지방이 축적되지 않는 몸으로 체질이 개선된다. 또한 검은콩은 당뇨병이나 이명, 백발 등의 증상을 개선시키는 것으로 알려져 있다.

6) 호두

호두에 함유되어 있는 미네랄, 비타민은 노화방지에 특효가 있다. 돼지고기 및 육류의 지방은 포화지방산이 대부분인데, 이 포화지방산은 비필수지방산이 대부분이며 많이 섭취하게 되면 심장병이나 동맥경화증 등의 성인병에 걸리기 쉽다. 그러나 호두, 깨, 잣, 콩에 들어 있는 식물성지방은 불포화지방산이 많고 혈액 속의 콜레스테롤을 저하시키는 필수지방산이 많아 콜레스테롤이 혈관에 달라붙는 것을 막아 준다. 또한 호두에는 미네랄과 비타민 B_1이 풍부해서 매일 먹게 되면 피부가 고와지고 노화방지의 강장효과가 뛰어나다.

7) 녹두

녹두의 주성분은 탄수화물이지만 단백질도 많이 포함되어 있어 영양가가 높고 향미가 좋아 떡의 재료로 많이 이용된다. 성분은 녹말 53~54%, 단백질 25~26%이며 주로 묵, 떡고물, 빈대떡, 녹두차 등으로 먹는다.

8) 밤

밤은 5대 영양소를 골고루 가지고 있는 식품으로 그중에서 탄수화물이 가장 많은 비율을 차지하고 있으며 비타민 C도 많이 함유하고 있어 겨울철 비타민 공급원으로서 매우 훌륭한 제품이다. 또한 철분과 칼슘도 함유하고 있어 이상적인 식품이라 볼 수 있다. 예로부터 밤은 각종 명절이나 제사에 빠지지 않는 전통식품으로 주로 날로 먹거나 삶아서 먹으며 각종 과자, 떡, 빵 등의 재료로 널리 쓰이고 있다.

[연습문제]

1. 쌀의 낟알구조를 설명하라.

2. 호화란 무엇인가?

3. 전분의 분해효소는?

4. 전분사슬이 효소의 작용을 받아 무엇으로 분해되는가?

5. 곡류와 육류에 포함되어 있는 지방의 차이점은?

6. 쌀에서 비타민 B군의 함량이 높은 부분과 비타민 B군의 역할은?

7. 노화란 무엇인가?

8. 현미의 구조 중 과피의 역할은?

9. 쌀의 단백질함량이 높으면 일어나는 현상은?

10. 맛이 있고 끈기 있는 쌀의 아밀로오스 함유율은?

11. 수수에 들어 있는 성분과 효능은?

12. 옥수수와 다른 곡류의 차이점은?

13. 밀 배아의 두 개의 주요부분과 그 기능은?

14. 경질밀과 연질밀의 차이점은?

15. 연수란 무엇인가?

16. 결합수란 무엇인가?

17. 떡 제조 시 당류의 역할은?

18. 올리고당에 대해 설명하라.

19. 유화제의 기능은?

4장 떡의 화학

떡의 가공에 있어서 곡류의 구조와 함께 곡류에 포함된 성분, 즉 가장 많이 포함된 전분을 비롯한 단백질과 지질 및 곡물의 미량 구성성분인 당류에 대한 지식이 필요하다. 이 장에서는 전분을 구성하는 화합물과 전분을 조리할 때 일어나는 호화와 떡의 조직이 굳어지는 전분의 노화에 대하여 알아본다.

변성전분은 떡의 굳기를 조절할 수 있으므로 변성전분의 종류 및 기능을 알아보고 떡의 가공에 대한 적용 가능성을 검토한다. 또한 곡류에 포함된 단백질, 지질 효소와 곡류에 포함된 미량 구성성분에 대하여 이 장에서 살펴본다.

1. 전분

떡의 주성분은 곡류 중에서 전분(starch)이 대부분을 차지하므로 전분이 호화되고, 저장과정에서 호화된 전분이 노화되어 떡의 조직이 굳어지는 현상을 이해하기 위해서는 전분의 구조에 대하여 알아야 할 필요가 있다.

곡류는 전분의 형태로 에너지를 저장하는데, 곡물에 포함된 전체 전분의 양은 차이가 있지만 보통은 곡물 중량의 60~70%를 차지한다. 이렇게 인간이 소비하는 많은 곡류 식품은 우수한 에너지원인 전분의 형태이다.

전분은 영양적 가치뿐만 아니라 식품의 물리적 특성에 많은 영향을 준다. 떡 조직의 굳어짐, 푸딩의 교질화, 표면의 경화 등은 전분의 특성에 따라 영향을 받는다. 다음에서 떡의 주성분인 전분의 화학적 구조, 호화, 노화에 대하여 살펴본다.

1) 전분 입자의 물리적 성질

전분은 입자의 형태로 식물에서 발견되었다. 곡류나 다른 고등식물의 입자는 세포와 같은 기본적 구성단위인 플래스티드(plastid)의 형태로 존재한다. 밀, 옥수수, 보리, 사탕수수, 기장은 단일 전분입자를 가지고 있으며 동일한 크기의 전분입자가 존재한다. 반면 쌀과 귀리는 복합 전분입자를 포함하고 있다.

밀이나 호밀, 보리 등의 전분입자는 커다란 렌즈모양과 작은 구 모양의 두 가지 형태가 있다. 보리에서 렌즈모양의 입자들은 수분(pollination) 후 처음 15일 동안 형성된다. 전체 입자수의 약 88%에 상당하는 작은 입자는 수분 후 18~30일 사이에 형성된다. 보리와 밀의 플래스티드는 처음에는 큰 렌즈모양의 전분입자를 형성한다.

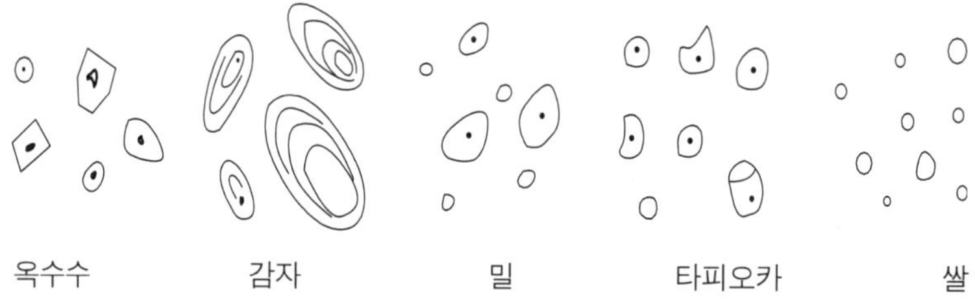

그림 4-1. 현미경으로 관찰한 전분의 외관

대부분의 식물에서 일반적으로 설탕이라고 알려져 있는 슈크로오스(sucrose)는 당류(sugar) 중에서 가장 일반적이다. 발육 중인 곡물의 배유부(endosperm)에서 슈크로오스의 농도와 전분의 합성 속도는 상관관계가 존재한다. 삼투의 관점에서 볼 때 식물은 불용성이고 분자량이 큰 전분이 슈크로오스보다는 여분의 에너지를 저장하는 데 유리하다. 왜냐하면 전분은 플래스티드에서 합성되기 때문인데, 이들의 구조는 입자의 구성을 위해 필요한 모든 효소를 가지고 있어야 하기 때문이다. 전분입자의 외부에 축적되는 새로운 층은 그 시간에 이용할 수 있는 탄수화물의 양에 따라 두께가 변한다. 이들 층은 희석액이나 효소로 전분을 처리한 후에 분명해진다(그림 4-1). 감자의 전분층은 광학 현미경으로 손상되지 않은 전분을 분명하고 쉽게 볼 수 있다. 전분층의 성장은 아직도 확실하게 밝혀지지 않았지만 전분의 성장태와 관련이 있는 것 같다.

(1) 전분결정

전분이 반결정체(semicrystalline)라는 사실은 1930년 Katz의 연구로부터 밝혀졌다. 손상되지 않은 전분 입자는 X-선 패턴에 따라 세 가지 유형의 A형, B형, C형으로 나눌 수 있다. 대부분의 곡류 전분은 A형이고, 노화된 전분과 감자나 다른 뿌리 전분은 B형이며, A와 B형이 혼합된 중간형태의 완두콩이나 콩 전분은 C형 결정을 갖는다. 감자 전분의 B형은 열-수분 처리에 의해서 A형으로 전환될 수 있다. 글루코오스 12~15개 정도를 가진 덱스트린은 결정화 상태에 따라 세 가지 결정형 중 어느 것이라도 될 수 있다. X-선 회절은 전분의 결정연구에 중요한 수단이다.

나선형의 복합체인 아밀로오스 결정체의 X-선 회절은 V형 아밀로오스라는 결과가 나왔다. 물론 이러한 V형은 전분은 찾을 수 없고 지질 혼합물의 복합체나 호화 후의 전분에서 발견된다.

(2) 복굴절

전분입자를 편광에 비추면 전형적인 'maltese cross' 형태의 복굴절(birefringence)이 나타난다. 복굴절은 전분입자가 고분자 배열을 가지고 있기 때문에 생긴다. 그러나 이것을 결정체(crystallinity)와 혼동해선 안 되는데 이것은 아직 결정화가 된 것이 아니라 전분입자가 잘 배열되어 있을 뿐이기 때문이다. 만약 그것이 매우 잘 배열되어 있다면 복굴절이 일어날 수 없다.

예를 들어, 종이의 구성성분인 섬유소는 반결정체이고, 결정체 그 자체는 복굴절체이다. 그러나 결정체는 무작위로 배열되는 경향이 있기 때문에 섬유소로 구성된 종이 전체는 복굴절체가 아니다.

2) 화학 성분

전분은 단위체인 포도당 또는 글루코오스(glucose)로 구성되어 있다. 곡류 전분에는 미량 성분의 저급지방이 포함되어 있다. 전분과 결합된 지질은 극성지방이므로 메탄올-물 혼합용액과 같은 극성용매를 사용하여 추출할 수 있다. 일반적으로 곡류 전분의 저급지질은 0.5~1%이고 곡류 전분에서만 지질을 포함하며 대부분의 전분은 지질을 포함하지 않는다.

전분은 인과 질소를 포함하고 있다. 곡류에서 감자 전분에 있는 대부분의 인은 글루코오스와 에스테르화된 것이라고 알려져 있지만, 모든 곡류가 이러한 전분의 형태를 갖는 것은 아니다. 또한 모든 전분은 저급의 질소를 포함하고 있다(< 0.05%). 일부는 지단백질 형태이고, 나머지는 효소 잔기로 전분 합성에 관련된 효소의 구성성분이다.

전분은 원래 글루코오스 중합체이다. 화학적으로 전분은 두 가지 유형의 중합체로 구별할 수 있다. 아밀로오스(amylose)는 본질적으로 직선상의 중합체이고, 아밀로펙틴(amylopectin)은 직선상에서 가지를 가지고 있다.

(1) 아밀로오스

아밀로오스(amylose)는 글루코오스(α-D-glucose)가 α-1,4 결합으로 연결된 직선상의 중합체이다. 아밀로오스의 분자량은 약 250,000이지만 식물의 품종 내에서도 큰 차이가 있고 식물의 발육 정도에 따라 다르다. 아밀로오스는 대개 직선상이지만 최근 연구 결과 몇 가지 종류의 아밀로오스는 가지를 갖는다는 보고도 있다.

아밀로오스가 전분의 호화 온도보다 조금 높은 열에 의해 전분으로부터 용해될 때 용해된 아밀로오스는 직선상이다. 용해 온도가 증가함에 따라 분자량이 큰 가지를 갖는 아밀로오스가 용출된다. 효소처리와 점도의 측정에 의해 아밀로오스를 분석한 결과 아밀로오스는 사슬의 길이가 길고 다수의 잔여 글루코오스를 포함한 측면 사슬(side chain)을 가지고 있다. 또한 아밀로오스의 가지는 아밀로펙틴의 가지와 비교하여 매우 길거나 짧은 것이어서 아밀로펙틴과 같이 가지가 있는 전분의 특성을 가지고 있지 않다.

직선상의 아밀로오스는 요오드, 유기 알코올, 산과 결합할 수 있는 독특한 특성이 있다. 즉 나선형으로 포접화합물을 형성하는 복합체를 형성한다.

아밀로오스의 긴 직선 사슬의 특징은 그 자체의 사슬끼리 결합하고 용액에 침전하려는 경향을 나타낸다. 따라서 아밀로오스는 노화과정을 통해 쉽게 결정화된다. 노화는 전분 겔의 결정화를 의미하는 용어이다.

(2) 아밀로펙틴

아밀로펙틴(amylopectin)은 아밀로오스와 같이 α-1,4 결합으로 연결된 포도당(α

-D-glucose 중합체)이다. 아밀로펙틴은 아밀로오스보다 대부분 더 많은 가지를 가지고 있으며 α-1,6 결합에 의해 생기는 가지는 보통 전분의 4~5% 정도를 차지한다. 따라서 20~25개 정도의 글루코오스 단위마다 가지가 있다고 할 수 있다. 아밀로펙틴 분자량은 10^8으로 매우 크며 천연에서 존재하는 거대 분자 중의 하나이다. 분자는 595,238개의 글루코오스를 가지고 있고(108/168 : 168은 anhydroglucose 단위의 분자량) 20개의 평균 중합체로 보면 29,762개의 사슬로 되어 있다. 아밀로펙틴은 일정치 않은 가지로 구성되어 있다.

아밀로펙틴 사슬은 세 가지 종류가 있는데(그림 4-2), A-사슬은 α-1,4 결합으로 연결되어 있고, B-사슬은 α-1,4 결합에 가지 부위로 α-1,6 결합이 연결되어 있으며, C-사슬은 α-1,4와 α-1,6 결합으로 구성된 글루코오스에 환원당 군이 더해진 것이다.

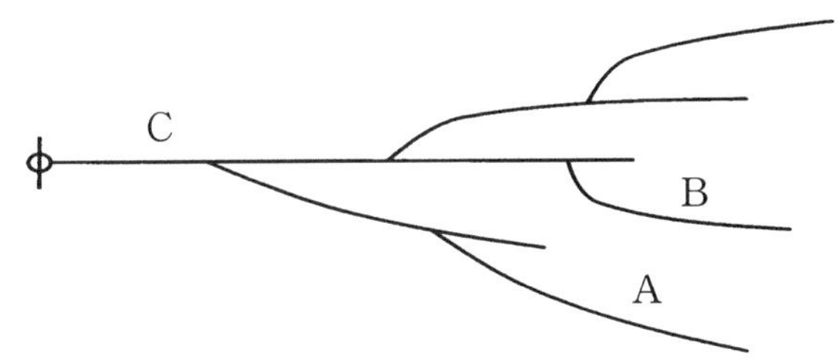

선은 글루코오스 1,4 및 1,6 결합을 나타내고 ϕ 는 환원기를 나타냄

그림 4-2. 아밀로펙틴 사슬의 종류

아밀로펙틴 구조는 특이적 방법에서 부분적으로 분자를 절단하는 다양한 효소를 사용하여 확인한다. 그러한 효소 중의 하나로 베타 아밀레이스(β-amylase)가 있다. 이것은 전분 사슬의 비환원성 말단 부위를 분해하고 매초 α-1,4 결합을 가수분해한다. 베타 아밀레이스는 전분 사슬의 α-1,6 결합을 분해하지는 못하고 맥아당 또는 말토오스(maltose)(α-1,4 결합된 두 개의 글루코오스 단위) 단위로 자르게 되지만 α-1,6 결합 부분에 있거나 분지점(branch point) 밖에 존재하는 홀수의 글루코오스만 남기고 분해한다. 아밀로펙틴은 베타 아밀레이스에 의해 약 55% 정도 분해된다. 가수분해물은 말토오스와 거대 잔유물인 베타 한계덱스트린(β-limit dextrin)이다. 베타 한계덱스트린은 큰 분자량을 갖는다(10^4).

아밀로펙틴을 분해하는 다른 효소는 가지부위에 작용하는 이소아밀레이스(isoamylase)

이다. 두 효소는 α-1,6 결합을 가수분해하고 α-1,4 결합은 가수분해하지 않는다. 따라서 이들 효소를 함께 사용하면 전분과 글리코겐(glycogen)을 완전 가수분해하여 글루코오스를 생성하게 된다.

(3) 전분 입자의 배열

아밀로오스와 아밀로펙틴의 전분입자 배열은 완전히 알려지지 않았지만 최근 연구에서 몇 가지 시험적인 결론에 도달하기 위해 충분한 정보를 제공한다. 전분입자는 부분적인 결정형(crysrtalline)이기 때문에 찰전분(100% 아밀로펙틴)은 결정성(crystallinity)과 X-선 패턴의 동일한 양을 가지고 있다.

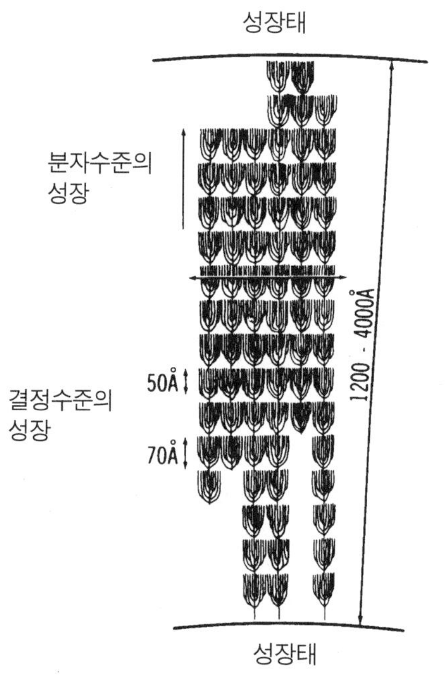

그림 4-3. 전분입자의 아밀로펙틴의 구조 모델

카이누마(Kainuma)에 의해 제안된 모델(그림 4-3)은 아밀로펙틴 분자의 성장 방향을 보여 준다. 그러나 아밀로펙틴만을 위한 계산은 아니며 입자 내 아밀로오스 위치는 알려지지 않았다. 또한 결정의 길이가 작은 사슬(20개의 글루코오스 단위)로 제한된 것을 보여 주고 결정 성장이 분자의 오른쪽 각에 있음을 보여 준다. 이 모델에서 전분의 입자는 약 30%가 결정체라고 한다. 아밀로펙틴 분자의 바깥 사슬은 길이가 약 50Å의 이중 나선구조이다. 이 사슬의 모든 부분과 한 부분은 이중 나선으로서 사슬이 생긴 것이라고는 확실하지 않으므로 전분입자의 결정은 기계적인 힘이 가해질 때 파괴될 수 있음을 의미한다. 상온에서 전분을 볼밀로 분쇄하였을 때 복굴절과 X-선 회절패턴이 파괴될 수 있다.

일반적으로 이 현상은 적절하게 설명할 수가 없으므로 전분입자의 구조는 앞으로 더욱 연구해야 할 분야이다.

3) 곡류 전분의 특성

곡류의 전분은 크기, 모양, 호화특성에 따라서 다양하다(표 4-1). 일반적으로 전분은 아밀로펙틴 77±3%, 아밀로오스 23±3%로 일정하게 구성되어 있다. 이러한 아밀로펙틴과 아밀로오스의 비율은 돌연변이를 일으킨 곡류와 큰 차이가 있다.

밀, 보리, 호밀은 전분입자의 두 가지 형태와 크기를 가지고 있다. 큰 수정체(양면이 볼록한) 모양의 입자(25~40 μm)와 작은 구면모양의 입자(5~10 μm)로 구분할 수 있다.

두 가지 형태의 입자는 화학적 구성요소와 특성이 본질적으로 같다. 물론 전분입자 크기가 감소할수록 단위질량당 큰 표면적은 증가한다. 전분입자의 두 크기에 따른 효소의 민감성은 같지 않고 다르다. 표 4-1은 주요전분의 특성을 나타내며 곡류전분의 호화특성은 약간의 온도차이는 있지만 60~70℃ 수준이다.

표 4-1. 주요 전분의 특성

곡류	호화온도범위(℃)	입자 모양	입자 크기(μm)
보리	51~60	원형 또는 타원형	20~25/2~6
교배종	55~62	원형	19
밀	58~64	수정체형 또는 원형	20~35/2~10
호밀	57~70	원형 또는 수정체형	28
귀리	53~59	다면체형	3~10
옥수수	62~72	원형 또는 다면체형	15
찰옥수수	63~72	원형	15
수수	68~78	원형	25
쌀	68~78	다각형	3~8

수수와 옥수수의 전분입자는 각각의 크기와 모양, 호화특성에 있어서 매우 유사하다. 또한 전분입자의 모양은 다각형에서 거의 구면까지 다양하다. 낟알의 바깥쪽 가까이에 있는 세포의 전분입자는 다각형인 경향이 있고(투명한 내배유에서), 반대로 낟알의 중앙에 있는 세포들의 전분입자는 구면인 경향이 있다. 또한 다른 모양의 입자들의 특성은 같다. 조 전분(millet starch)의 평균 지름은 12 μm, 즉 전분입자가 작다는 것만 제외하고는 옥수수, 수수와 유사하다. 조 전분은 밀, 보리, 호밀보다 높은 67℃의 온도에서 50%의 호화가 일어난다.

쌀과 귀리의 개별적인 전분입자는 작고(2~5 μm), 다각형의 모양이며 혼합된 입자들의 낟알에서 나타난다는 것이 유사하다. 전분질 내배유에 혼합되어 배열된 전분입자는 약간 차이가 있다. 귀리의 것은 크고 구면이며 쌀 전분입자는 작고 다각형이다. 또한 이 두 전분들은 호화특성에 있어서 매우 다르다. 귀리는 상대적으로 낮은 온도에서 호화되고(55℃에서 50%), 쌀 전분은 높은 온도에서 호화된다(70℃에서 50%).

옥수수, 수수, 보리, 쌀 전분의 경우, 100% 아밀로펙틴으로 둘러싸인 전분을 찰전분(waxy starch)이라고 부른다. 찰전분을 포함한 곡류들은 찹쌀, 찰옥수수, 찰보리 등으로 불린다. 이러한 곡류의 돌연변이체는 높은 함량의 아밀로오스를 포함한 전분이다. 옥수수 전분의 경우 70% 아밀로오스를 포함한다.

모든 곡류에서 아밀로펙틴에서 아밀로오스의 비율이 다양한 전분은 발견되지 않았다. 특히 밀은 다양하지 않은 비율을 가진 곡류의 예라 할 수 없다.

4) 물속의 전분 가열(호화)

전분에 수분을 충분하게 가하여 가열할 때 전분은 페이스트 점도가 증가되고 결정이 손실되면서 전분 분해효소에 의해 민감하게 반응한다. 전분 분해효소에 의해 민감하게 반응한다는 것은 조리된 전분을 섭취하였을 때 소화가 잘된다는 것을 의미한다. 이러한 수분과 가열에 의한 전분의 변화를 호화(gelatinization)라고 한다. 호화는 전분이 갖는 중요한 성질이며 전분의 호화정도는 떡을 포함한 많은 식품의 품질에 영향을 미친다. 또한 호화된 전분은 점성을 가지게 되어 감촉이 좋고 씹는 조직감이 향상된다. 전분의 호화를 때로는 조리(cooking)라고도 한다. 떡 가공에서 수침한 쌀알이나 쌀가루를 찌거나 기름에 지질 때 전분은 호화되어 점성을 가지게 되므로 성형을 할 수가 있다.

곡류반죽을 오븐에 구울 때 부풀어 오르는 것을 볼 수 있다. 즉, 빵의 제조에서 밀가루 반죽을 발효시키면 효모에 의해 탄산가스가 발생하여 압력이 발생되어 부풀어 오르는데 밀가루의 경우 전분의 호화가 일어나지 않아도 밀단백질인 글루텐이 점탄성을 가지고 있어 밀가루 반죽이 부풀어 오른다. 반면 떡의 경우 빵과는 달리 호화된 전분을 부풀릴 수가 있다.

대부분의 학문체계는 오직 가용성 전분만을 물속에 희석시킨 전분액에 관한 전분의 농도, 수분함량과 온도의 상호작용에 대하여 연구하여 왔다.

가열하지 않은 전분을 물에 넣으면 전분 입자들에는 물이나 작은 분자의 물질이 자유롭게 침입된다(분자량이 약 1,000까지). 수화에서 전분은 건조 중량의 수분을 약 30% 유지할 수 있다. 입자는 약간 팽윤되며 입자의 부피 팽윤은 약 5% 정도이다. 부피변화와 수분흡수는 그것의 호화온도가 어떤 다른 변화를 가져오지 않는다는 조건 아래에서 가역적인 변화이다.

이러한 변화는 떡 가공에서 수침과정으로 가열하지 않고 쌀을 담가서 수분이 쌀알 내부로 침투하게 하는 과정이다. 수침, 즉 전분의 팽윤은 가역적인 시스템이며 수분을 제거할 경우 원상태로 복원된다.

수분이 제한되지 않은 상태에서 전분을 가열하면 호화가 일어나는데 이것은 비가역적인 변화이다. 이러한 전분의 호화현상은 아밀로그래프(amylograph)를 사용하여 기록된 아밀로그램(amylogram)을 보고 알 수 있다.

아밀로그래프는 상대적으로 일정한 비율의 1분당 1.5℃(1.5℃/min)로 가열하여 점성을 측정한다. 아밀로그래프는 상대적 점도에서 작은 변화를 측정하기에 충분한 점도를 가지고 있지 않다. 그러므로 카르복시메틸 셀룰로오스(CMC)는 종종 기계의 측정범위에 있는 점도의 기준선을 측정하기 위한 완충용액(공식적인 방법으로 이것은 pH 6.8의 인산완충용액의 사용이 요구된다)을 첨가하는 것이다. 밀전분의 점도는 이와 같은 인산완충용액을 첨가하여 온도를 높였을 때 발생한다. 50~57℃에서 점도는 증가하고 이것은 입자 복굴절의 손실이 동시에 일어난다. 전분호화는 복굴절(birefringence)의 손실이라고 정의된다. 매우 짧은 시간에 유사한 결과를 주는 새로운 기구는 신속점도측정기(rapid viscoanalyzer, RVA)이다.

전분은 물속에서 가열되었을 때 사실상 물을 흡수하고 팽윤한다. 계속 열을 가하면 전분입자는 일그러지게 되고 가용성 전분은 용해상태에서 녹게 된다. 가용성 전분과 전분입자의 잔여들에 의한 계속된 물의 흡수는 점도를 증가시키게 된다. 전분호화(복굴절의 손실) 후에 발생하는 이러한 변화는 페이스팅(pasting)이 일어나는 기간이다. 전분의 용해(solubilization)는 이것이 진행하는 동안 일어난다. 과잉된 물에서 입자들은 120℃의 온도가 넘을 때까지 완전히 용해되지 않는다. 따라서 어떤 식품계에서 완전히 페이스트화되거나 전분이 용해될 때까지는 접근할 수가 없게 된다.

아밀로그래프에서 가압하에 조리된 것을 제외한 모든 식품계에서의 온도는 실제적으로 100℃를 초과할 수 없다. 그래서 아밀로그래프에서의 가열은 95℃에서 멈추어야 한다. 그리고 온도는 1시간 동안 95℃를 유지하여야 하는데 이때 전분은 조리되었다고 말한다. 사실상 상대적인 작은 변화는 불용성전분에서 일어난다. 설명된 전분의 특성 중 하나인 전분의 용해도는 시간과 온도의 상호작용에 의한 것이 아니라 온도에 의해 조절된다는 것이다. 일정시간 동안 특정온도에 전분을 놓아 두었을 때 전분의 용해도는 증가하지 않는다. 전분의 용해도를 증가시키기 위하여 온도를 올리거나 전분을 휘젓거나 그렇지 않으면 전분사슬을 잘게 잘라야 한다.

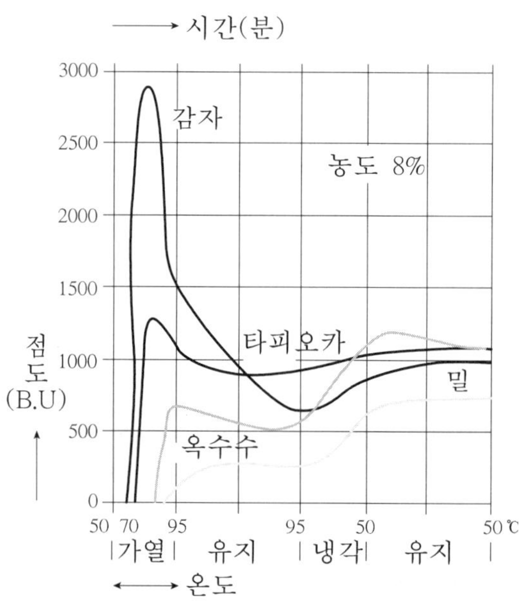

그림 4-4. 전분 - 물 시스템에서 도식화된 전분의 아밀로그램

그림 4-4에서 도식화된 아밀로그래프에서 보여 준 것처럼 전분조직의 점도는 95℃에서 1시간 조리되는 동안 눈에 띄게 증가하였다. 점도 증가는 조직이 흩트려지는데 그 경향에서 스스로 움직인 가용성 전분분자에 의해 발생한다. 전단 점성감소(shear thinning)라 불리는 현상은 전분고형물의 중요한 특성이다. 만약 점성이 높은 전분 페이스트를 원한다면 과도하게 젓거나 파이프를 통해 그 고형물을 통과시켜서는 안 된다.

두 경우 전단 점성감소가 발생하여 점도가 낮아지게 된다. 각각 전분 페이스트 점도는 가한 총전단 점성감소에 의해 다양하게 변화한다. 일반적으로 전분은 수용화할수록 전단력을 받아 점성이 더 낮아질 것이다.

95℃에서 1시간 동안 가열한 후 아밀로그래프 온도는 95℃에서 50℃로 냉각한다(15℃/min). 냉각 동안 호화된 전분 페이스트 점도는 빠르게 증가한다. 이렇게 점도가 증가하는 현상을 점도복원(setback)이라고 한다. 전분의 종류 및 설탕, 유화제 등과 같은 첨가제의 종류와 농도에 따라 점도의 증가폭은 다양하다. 이러한 현상은 전분 사슬(chain)과 증가된 점도 사이에 더 많은 수소결합이 일어나서 에너지의 감소가 야기된다.

5) 전분의 노화

전분 페이스트(starch paste)를 냉각하면 겔(gel)이 형성된다. 전분입자는 호화되어 생전분에서 나타나는 복굴절이 일어나지 않는다. 부분적으로 전분이 수용화되기 위해서는 충분한 수분과 열을 가했을 때 페이스트, 즉 전분풀이 형성된다. 또한 전분 페이스트는 완전히 전분이 용해되고 호화된 고체 입자로 변할 수 있다. 간단히 말해서 겔은 고체 특성을 가진 액체 조직이며 일반적인 예로 젤라틴, 파이 충진제(pie filling), 푸딩이 있다.

겔 내부의 적은 양의 고체물질은 많은 양의 수분을 조절하는 기능을 갖는 고체물질로 인하여 수분이 겔 외부로 새어 나오지 않는 특이성이 있다. 겔에서 전분사슬 간의 거리는 물분자 크기와 비교하여 볼 때 매우 길다. 확산하는 용질은 겔 내부에서 순수한 물과 동일한 특성을 갖는 물이 겔 내부에 포함되어 있다. 이러한 수소결합의 복잡한 힘을 이해하기는 쉽지 않지만 만일 물의 구조를 이해한다면 누구나 수소결합으로 연결된 물분자의 막을 가진 전분사슬인 겔을 떠올릴 수 있다. 전분 페이스트가 냉각하면 전분사슬은 운동성이 낮아지며 견고한 겔로서 수소결합은 더 강해진다. 겔이 숙성되거나 냉동하여 해동하면 전분사슬은 서로 강하게 결합되므로 조직 밖으로 물을 내

보낸다. 겔 외부로 물이 이동하는 현상을 이력현상(syneresis)이라고 한다. 오랜 저장을 거치면 전분사슬 간에 더 많은 결합이 일어나고 결과적으로 결정이 형성된다. 겔 안에서 전분사슬이 결정화되는 과정을 노화(retrogradation)라고 한다. 굴절률로 보아 결정체 부분과 비결정체부분은 차이가 있기 때문에 겔이 노화하게 되면 불투명하게 된다. 겔이 노화될 때 생기는 부분적인 재결정화의 결과, 전분사슬의 결합 때문에 조직이 단단하고 탄성을 갖는다.

6) 떡 조직의 노화

시루에서 쌀가루를 쪄서 김이 나는 시루떡이나, 쪄서 반죽을 만든 다음 성형하여 고물을 묻힌 인절미는 신선한 떡으로 소비자의 선호도도 높은 편이다. 그러나 떡의 저장기간이 증가함에 따라 떡은 바람직하지 않은 변화가 일어난다. 즉, 시간이 흐르면서 떡의 조직감이 굳어지는 것이다. 떡의 조직이 굳어지게 되면 조직의 찰기가 줄어들고 단단해지며 풍미를 잃게 되고, 조직의 투명도가 증가하여 수용성 전분이 감소하는 현상 등이 일어난다. 이러한 현상을 노화라 하며 노화는 전분입자가 재결정화되는 현상으로 대부분의 아밀로펙틴이 소량 재결정화되면서 일어나는 것이다.

전분의 노화에 따른 떡 조직이 굳어지는 현상은 수분의 이동과 밀접한 관계가 있다. 단기간에 제조한 찌는 떡의 수분함량은 30~60%이며 저장기간에 따라 수분함량이 줄어든다. 수분함량이 줄어든 떡의 조직은 내부의 수분이 떡의 표면으로 확산되어 증발하며, 떡 조직은 점차 찰기와 부드러운 조직감을 잃게 되고 단단해지며, 유리질 상태로 질기고 탄성을 지닌 상태로 된다.

전분의 노화에 의한 떡 조직이 단단해지는 현상에 대한 연구는 많은 연구자들에 의해 수행되었지만 아직도 완전하게 해결되지 못하였다. 최근에는 노화와 굳어짐 현상에 대한 논문에서 굳어지는 비율과 전분이 노화되는 비율은 서로 다른 것으로 나타났다. 여기서 전분 겔이 굳어지는 것은 전분의 노화현상과 밀접한 관계가 있다고 말할 수 없다.

떡 조직이 굳어지는 것은 여러 요인들이 복합적으로 작용하여 이루어지는데 여기서 영향을 미치는 다음과 같은 인자들을 생각할 수 있다.

① 수분함량이 높을수록 떡 조직이 굳어지는 속도는 줄어든다. 당의 첨가는 수분함량이 줄어드는 것을 방지하므로 설탕의 첨가에 따라 떡의 굳어지는 현상을 감소시킬

수 있다.

② 떡의 조직은 저장온도에 영향을 받는데 낮은 온도보다 높은 온도에서 저장할수록 떡의 조직이 굳어지는 속도를 줄일 수가 있다. 높은 온도에 보관할 경우 수분의 증발속도가 증가하여 굳어지는 속도가 증가할 수도 있지만 수분의 감소에 따른 굳기의 증가속도보다 낮기 때문에 온도가 높아지면 굳기를 감소시킬 수 있다. 그러나 고온에서 떡을 저장하면 미생물이나 효소에 의한 떡의 변질이 일어날 수 있으므로 주의하여야 한다.

③ 수분과 결합을 하는 분자와 지질과 결합을 하는 두 가지 분자구조를 갖는 물질을 유화제라고 하는데, 유화제의 첨가에 의해 떡이 굳어지는 현상을 방지할 수 있다.

④ 떡의 제조에서 지질을 첨가하면 전분의 아밀로오스와 복합체를 형성하여 노화속도가 감소하므로 떡의 조직이 굳어지는 속도가 감소한다.

⑤ 상대적으로 사용되는 열에 안정성이 있는 전분 분해효소를 가하여 전분사슬을 잘라 주면 노화속도가 감소한다는 연구도 있지만 효소에 의해 잘라 주는 사슬의 길이에 따라 노화속도가 지연되거나 촉진되게 된다. 이때 전분 분해효소의 양을 조절하는 것이 중요하다.

7) 변성전분의 첨가에 따른 떡의 품질

전분의 물성은 물리화학적 반응에 의해 변화된다. 이러한 반응을 통해 생산된 변성전분을 쌀가루에 일정량 첨가할 경우 떡의 물성을 조절할 수 있다. 즉, 떡의 저장성에 장애가 되는 떡이 굳어지는 성질을 예방 또는 지연시킬 수 있다. 따라서 변성전분의 특성을 이해하고 변성전분이 식품에서 어떠한 용도로 쓰이는지 살펴보기로 한다.

(1) 산화전분

가장 오래된 변성전분의 형태는 산처리 전분(acid-modified starch)으로 산으로 처리한 것이다. 산처리 변성전분의 산업적 생산은 12~14시간, 50℃에서 1~3%의 염산으로 전분 슬러리를 반응시키는 공정으로 구성되어 있다. 전분의 산처리를 통해 자유로이 전분입자의 무정형부분(amorphous part)에 투과되고 포도당 결합을 가수분해한다.

전분사슬의 이중 나선구조 때문에 산은 결정형부분(crystalline part)에 투과되지 못하고, 결정형부분이 원래대로 유지된다. 산처리의 가장 큰 효과는 입자의 결정형구조가 그대로 유지되는 반면 전분분자의 분자량을 감소시키는 것이다. 수분에 열을 가할 때 수정된 입자단편은 많아지고 팽윤은 감소한다. 호화 온도 범위가 늘어나는 것은 무정형사슬이 유정형부분의 용해를 도울 수 없기 때문이다. 전분은 호화될 때 호화되지 않은 전분보다 더 용해가 많이 일어난다.

산처리의 결과로서 전분사슬이 가수분해되어 페이스트 점도는 원래 전분보다 훨씬 낮아진다. 왜냐하면 산처리 후에 남아 있는 전분사슬이 더 작기 때문이다. 전분사슬은 쉽게 결합하는 경향이 있어서 겔이 냉각되는 동안 굳어지는 속도가 증가하여 굳은 겔을 형성한다.

산처리 변성전분 겔은 젤리, 콩, 껌, 캔디에 이용된다. 떡 가공에서 산처리 변성전분을 첨가할 경우 떡의 조직이 굳어지는 속도가 빨라지므로 산처리 변성전분은 떡의 조직감이 굳어지는 것을 방지하는 효과는 없다고 할 수 있다.

(2) 가교전분

가교전분(cross-linking starch)은 더 큰 분자를 만들기 위해 두 전분 분자 간에 공유결합을 형성시킨 것이다. 두 분자 간의 공유결합은 인산을 가진 두 에스테르의 $POCl_3$ 시약을 사용하여 반응시킨다.

가교는 일반적으로 아밀로오스 분자들 사이에서 일어난다고 생각되지만 분자량이 큰 아밀로펙틴 분자 내에서도 일어난다. 그러나 분자 내에서 그러한 결합은 전분특성의 큰 효과를 가질 수 없다. 가교결합이 증가하면 전분의 호화온도가 증가되므로 가교결합이 많을수록 호화에 요구되는 온도는 더 높아진다. 즉 높은 온도로 가교결합된 전분은 물에서 끓이거나 오토클레이브(autoclave)에서 살균될 때 호화되지 않기도 한다.

이러한 가교전분은 수분을 흡수하는 능력이 적으므로 수술용 장갑 내부에 사용하기도 한다. 전분은 살균될 수 있으며, 수술용 장갑 내부에 가교전분을 코팅하여 의사의 손을 자유롭게 한다. 만일 상처 속으로 가교전분이 들어간다 해도 해가 되지 않는다. 식품조직에서 사용하는 전분은 적은 범위의 가교가 형성된 전분을 사용한다. 가교가 형성된 정도는 치환도(degrees of substitution, DS)로 나타낸다. 식품용 가교전분의 DS는 0.01~0.1이다. 치환도가 낮을 경우 전분의 호화온도를 변화시키는 데 중요하지 않다.

가교전분은 변성시키지 않은 원료전분보다 덜 팽윤하고 덜 용해된다. 그 결과 가교전분의 페이스트는 낮은 점도를 갖는다. 가교전분은 덜 용해되고 덜 교차되므로 혼합이나 펌프이송 후에도 점성이 있는 페이스트 특성을 갖는다.

전분 페이스트의 조직감은 또한 가교에 의해 영향을 받는다. 전분 페이스트 점성은 숟가락으로 퍼 올릴 때 숟가락 밑부분에 붙은 전분 페이스트의 성질에 따라 길고 짧은 성질로 분류된다. 짧은 반죽은 숟가락으로 잘 뜨여지는 반면, 긴 반죽은 숟가락으로 잘 뜨여지지 않는 경향이 있다.

많은 전분 겔은 특히 냉각 조건하에서 저장되었을 때 불투명하게 된다. 이러한 현상은 전분 결정화에 의해 발생한다. 결정화는 사슬이 더 작고 유동적이면 더 빨라진다. 그 결과 가교전분은 사슬 간에 가교가 형성되어 사슬의 길이가 긴 편이므로 노화를 지연시키고 또한 전분 겔이 불투명하게 되는 시간을 지연시킨다. 떡을 제조할 때 쌀가루에 가교전분을 일정량 혼합하면 노화가 지연되어 저장기간에 따라 굳어 가는 현상을 지연시킬 수 있다.

유사한 현상이 겔이 얼거나 녹을 때 발견된다. 냉동되는 동안 전분사슬은 유동적이지 않으며 얼음 결정이 형성된다. 저장기간에 조금 어는 온도에서조차도 물은 적은 결정에서부터 큰 것으로 이동한다. 그 결과 결정은 크지만 소수에 불과하다. 물은 어느 영역으로 응축될 수 있으므로 얼음 결정이 큰 경우 겔에 골고루 수분이 분포되지 않는다. 생산물은 비어 있기 때문이다. 얼음이 녹음에 따라 생산된 초기의 물은 용매이고 전분사슬로 물이 공급된다.

변성되지 않은 전분은 사슬 간에 급속히 반응한다. 추가적으로 녹는 동안의 물은 상호작용을 할 수 없고 생산물은 겔농도가 감소한다. 즉 겔은 불투명하고 묽게 되며 거친 고무 같은 조직감을 갖는다. 형성된 가교는 그들이 강하게 상호작용을 하지 못하도록 공간에서 전분사슬을 고정시킨다. 그 결과 녹는 동안 생성된 물은 다시 전분사슬을 수화시키고, 전분 겔은 특성을 유지한다. 따라서 가교전분은 동결-해동 안정성이 있다.

(3) 치환전분

만일 전분에 하나의 인산에스터가 형성된다면 이 변성전분은 가교전분이 아니라 인산치환전분이다. 인산치환전분을 인산전분(starch phosphate)이라고도 한다. 전분입자는 호화되는 동안 용해성이 증가하고 팽윤력이 증가하는 경향이 있다.

인산전분 페이스트의 점도는 높고 전단력에 의해 점도가 강하된다. 인산전분은 노화속도를 감소하고 전분 겔의 불투명도를 개선한다. 또한 동결-해동 안정성(freeze-thaw stability)이 부여된다. 치환도가 0.7 이상이 되면 전분은 상온에서 호화되기도 한다. 인산전분을 떡 제조에 활용할 경우 떡이 굳어지는 현상을 예방할 수 있다. 그러나 국내에서 떡가공에 인산전분과 같은 변성전분을 활용한 예는 없다.

그 밖의 변성전분으로 산화전분(oxidized starch)이 대량 생산되지만 주로 세탁 또는 종이제조와 같은 비식품에 사용된다. 산화전분은 제빵 또는 육류제품에 대한 접착력 개선제로 활용된다. 전분 겔의 특성을 변화시키는 데 유용하며 전분의 팽윤과 용해성을 지연시킨다. 감소된 용해성은 많은 접착력이 부족한 겔을 형성한다.

다른 변성전분은 냉수에 팽윤되는 냉수팽윤전분(cold-water-swelling starch)이 있다. 이 전분은 알코올과 물이 섞여 있는 원래의 전분입자를 가열할 때 생산된다. 전분결정체는 녹으나 물은 전분입자를 팽윤시키는 데 불충분하다. 용매는 제거되며 건조된 전분은 안정적이다. 냉각수에 이런 치환 전분입자의 첨가는 전분입자를 팽윤하게 한다.

(4) 지방대체전분

최근에는 지방이 없거나 지방이 감소된 식품을 생산하는 데 큰 관심을 기울여 왔다. 그러한 식품을 생산하기 위하여 사용되는 성분에는 바로 전분에 기초를 둔 지방대체전분(starch-derived fat mimic)이 있다. 여러 가지 지방의 중요한 역할 중 하나는 가소제로서 이용되는 것이다. 즉, 공기 혼합을 도와주거나, 식품의 느낌을 부드럽게 해 주거나(종종 수분을 가하는 것으로 간주된다), 냄새를 제거하기 위한 것으로 사용된다. 공기를 혼합하고 냄새를 제거하는 것 외에도 이들의 역할은 제품에서 수분의 높은 단계에 의해 보충될 수 있다. 이것을 실천하고 여전히 합리적인 제품을 생산하기 위해서는 물이 위치하는 곳에서의 안정성이 요구된다. 특히 전분에 기초한 지방대체품(fat mimic)은 세 가지 형태가 있다. 긴 사슬 전분분자는 지방대체품으로 사용되는 고무와 같이 탄성력에 의해 활동에 의해 물을 조절한다. 이런 형태의 가장 큰 문제점은 강한 겔을 형성하거나 노화 시에 상호작용을 한다는 것이다. 둘째 고농도에서 짧은 사슬 덱스트린은 물을 조절해서 지방대체품으로 이용된다. 만일 점도가 충분히 높지 않다면 결정화될 수도 있다. 세 번째 형태는 전단변형이나 산가수분해된 전분으로부터 생산된 미세한 결정체 분자이다. 이러한 분자는 물을 조절하여 바람직한 제품을 생산한다. 전분에 기초한 대체품이 스스로 공기를 혼합시키거나 냄새를 제거하는 일은 없다. 그러나 아주 흥미로운 특징을 가지고 있고, 지방을 대체하는 것과 전혀 관계가 없는 것도 포함된 식품에서 많은 이용을 개발할 것으로 기대된다.

8) 감미료를 위한 전분의 전환

전분은 가수분해에 의해 글루코오스가 생산된다. 전분의 많은 양은 산업적으로 당으로 전환된다. 전분에서 α-1,4 β-1,6 결합은 산가수분해로 분해되기 쉽다. 산으로 당을 생산하기 위해 전분을 조작하는 것은 간단히 나타낼 수 있지만 여러 가지 다른 반응이 일어날 수 있다. 사실 산가수분해는 전분을 짧게 만들어(전분의 점도를 감소시킴) 호화하게 한다. 당을 만들기 위한 전분의 가수분해에 대하여 알아보기 전에 감미료와 단맛에 대해 알아보기 위하여 당의 상대적인 단맛을 표 4-2에 나타냈다. 설탕을 100으로 하여 기준을 잡는다. 사람마다 느끼는 단맛은 많은 차이가 있는데 아주 달다고 생각하는 것도 다른 사람은 조금밖에 달지 않다고 생각할 수 있다. 또한 당의 농도와 인식한 단맛의 관계는 1차원적인 관계가 아니다. 단맛의 정도는 음식에서 다른 재료뿐만 아니라 pH에 의해 영향을 받는다. 그러나 표 4-2의 값은 절대적이진 않을지라도 유용하다. 글루코오스는 설탕 단맛의 약 70%이고 말토오스의 단맛은 30%로 낮은 편이다. 말토트리오즈(maltotryose)나 사슬이 더 긴 형태의 당은 달지 않다. 따라서 전분으로부터 단맛 시럽(sweet syrup)을 생산하기 위해 많은 양의 전분을 글루코오스로 전환시켜야 한다. 과당이 상대적으로 높은 단맛을 가졌다는 것은 흥미롭다.

표 4-2. 당류의 상대감미도

당 류	상대감미도
슈크로오스(설탕)	100
글루코오스(포도당)	70
말토오스(맥아당)	30
프락토오스(과당)	180
전화당	130
고과당옥수수시럽	100

글루코오스의 제조 과정에서 전분의 분해정도를 나타내는 개념은 당량가(equivalent, DE)이다. 글루코오스에 대한 통속명인 덱스트로오스(dextrose)는 습식제분산업에서 널리 이용된다. 당량가는 가수분해 받은 글루코오스 결합의 함량을 측정한 것이다. 따라

서 만약 글루코오스 양으로 탄수화물의 총무게에 의해 분류하고 글루코오스액의 환원력을 측정한다면 당량가 100% 덱스트로스(dextrose)인 100 DE로서 그 값을 확인할 수 있다. 만약 우리가 α-1,4 β-1,6 결합된 10글루코오스 단위로 구성된 글루코오스를 가질 수 있고, 환원력을 측정하고 탄수화물 무게에 의해 분류할 수 있다면 우리는 순수 글루코오스가 10% 함유된 값을 얻을 수 있는 것이다(10 DE). 만약 그 사슬의 다른 위치에서 부가적 결합을 가수분해 한다면 환원력은 두 배가 되지만 총탄수화물은 변화가 없고 글루코오스를 얻는 값이 20% 또는 20 DE가 될 것이다. 따라서 DE는 결합이 끊어진 정도를 말하는 것이지 합성된 시럽의 화학적 구조를 나타내는 것은 아니다.

전분은 전분 시럽을 생산하기 위해 전분을 산으로 호화시켜 전분반죽의 점도를 감소시키기 때문에 많은 양이 필요하지 않다. 시럽은 산가수분해로 만들 수 있다. 그러나 산 가수분해의 경우 40 DE에서 부반응이 시작되고 어두운 색깔(품질이 좋지 않은)의 시럽이 얻어진다.

산에 의해 짧게 잘라진 후 다수의 효소는 시럽의 요구에 필요한 추가 가수분해에 사용할 수 있다. 덱스트린(dextrin)이라고 불리는 낮은 DE 시럽은 점성 증진제, 산으로 만들 수 있는 습윤제로 유용하다. 10~25의 다양한 DE를 가진 고체는 상업적으로 유통된다. 그것은 또한 향기 희석제로서 유용하다. 알파와 베타 아밀레이스(α, β-amylase) 혼합은 약 42 DE를 가진 고맥아당 시럽을 생산하기 위해 산처리 후 이용된다. 고맥아당 시럽을 위한 대처방안은 베타 아밀레이스(β-amylase)와 함께 플루란네이스(pullulanase)와 같은 가지분해효소(debranching enzyme)를 이용하는 것이다. 이것은 더 높은 말토오스 비율과 조금 더 높은 DE를 가지게 한다. 순 말토오스액은 오직 50 DE를 가진다는 것을 인식해야 한다.

알파와 베타 아밀레이스를 가진 짧은 전분의 취급은 종결반응에서 약 70 DE를 가진 시럽을 얻게 한다. 알파와 베타 아밀레이스의 혼합은 α-1,6 결합을 끊을 수는 없다. 따라서 α-1,6 결합을 가진 나머지 부분들은 남아 있다.

고DE 시럽을 생산하기 위해 글루코아밀레이스(glucoamylase)를 사용해야만 한다. 그 효소는 전분사슬의 말단으로부터 글루코오스를 생산한다. 그리고 α-1,4 β-1,6 결합을 둘 다 가수분해 할 수 있다. 그리하여 이것은 100 DE의 시럽을 생산할 수 있다. 상업적 실용화에서 92~95 DE의 가치는 더 일반화되었다. 고DE 시럽은 고농도의 글루코오스를 함유할 수 있게 하고 상대적으로 단맛이 올라간다. 그것은 효모에 의해 거의 발효되고 고삼투압의 용액을 만든다. 다양한 옥수수 시럽의 특성은 그림 4-5에 나타나 있다. 더 고단맛을 함유하기 위해 글루코오스 부분을 과당이라고도 하는 프락토스로 전환시켜야 한다.

글루코오스 아이소머레이스(glucose isomerase)라는 효소를 이용해 만들 수 있다. 평행 상태를 위해 글루코오스 아이소아밀레이스를 처리한 고DE 옥수수 시럽은 50% 글루코오스, 40% 과당, 8% 고분자 당으로 구성된다. 상업적인 고과당 옥수수 시럽(high fructose corn syrup, HFCS)은 설탕만큼 달다. 이 시럽은 많은 식품적용에서 설탕과의 경쟁에서 매우 성공적이었다. 설탕만큼 달아서 이것은 설탕용액보다 고삼투압과 고수분 활성도를 갖는다. 글루코오스와 과당 둘 다 환원당이다. 환원당이 아닌 설탕보다 갈색으로 변하기 쉽다.

고농도의 과당(60~80%)의 옥수수 시럽이 최근 소개되었다. 액은 이온교환기술에 의해 혼합물로부터 40% 과당 분리에 의해 생산된다.

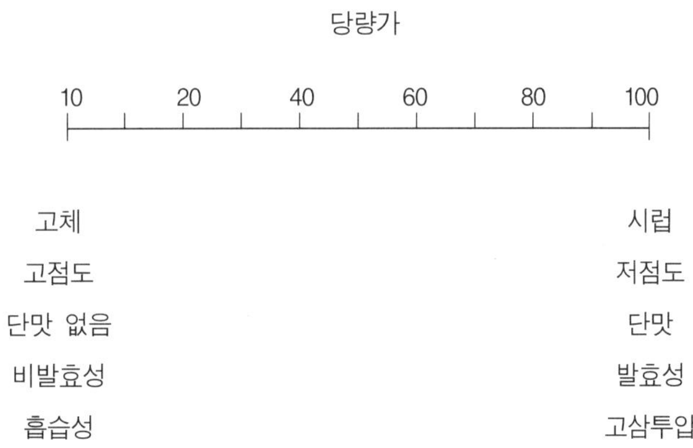

그림 4-5. 옥수수 전분 시럽의 성질

2. 곡류 단백질

단백질은 모든 살아 있는 유기체에서 발견되는 중합체이다. 단백질은 펩타이드 결합에 의해 연결되는 아미노산으로 이루어진다.

1) 구조

단백질에서 발견되는 보통 아미노산의 구조는 일반 생화학 책에서도 알아볼 수 있다. 아미노산은 산 그룹과 아미노 그룹을 가지고 있다. 그러나 아미노산은 R기(펩타이드 결합에 관계하지 않고 있는 아미노산의 일부)의 구조에 의해 변화한다.

단백질은 분자량이 수천에서 수백만까지 다양하다. 100,000의 분자량인 단백질은 약 850의 아미노산 잔기를 포함한다.

각 아미노산의 산과 아미노 그룹은 펩타이드 결합과 단백질의 기본구조에 영향을 받는다. 모든 단백질의 구조는 본질적으로 같은 것이다. 주요한 구조, 즉 아미노산의 연속성은 단백질 사용 시 구별하는 첫 번째 이유이다. 그러나 단백질의 그런 기능적 차이점은 단백질의 2차, 3차 구조에서 찾아볼 수 있다. 단백질의 구조를 형성하는 펩타이드 결합은 제한된 범위에서 유연하고, 다른 형태로 폴리펩타이드가 비틀리거나 감겨져 있다. 아미노산 시스테인(cysteine)에 황(sulfuryl) 그룹은 활성 그룹이다. 그것은 disulfide 결합(-S-S-) 형태로 다른 시스테인 잔기와 상호작용 할 수 있다. 그 결합은 단백질에 두 번째 구조를 주는 하나의 요인이다. 두 개의 시스테인 잔기는 단백질 사슬 위에 있을 수 있고(분자 간 결합), 단백질 내에서 고리를 형성하고 또는 다른 단백질 사슬 위에 있을 수도 있고(분자 간 결합) 두 개의 펩타이드 사슬을 연결한다.

2) 단백질의 분류

단백질은 보통 네 개의 용해성 유형으로 분류된다. 이 분류는 20세기 초 오스본(T.B. Osbone)의 고전적인 분류에 근거를 둔 것이다.

알부민은 물에 녹는 단백질이다. 알부민의 용해성은 소금농도에 의해 영향을 받지 않지만 이 단백질은 열에 의해 응고된다. 이런 형태의 단백질의 예는 계란 흰자에 존재하는 알부민(ovalbumin)이다.

글로불린은 순수한 물에 녹지 않지만 묽은 소금 용액에는 녹고, 높은 소금 농도에서는 또 녹지 않는다. 프로알부민은 70%의 에틸알코올에 녹는 단백질이며 글루테닌은 묽은 산이나 염기에 녹는 단백질이다.

용해성에 의한 분류를 사용하면 단백질에 관해 무엇인가를 말하는 재생 가능한 결과를 준다. 그러나 얻게 되는 일부분들은 명확하지 않다. 예를 들면, 프로 알부민은 물,

특히 낮은 이온강도에서 용해성이 제한된다. 일반적으로 각 그룹은 하위 집단을 가진다. 그리고 집단의 어느 것도 하나의 순수한 단백질로 이루어져 있지 않다.

네 개의 기에 일치하지 않는 단백질 또한 있다. 밀, 보리와 호밀은 열에 의해 응고되지 않으면서 물에 녹는 당단백질을 포함한다. 옥수수, 수수와 쌀은 묽은 산과 염에 의해 용해되지 않는 단백질을 갖는다. 이 단백질은 글루테닌의 특별한 하위집단인가, 분리된 그룹인가? 물론 더 좋은 분류 계획들과 방법들이 필요하다. 그러나 현재까지 제안된 단백질의 분류는 위와 같은 분류가 적용되지 않을 정도로 복잡하다. 그러므로 첫 번째 분류 방법인 용해성을 사용하는 방법으로 단백질을 분류하는 것이 합법적이다. 그리고 전기영동과 겔 여과법 등의 분석법으로 나뉘고 있는 기술을 사용하여 단백질을 확인한다.

3) 가용성 단백질의 특성

활성 단백질(효소)의 대부분은 알부민 또는 글로불린에서 발견된다. 곡류에서 알부민과 글로불린은 호분층의 세포, 브랜과 배아에 집중되어 있고, 내배유는 다소 낮게 분포되어 있다. 영양상으로 알부민과 글로불린은 매우 좋은 아미노산 균형을 가진다.

프롤라민과 글루테닌은 곡류의 저장 단백질이다. 식물이 발아하는 동안 사용할 수 있는 형태로 단백질이 저장된다. 이 단백질은 곡류의 내배유에 한해지고, 외피(pericarp)나 배아(germ)에서는 발견되지 않는다. 모든 곡류들의 프롤라민은 영양학상 중요한 아미노산인 라이신, 트립토판과 메치오닌의 함량이 낮다. 글루테닌은 아미노산 구성에서 더 변화하는 것처럼 보인다. 밀에서 글루테닌의 구성은 프롤라민의 그것과 유사하다. 그러나 옥수수의 글루테닌은 프롤라민보다 더 많은 라이신이 들어 있다.

최소한 옥수수 및 다른 곡류들 안에서 여러 가지 단백질 집단의 비율이 유전적으로 통제된다. 예를 들면 '고농도 라이신' 옥수수 변종들은 많은 알부민과 글로부린을 함유한다.

4) 단백질함량의 변화

모든 생물체와 같이 곡류의 낟알도 화학적인 구성 면에서 다양하다. 화학적 구성의 변화는 단백질함량에서 아주 눈에 띈다. 비록 대부분의 상업적인 시료에서 단백질함량은 8~16%이지만 밀은 6~27% 이상의 단백질함량으로 다양하다. 이러한 단백질함량의 범위는 환경과 유전적인 영향의 결과이다. 단백질은 식물이 열매를 맺고 있는 동안 계속적으로 합성된다. 성숙기에 가까워질수록 전분 합성은 열매를 맺는 동안 시작되고 단백질의 합성이 빨라진다. 이와 같이 열매를 맺는 말기에 적절한 습기와 영양물이 제공되어 성장하는 상태가 좋으면 전분의 합성이 활발하므로 곡물의 수확도 증가한다. 그러나 단백질함량은 비교적 낮을 것이다. 물론 중요한 것은 성장하는 기간에 질소의 유효성이다. 질소의 과잉은 성장 주기의 초기에 산출의 증가를 초래한다.

높은 단백질함량을 초래하는 다른 환경 요인들은 열매를 맺는 기간이 늦은 가뭄, 서리피해, 병해이다. 서리와 병해는 단백질이 포함한 전분의 축적과 다른 구성성분을 멈출 수 있다.

비교적 최근까지 곡물의 단백질 내용은 환경 요인들에 의해서만 제어된다고 생각되었다. 그러나 밀의 어떤 품종은 높은 단백질을 함유하는 것을 알았다. 이것은 밀 단백질함량이 또한 유전적인 제어 아래에 있다는 것을 보여 주는 연구를 가져오게 했다. 그러므로 식물 품종은 다른 속성들에 관해서는 바로 그것 이상(또는 이하)을 위해 단백질함량을 조절할 수 있다.

곡류의 단백질함량은 두 가지 이유에서 중요하다. 첫째로, 단백질은 우리의 식이요법에서 중요한 영양소이다. 이와 같은 유형은 단백질의 영양학적인 견지로부터 중요하다. 둘째로, 단백질의 양과 질은 밀가루의 기능과 용도에서 중요하다. 예를 들면, 단백질함량은 빵 품질에서 가장 중요한 요인이다.

곡류 낟알의 단백질함량이 바뀌면 여러 가지 단백질의 상대적인 비율들도 바뀐다. 낮은 단백질함량에서, 총단백질의 퍼센트로서 나타내게 되는 알부민과 글로불린 양은 높은 단백질함량보다 더 높다. 시료 단백질의 총계가 증가하는 것에 따라 알부민과 글로불린의 총량은 증가한다. 그러나 총단백질의 퍼센트로서, 저장 단백질의 퍼센트는 빠르게 증가하지 않는다. 만일 알부민과 글로불린이 생리적으로 활성단백질이고 프로아민과 글루테닌과 같은 저장 단백질인 것을 기억하면 이것은 논리적인 것처럼 보인다. 식물이 더 많은 단백질을 생산하게 되면 생리학의 기능을 위해 필요하고 남은 저장 단백질로서 더 이용할 수 있다.

만일 알부민과 글로불린은 양질의 아미노산 조성을 가지고, 저장 단백질이 일반적으로 아미노산 조성에 있어서 질적으로 부족한 것을 보면 단백질의 양과 질이 갖는 영양과의 관련성은 명백하다.

5) 쌀 단백질

쌀의 단백질함량은 다른 곡류들보다 낮다. 쌀의 단백질함량은 N × 5.95로써 계산된다(다른 곡류와 비교하여 보정수치는 낮지만 밀보다는 높은 편이다). 아미노산 구성은 비교적 안정적이며 총단백질함량의 약 3.5%가 라이신이다. 라이신은 여전히 트레오닌에 의해 제한 아미노산으로 있다. 또한 글루타믹산의 함량은 상대적으로 낮다(총 아미노산의 20% 이하).

단백질의 일반적인 오스본 분류는 글루테린(glutelin 또는 oryzenin)이 총단백질함량의 약 80%를 차지한다. 쌀의 프로라민함량은 3~5% 수준으로 매우 낮다. 쌀 단백질을 용해시키기 위해 0.1 N 수산화나트륨(sodium hydroxide) 용매가 일반적으로 사용된다. 이와 비교하여 sulfite 또는 메르갑토에탄올(mercaptoethanol)을 포함한 다른 용매들은 덜 효과적이다.

6) 다른 곡류의 단백질들

곡류 곡물의 단백질은 밀 이외에는 어느 정도 반죽을 형성하는 특성이 없다. 호밀은 밀가루 반죽과 비교하여 반죽형성력이 약한 편이다. 세계의 많은 나라에서 재배되는 옥수수, 수수, 조는 가루반죽형 생산품 및 중남미의 토틸라(tortilla), 옥수수빵, 로티(roti), 인도의 차파티(chapati)를 만들 때 사용한다. 가루반죽으로 생산된 것은 밀가루 반죽과는 완전히 다르다. 주된 결합력은 곡류의 단백질에 의한 것보다는 물의 표면장력에 의한 것이라고 여겨진다.

다른 곡류의 단백질함량은 6.25의 질소함량에 따라 평가된다. 이 인자는 쌀과 밀을 제외하고는 모든 곡류에 사용된다.

(1) 옥수수

옥수수의 내배유 안에 존재하는 단백질은 단백질 결합과 단백질 매트릭스로 분리된다. 단백질 결합은 제인(zein, 옥수수에서 추출한 단백질)이라는 프롤라민(prolamin)으로 구성되어 있다. 배유부는 5% 알부민과 글로불린(golbulin), 44% 제인(zein), 28% 글루테린(glutelin)으로 구성된다. 나머지 17%는 Osborne-Mendel 분류법 절차에 의하면 밀에서도 발견되지 않는다. 황 결합(disulfide bond)에 의하여 연결된 제인은 메르캅토에탄올을 함유한 알코올 또는 비슷한 용매에 녹기 쉽다.

옥수수 단백질은 글루타민산이 많이 있지만 밀 안에는 약 반 정도 들어 있다. 아미노산의 구성 중에서 특이한 것은 레우신(leucine)이 많다는 것이다. 이것은 펠라그라(pellagra, 비타민 B 결핍증)와 관련이 있다. 물과 염에 녹는 물질과 글루테린은 아미노산에 알맞게 있다. 황결합에 의해 연결된 가교결합된 제인은 저함량의 라이신과 고함량의 레우신이 함유되어 있다. 또한 가교결합된 제인 일부 내부에는 프로린의 함량이 18%로 높은 편이다. 수수, 조, 옥수수는 유리질이고 불투명한 내배유를 가진다. 단백질의 분포는 두 종류의 내배유에 따라 다르며, 단백질이 다르기 때문에 아미노산 구성도 다르다.

(2) 수수

수수 단백질은 옥수수와 유사하다. 수수에 포함된 프로라민은 옥수수의 아미노산 구성과 전체 아미노산 구성이 제인과 매우 비슷하다. 두 가지 곡물의 주요한 차이는 프로라민의 용해성과 가교결합된 프로라민의 양에서 나타난다. Kafirin은 실온에서 70%의 에탄올에 녹지 않지만 만약 온도가 60℃ 이상 되면 녹는다. Kafirin은 실온에서 60%의 부틸 알코올에 녹는다.

수수의 가교결합된 Kafirin의 전체 양은 옥수수에서 가교결합된 제인함량 17%와 비교하면 약 31%이다.

(3) 보리

보리는 라이신이 제한 아미노산으로 스레오닌(threonine)은 두 번째 제한하는 아미노산이다.

대부분의 보리는 외피(lemma와 palea)를 손상시키지 않고 수확한다. 외피는 낟알의 약 10%로 구성되어 있다. 일반적으로 외피는 단백질함량이 낮지만 그 단백질들은 상대적으로 라이신이 많다. 배아 단백질 또한 라이신이 많고 배유 단백질(약 3.2%)에서 낮지만 다른 곡류보다 많은 편이다. 배유는 글루타믹산(약 35%)과 프로린(약 12%)에서 비교적 많다. 글루타믹산은 유리산으로 존재하고 아마이드(amide)와 글루타민(glutamine)으로 존재하지 않는다.

보리의 플로라민은 호르데인(hordein)이라고 불린다. 보리 단백질의 약 40%로 구성된 호르데인은 라이신 함량이 매우 낮다.

(4) 밀 단백질

밀가루 단백질의 약 15%는 녹는 단백질(알부민과 글로불린)로 구성된다. 이러한 녹는 단백질의 아미노산 구성은 밀가루 단백질과는 다르다. 일반적으로 녹는 단백질은 글루타믹에시드와 프로린(proline)에서 낮고 라이신, 알기닌, 아스파틱에시드에서 매우 높은 편이다. 이러한 패턴은 사료에서 분석한 결과와 유사하다. 녹는 단백질은 밀가루에서 발견되는 대부분의 많은 효소들을 포함한다.

또한 암모니아의 높은 함량은 밀가루의 아미노산 구성에서 눈에 띈다. 밀에서 글루타민이 갖는 높은 질소함량 때문에 밀가루의 단백질함량의 계산은 다른 곡물에서 질소함량에 곱하는 6.25보다 낮은 5.7을 곱하여 계산한다.

3. 곡물의 미량 구성성분

이 장의 제목에 있는 단어 '미량(minor)'의 의미는 어떤 다른 것보다 덜 중요하다는 의미가 아니라 단지 포함된 양적인 함량이 적다는 것이다. 함량이 미량 포함된 성분이라도 중요한 성분이 될 수 있다.

1) 비전분 다당류

(1) 셀룰로오스(cellulose)

셀룰로오스는 식물 구조에 있어서 주요한 다당류이다. 글루코오스의 α-1,4 대신에 β-1,4(그림 4-6)에 연결되어 있으며 화학적으로 간단한 구조이다. 셀룰로오스는 큰 중합체이며 가지가 없는 선형적인 구성으로 되고 그 자체와 강하게 연결되어 있으며 불용성이 강하다. 초기상태에서 셀룰로오스는 부분적인 결정체이다. 높은 불용해성과 많은 유기체와 효소에 대한 중합체 저항성은 β-결합과 관련성이 있다.

식물에서 셀룰로오스는 세포벽에서 다른 비전분 다당류와 목질부에서 보통 발견된다. 셀룰로오스는 짚, 사료로 이용되며 식물부분의 40~50%를 구성할 수도 있다. 따라서 쌀, 보리, 귀리의 과피와 함께 수확하므로 더 많은 셀룰로오스를 포함한다. 곡물의 과피는 30% 이상의 셀룰로오스를 포함한다. 내배유에 포함된 셀룰로오스는 0.3% 이하로 적다. 셀룰로오스는 양적으로 결정하기 매우 어렵지만 내배유 안에는 셀룰로오스가 없다.

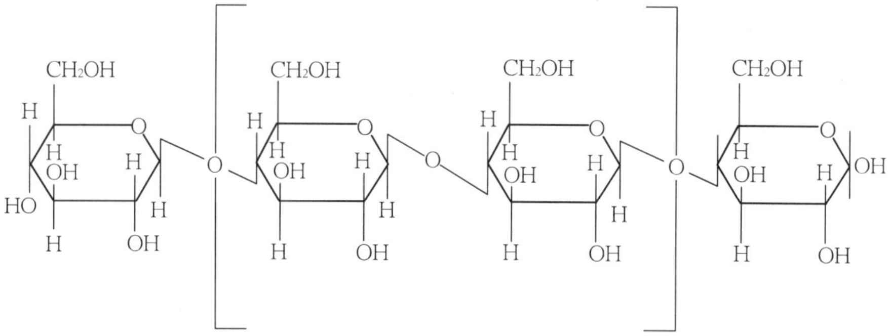

그림 4-6. 셀룰로오스의 기본 구조

(2) 헤미셀룰로오스와 펜토산

헤미셀룰로오스와 펜토산은 비전분 및 비섬유소로서 식물의 세포벽을 구성한다. 용어 헤미셀룰로오스(hemicellulose)와 펜토산(pentosan)은 전환이 가능하므로 정확한 의미를 갖지 않는다.

헤미셀룰로오스와 펜토산은 식물에 널리 분포되어 있고 세포와 함께 결합된 세포벽을 구성하고 있다. 헤미셀룰로오스와 펜토산에서 전환될 수 있는 중합체는 펜토스(pentose), 헥소스(hexose), 단백질, 페놀성 화합물(phenolic)을 포함하는 복합다당류로서 그 구성 성분은 식물의 종류에 따라 다르다. 곡물 헤미셀루로오스의 성분으로 보고되는 당류는 D-xylose, L-arabinose, D-galactose, D-glucose, D-glucuronic acid, 4-o-methyl-D-glucuronic acid를 포함한다.

헤미셀루로오스의 구조가 순수한 화학적인 연구에서 실체를 얻는 데는 어려움이 있다. 헤미셀루로오스는 다양한 크기에서 다양한 화학적인 구성을 가지고 있는 것처럼 보인다. 헤미셀루로오스에 있는 다른 중요한 변화는 물에서의 용해성이다. 예를 들면, 밀가루는 수용성과 불용성인 헤미셀루로오스를 포함한다. 이들은 명확히 펜토스 이외에 많은 성분을 포함하며 수용성과 불용성인 펜토산과 같은 복합 다당류를 지칭한다. 불용성인 펜토산은 밀 내배유의 2.4% 정도를 차지한다. 세척에 의한 글루테닌의 제거 후 남아 있는 슬러리는 수용성과 불용성 부분으로 원심분리기에 의해 분리될 수 있다. 불용성은 밀도에 의해 두 층으로는 분할할 수 있다. 하층에서 중요한 성분은 전분이다. 하층은 전분입자, 손상 전분, 불용성 펜토산, 단백질과 회분으로 구성된다. 수용성 펜토산에 있는 다당류는 L-arabinose, D-xylose, D-glucose를 포함한다.

불용성 펜토산 구조의 상세한 연구는 수용성 펜토산과 비슷하다는 것을 나타내지만 더 많은 가지를 가진다. 기본사슬은 보통 D-xylopyranosyl 단위가 옆면의 L-arabinse 사슬로 β-1,4로 연결된다.

밀가루가 차가운 물로 추출될 때 용해되는 펜토산은 1.0~1.5%이다. 펜토산, 크실로우스, 아리비노오스 이외에 수용성 펜토산은 보통 갈락토오스와 단백질을 포함한다. 수용성 펜토산에 대한 상세한 연구는 D-xylopyransyl 잔기의 기본구조를 가지고 있는 하나의 무수 L-arabinofuranosyl 잔기와 3-위치를 가지고 β-1,4로 연결된 것이다(그림 4-7). 결과적으로 불용성 자일란 중합체가 제거되기 때문에 이러한 측면사슬은 펜토산의 용해성에 영향을 미친다.

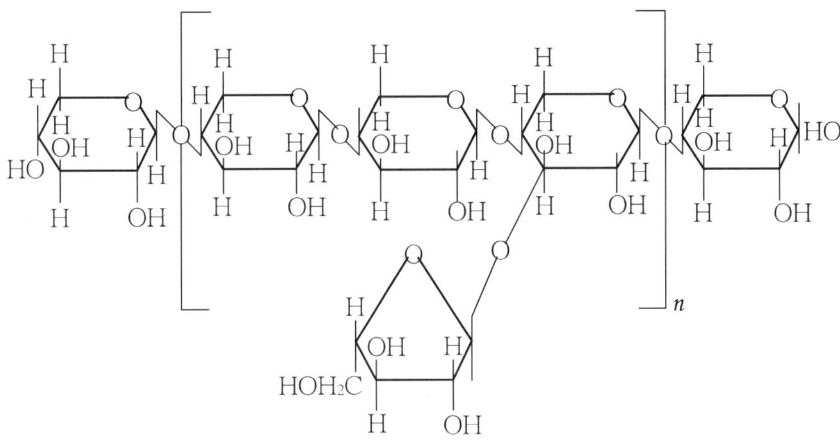

그림 4-7. 수용성 밀 아라비노자일란(arabinoxylan)의 구조

2) 당류와 올리고당

밀은 올리고당을 포함하여 2.8%의 당류를 포함한다. 보고된 당류는 포도당(0.09%)과 과당(fructose, 0.06%), 슈크로오스(sucrose, 0.84%), 라피노오스(raffinose, 0.33%) 그리고 글루코프락토산(glucofructosan)이 비교적 다량 포함되어 있다. 슈크로오스가 평균치보다 높게 함유된 값은 슈크로오스와 동일시되는 글루코프락토산 때문인데, 글루코프락토산은 레보신(levosine)이라고 불리는 가장 작은 물질이고, 다음으로 큰 것은 글루코플락토오스(glucofructose), 가장 큰 당은 올리고당으로 분자량은 2,000 정도까지 큰 값을 가

진다. 돼지감자와 치커리 같은 뿌리 식물의 저장 탄수화물인 이눌린(inulin)의 구조에 있어서 동일하지는 않지만 글루코프락토산과 유사한 구조를 가진다.

당의 구성물질은 저장상태를 벗어날 때 밀의 저장 동안 발생하는 변화를 보기 위한 지표로 사용된다. 밀 배아는 총당의 24%를 가지는 높은 수준을 포함한다. 당류는 주로 슈크로오스와 라피노오스로 이루어져 있다. 글루코프락토산은 배아에서는 발견되지 않는다. 슈크로오스와 라피노오스는 밀기울에 다량 포함된 당류로서 당류는 밀기울에 4~6% 포함되어 있다. 다른 당류는 밀기울에서 작은 양이 합성되나 글루코프락토산은 배유에 집중되고 배아와 밀기울에서는 나타나지 않는다.

곡류의 배아에서 지질은 가장 많은 양을 차지하는데, 그중 인지질이 가장 높은 비율로 분포하고 있다(그림 4-8).

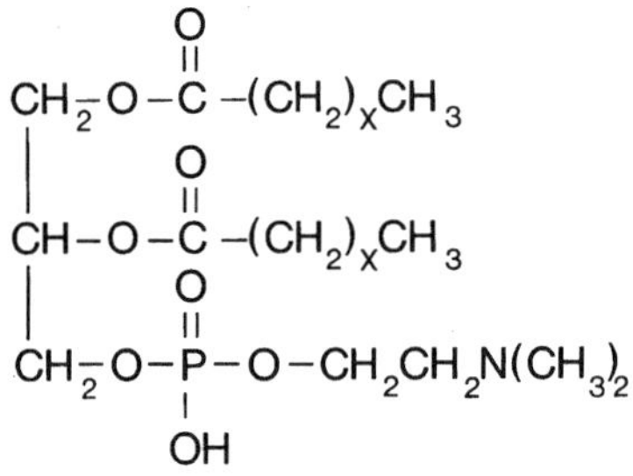

$$CH_2-O-\overset{\overset{\displaystyle O}{\|}}{C}-(CH_2)_xCH_3$$
$$CH-O-\overset{\overset{\displaystyle O}{\|}}{C}-(CH_2)_xCH_3$$
$$CH_2-O-\overset{\overset{\displaystyle O}{\|}}{P}-O-CH_2CH_2N(CH_3)_2$$
$$OH$$

그림 4-8. 인지질의 구조

4) 효소

곡류는 복잡한 생체 시스템을 가지고 있다. 효소의 수는 헤아릴 수 없을 정도로 많다. 전분의 품질을 저하시키는 효소에 대해 이미 많은 연구가 수행되었으며 곡류의 맥아제조와 양조뿐만 아니라 빵 제조에도 중요하게 사용되고 있다.

(1) 아밀레이스

곡류는 두 가지의 아밀레이스(amylase)를 가지고 있다. 알파 아밀레이스(α-amylase)는 전분사슬의 안쪽에 위치한 α-1,4 glucosidic 결합을 분해하는 효소(endoenzyme)이다. 효소 활성의 결과로 거대한 전분분자 크기가 급속히 감소하고 전분용액 또는 현탁액의 점도가 감소한다.

효소작용은 생전분보다 호화된 전분이 더 빠르다. 그러나 충분한 시간은 과립상 전분의 품질 저하를 일으키는 것이다. 왜냐하면 아밀로그래프(amylograph)와 전분분해지수(falling number)는 알파 아밀레이스 활성을 측정하는 데 폭넓게 사용된다. 화학과 효소적 시험은 최근 효소활성을 측정하는 방법 중의 한 가지이다.

곡류는 알파 아밀레이스의 함량이 낮다. 그러나 발아됨에 따라 알파 아밀레이스 함량이 증가한다. 발아 정도는 곡류를 음식으로 사용하기 알맞은지를 나타내는 중요한 요소이다.

베타 아밀레이스(β-amylase)는 전분사슬 말단에서 분해하는 효소(exoenzyme)이다. 베타 아밀레이스는 α-1,4 glucosidic 결합을 말토오스(maltose) 단위로 분해한다(그림 4-9). 그러므로 베타 아밀레이스 활성의 전분은 말토오스와 한계덱스트린(β-limit dextrin)으로 분해된다. 만약 아밀로오스가 가지가 없다면 아밀레이스로부터 말토오스의 가수분해가 가능할 것이다. 전분의 경우 말토오스로 약 70% 전환되고 한계덱스트린이 잔류물질로 남는다.

알파 아밀레이스 및 베타 아밀레이스(α, β-amylase) 활성의 조화는 한 가지보다 급속하고 빠르며 완벽하게 전분의 품질저하를 준다.

다른 곡류보다 밀, 보리, 호밀은 아밀레이스 활성이 높다. 남아프리카에서는 많은 양의 수수를 맥주생산에 사용한다. 수수맥아의 아밀레이스 측정은 많은 효소가 포함되어 있어서 어렵다.

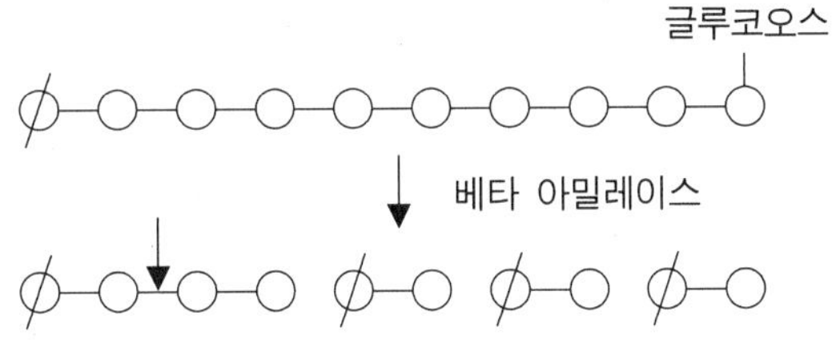

그림 4-9. 베타 아밀레이스(β-amylase)의 전분사슬 분해 반응

(2) 프로테이스

프로테이스(proteases)와 펩티데이스(peptidase)는 성장된 곡류에 존재하며 활성수준은 비교적 낮다. 밀가루의 단백질분해효소의 최적 pH는 4.1 정도이다.

(3) 파이테이스

파이테이스(phytase)는 피틴산(phytic acid)을 분해하는 효소이다. 피틴산은 이노시톨(inostol)과 유리인산으로 전환된다.

(4) 리폭시게네이스

리폭시게네이스(lipoxygenase)는 산소에 의해 불포화지방의 peroxidation이 촉매된다.

리폭시게네이스와 다른 활성을 가진 이성화효소(isoenzyme)는 많다. 이성화효소는 유리지방산 또는 트리글리셀라이드(triglyceride) 지방산을 분해한다. 예를 들어, 콩에 포함된 리폭시게네이스는 트리글리셀라이드(triglyceride)를 분해하는 반면 밀 리폭시게네이스는 유리지방산에 활성을 가진다.

산화는 빵 반죽에는 이점이 있지만 파스타에는 나쁘며 노란색을 내는 데 좋다. 드럼밀은 낮은 리폭시게네이스 활성을 가지고 있다. 그 효소는 밀가루 반죽의 안전한 혼합과 반죽의 유동학적 성질을 바꾼다.

5) 비타민과 미네랄

모든 곡류는 토코페롤, 판토페닉산, 피리독신, 리보플라빈, 나이아신, 티아민과 같은 비타민의 중요한 급원이며 미네랄의 좋은 급원이기도 하다. 보편적으로 미네랄과 비타민은 호분층(aleurone layer)에 많이 존재한다.

[연습문제]

1. 크기와 형태가 다양한 전분입자를 가진 세 개의 곡물은 무엇인가?

2. 전분의 세 가지 형태의 X-선 회절형의 종류는 무엇인가? 각각의 양상을 가지는 전분의 예를 들어 보아라.

3. 복굴절이란 무엇인가?

4. 아밀로오스(amylose)와 아밀로펙틴(amylopectin)의 차이는 무엇인가?

5. 포접화합물이란 무엇인가?

6. 아밀로펙틴에서 A, B, C 사슬은 무엇을 의미하는가?

7. 알파 아밀레이스(α-amylase)와 베타 아밀레이스(β-amylase)의 작용형태는 무엇인가?

8. 호화란 무엇인가?

9. 페이스트(paste) 상태란 무엇인가?

10. 노화란 무엇인가?

11. 산처리전분의 특성은 무엇인가?

12. 가교결합전분에 일반적으로 무슨 시약이 사용되는가?

13. 변성전분에서 치환도(DS)는 무엇이며 식품용 변성전분의 DS의 범위는?

14. 지방대용전분은 무엇인가?

15. 단맛의 정도가 낮은 것부터 순서를 정해라.
    포도당(글루코오스, glucose), 과당(플락토오스, fructose), 설탕(슈크로오스, sucrose), 맥아당(말토오스, maltose)

16. 당량가 또는 덱스트로스 대응값(DE)을 정의하라.

17. 단백질은 무엇으로 이루어졌는가?

18. 단백질은 물에 용해되어 어떤 작용을 하는가?

19. 단백질의 변성(denaturation)이란?

20. 곡류의 저장 단백질을 구성하는 단백질은 무엇인가?

21. 쌀에서 유일하게 단백질에 분포되어 있는 것은 무엇인가?

22. 곡류에 포함된 비전분 다당류의 종류를 적어라.

23. 셀룰로오스를 가장 많이 포함하는 곡류의 부위는?

24. 일반적으로 지질이 많이 포함되어 있는 곡류의 부위는?

25. 쌀의 과피와 배아에 존재하는 지방의 특징과 용도는 무엇인가?

26. 떡가공에서 지질이 사용되는 목적을 전분의 노화와 송편의 지방코팅과 관련지어 설명하여라.

27. 떡의 관능적 품질에 지질이 미치는 영향을 설명하여라.

5장 떡 가공공정

떡의 가공공정은 만드는 방법에 따라 다르다. 예를 들면 찌는 떡 가공공정은 수침, 분쇄, 찌기, 절단, 포장의 가공공정을 거치고, 치는 떡 가공공정은 수침, 분쇄, 찌기, 편칭, 성형, 고물 묻히기, 포장의 가공공정을 거치며, 지지는 떡 가공공정은 수침, 분쇄, 반죽, 지지기, 포장의 가공공정을 거치고, 삶는 떡 가공공정은 수침, 분쇄, 반죽, 삶기, 고물 묻히기, 포장 등의 단위공정을 거친다(그림 5-1). 각각의 떡 가공공정에서 공통적으로 사용되는 중요한 단위조작을 이해하면 공정의 조절을 통해 떡의 품질을 제어할 수 있다. 따라서 세척, 수침, 분쇄, 체질, 찌기, 반죽, 성형, 고물 묻히기에 대하여 살펴보기로 한다.

1. 세척

곡물은 주로 건식으로 선별을 하지만 떡 가공에서는 왕겨, 해충, 먼지, 돌 등의 이물질을 제거한 다음 수침을 거쳐야 하므로 물을 사용하여 습식수세를 한다. 습식수세는 주로 조직이 강하지 않은 과채류의 선별과정에서 충격에 의해 조직이 손상되는 것을

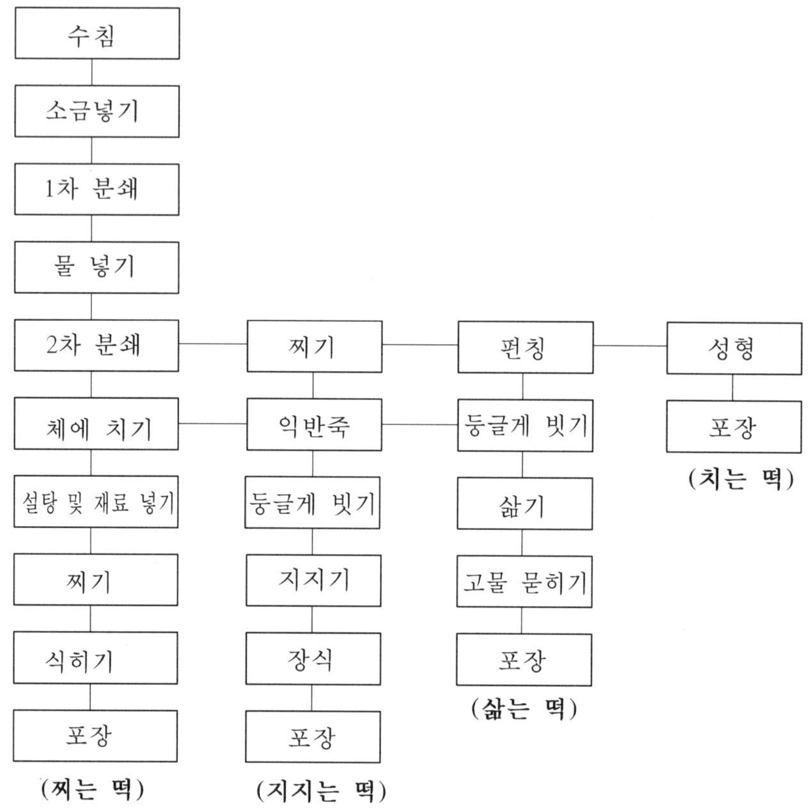

그림 5-1. 만드는 방법에 따른 떡 가공공정도

방지하기 위하여 이용되고 있다. 곡류의 세척은 주로 풍속의 조절을 통하여 밀도의 차이에 따라 먼지와 곡류낟알을 선별하지만, 떡의 가공공정에서는 이물질을 제거하기 위하여 충분히 세척한 다음 수침공정을 거친다. 건식 선별과 비교하여 습식으로 선별하는 경우 곡물 낟알 외부에 수용성 물질을 보유하고 있을 경우 수용성 영양소의 손실이 일어나며 세척수의 처리가 쉽지 않다.

그림 5-2는 떡을 제조하기 위하여 쌀을 수침 전이나 수침이 끝난 후에 세척하는 쌀 세척기이다.

대량으로 세척을 하는 경우 대형 탱크에 물을 담아 일정시간 담가서 교반하면서 씻은 다음 건져 내는 방식을 침지세척이라고 하며 감자, 고구마, 채소 등 입자가 큰 원료를 세척하는 데 주로 사용한다. 교반하는 방식은 임펠러를 사용하는 방식과 탱크의 하단에서 공기를 주입하여 원료를 교반하는 방식이 있다(그림 5-3). 교반하는 속도에 따라 이물질이 제거되는 비율과 세척시간이 결정된다.

그림 5-2. 쌀 세척기

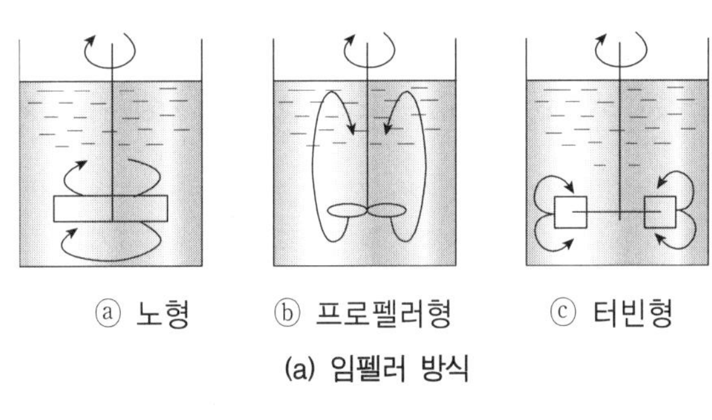

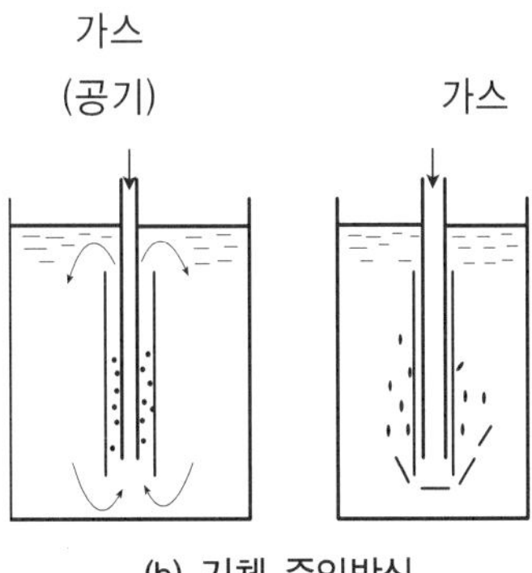

그림 5-3. 침지세척의 교반방식

2. 수침

떡 제조에서 수침과정은 쌀을 세척한 다음 물에 담그는 공정으로 쌀의 낟알에 수분을 흡수시키는 과정이다.

쌀을 분쇄하기 전에 약 8~12시간 정도 수침시킨 후 쌀가루로 만들어 조리하는 방법은 쌀을 이용하는 문화권에서는 전통적으로 이용되는 방법이다. 쉽게 분쇄되는 밀과는 달리 쌀은 건식분쇄를 하면 전분입자는 덩어리가 지므로 주로 물에 불린 후 분쇄하는 습식분쇄를 주로 이용하며, 수침 전보다 침지 후 조리하면 쉽게 조리할 수 있다. 이러한 현상은 수침한 쌀가루와 수침하지 않은 쌀가루의 13% 현탁액을 이용하여 시차주사열량기로 호화시켰을 때 침지하지 않은 쌀이 쉽게 호화되지 않는 점에서 알 수 있다.

그림 5-4는 수분함량의 변화에 따른 호화온도의 변화를 나타낸 것으로 수분함량 55~60% 이하에서는 수분함량이 감소할수록 호화에 필요한 열에너지의 양이 증가하므로 높은 온도에서 호화가 일어난다.

쌀의 수분흡수량은 약 30분에서 변화는 거의 없으나 쌀의 수침시간이 증가할수록 쌀가루의 가공 특성은 변화된다. 찹쌀의 수침 시의 특성 변화에 대한 연구와 수침조건을 달리한 찹쌀로 제조한 인절미와 같은 가공식품의 특성에 대한 연구는 많이 수행되었다.

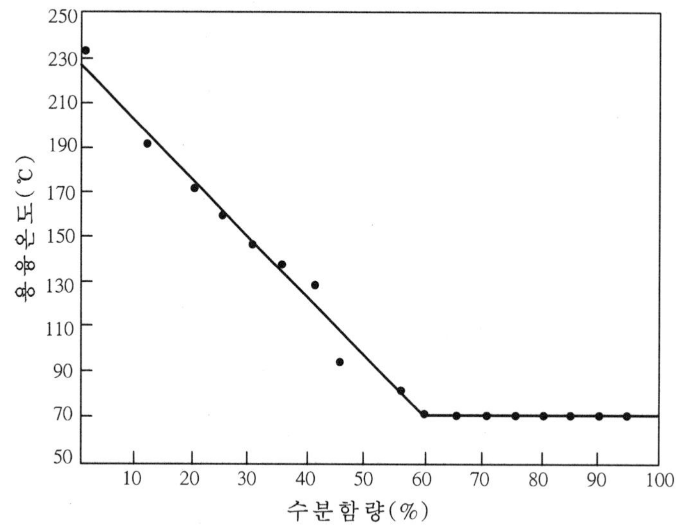

그림 5-4. 수분함량에 따른 전분의 호화온도 변화

롤밀(roller mill)을 사용하여 분쇄할 때 수침한 쌀은 분쇄에 필요한 에너지 요구량이 적을 뿐만 아니라 전분입자가 손상되는 정도가 수침하지 않은 쌀을 분쇄하는 건식분쇄보다 높다. 전분 손상도의 증가와 함께 유리아미노산함량이 약간 증가하고 수분흡수지수, 수분용해지수 및 보수력도 증가한다.

수침이 분쇄공정과 분쇄한 쌀가루를 찔 때 충분히 호화가 일어나기 위하여 단순하게 수분의 흡수를 유도하는 조작이라면 상온에서 4시간 정도면 수분함량은 39% 정도가 된다. 그러나 수침공정에 의해 떡의 찰기 및 굳기와 같은 물성을 조절할 목적이라면 수침시간을 조절할 필요가 있다.

쌀 낟알의 수침기작은 모세관을 통한 수분의 흡수와 이동, 확산으로 인하여 내부로 수분이 이동한다. 낟알의 외부에서 모세관을 통해 수분이 흡수되고 외부에 흡수된 수분 낟알의 내부로의 이동은 확산에 의하여 주로 일어난다. 수분이 낟알의 중앙에까지 도달하여 수분함량이 수침시간에 따라 변화하지 않는 시간은 모세관과 확산을 통한 물의 이동속도에 따라 영향을 받는다.

확산속도는 분자의 운동에 영향을 미치는 온도와 낟알의 수분함량에 따라 영향을 받는다. 온도가 증가할수록 물분자의 운동이 증가하게 되어 확산되는 속도가 증가하므로 수침시간이 단축된다(그림 5-5).

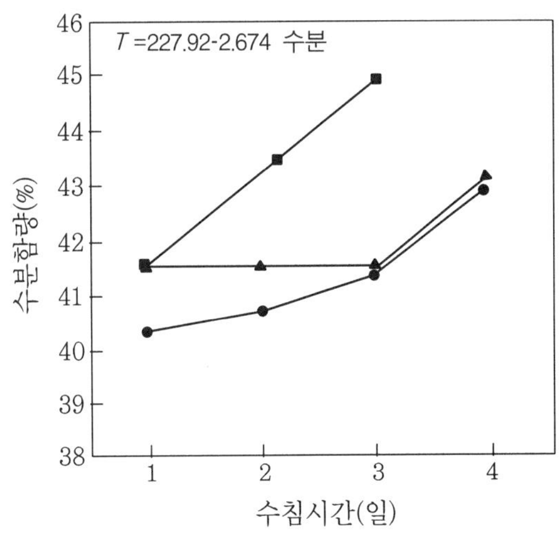

그림 5-5. 물의 온도와 수침시간에 따른 쌀의 수분함량 변화

물의 확산속도와 모세관 이동속도는 쌀 낟알을 구성하는 성분에 따라 달라진다. 예를 들어, 아밀로펙틴을 100% 함유한 찹쌀은 멥쌀보다 수분함량이 평형에 도달하는 시간이 짧다(그림 5-6). 이러한 현상은 아밀로펙틴의 함량이 높은 찹쌀의 경우 미세한 기공이 내부에 분포되어 있기 때문이다.

물의 확산속도는 입자의 표면적에 따라 증가한다. 분쇄하지 않은 낟알보다는 분쇄를 하여 입자크기를 감소시키면 표면적 증가로 인하여 확산속도가 증가하여 수침시간을 단축시킬 수 있다.

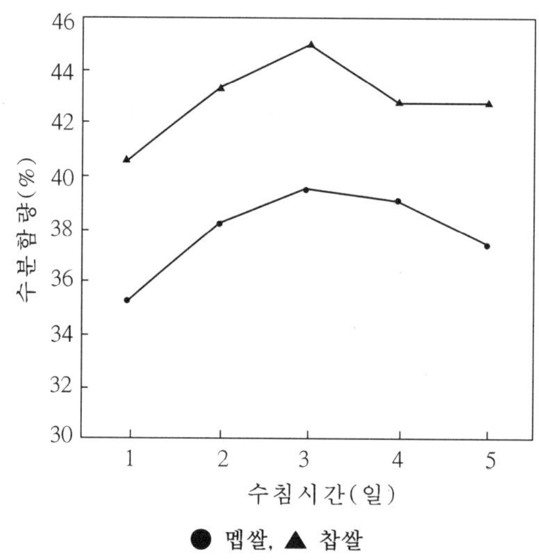

그림 5-6. 찹쌀과 멥쌀의 수침시간에 따른 수분함량의 변화

1) 수침동안 미생물의 변화

수침은 단순한 수분 흡수 목적 외에 다른 어떤 변화를 기대하는 공정이다. 떡의 제조 시 떡의 찰기, 탄성, 굳기, 외관 및 맛에 영향을 주는 요인은 찹쌀의 수침기간인데, 수침은 단순한 물의 흡수 목적 외에 유기산이 전분의 특성을 변화시키는 발효의 과정이라고 할 수 있다.

수침기간 중 찹쌀의 특성변화 및 미생물의 변화를 보면 찹쌀을 2시간 수침시킨 액의 pH는 6.61인 반면 수침기간이 길어질수록 pH는 낮아져 수침 30일 후의 pH는 3.71까지 감소한다. pH 감소는 1일에서 3일 사이에 현저하게 나타나며 수침 중 유기산이나 지방산의 생성이 증가하는 결과는 수침 액에 생성된 미생물에 의한 요인이라고 한다.

찹쌀 수침 액의 효소활성도를 측정한 결과 알파 아밀레이스(α-amylase)는 수침기간이 지남에 따라 활성이 증가하였다. 수침기간에 따른 수침 액에 존재하는 미생물을 측정한 결과, 수침 5일부터 20일까지 수침 액에 존재하는 균주는 *Yeast spp.*와 *Lactobacillus spp.*이고 수침 25일 이후에는 *Corynebacter spp.*가 존재한다.

이와 같이 pH와 미생물이 생성한 효소에 의해 찹쌀전분의 성분과 구조가 변화되어 증자한 떡반죽의 물성에 영향을 미치므로 수침과정은 떡의 품질에 중요한 인자가 될 수 있다. 그러나 이러한 수침과정은 미생물이 관여하는 발효 과정으로 여겨지지만 아직 이 과정에 미생물이 어떻게 관여하는지에 대한 연구는 미비한 실정이다.

이와 같이 떡 가공에서 수침과정이 제품의 품질과 생산성을 좌우하는 가장 중요한 과정임에도 불구하고, 이 과정의 생물학적 기초 조사가 거의 수행되지 못하여 침지 조건의 표준화가 이루어지지 못하고 있다.

2) 수침과 반죽의 물성변화

수침한 찹쌀가루를 사용하여 형성된 반죽의 물성은 치는 떡인 인절미의 찰기와 굳기에 중요하다. 수침시간이 증가할수록 반죽의 끈적한 찰기는 증가하고 고무와 같은 성질을 갖는 탄력성은 감소하는 경향이 있다.

수침은 원료쌀의 수분함량 조절을 통해 분쇄를 용이하게 하고 찔 때 호화를 쉽게 하기 위한 목적이 있으며, 수침기간 동안 원료 성분의 변화와 미생물에 의한 발효가 일어나서 떡의 물성을 변화시키는 현상은 수침시간이나 수침온도 등의 조절을 통해 떡의 찰기와 굳기 같은 품질을 조절할 수 있게 한다.

3) 수침시간에 따른 입자크기의 변화

멥쌀의 수침시간이 증가할수록 쌀의 조직이 연화되어 입자의 결합력은 감소하고 조직의 연화와 함께 습식제분을 할 때 전분입자는 더욱 미세화된다.

3. 분쇄

떡 가공에서 분쇄는 수침한 쌀의 물빼기를 한 다음 롤밀을 사용하여 습식으로 분쇄하는 것이다. 분쇄를 하여 입자의 크기가 감소하면 표면적이 증가하여 찌는 공정에서 스팀에서 쌀가루로 열이 전달되는 속도가 증가하여 찌는 시간을 단축시키고 전분이 충분히 호화된다. 쌀을 분쇄하여 가루로 이용하는 경우 쌀알로 조리 가공하는 방법보다 다양한 제품을 만들 수 있다.

쌀의 분쇄방법은 수침 여부에 따라 건식분쇄(dry grinding)와 습식분쇄(wet grinding)로 나눌 수 있으며, 쌀가루 제조 시 사용되는 분쇄기의 종류와 분쇄방법에 따라 입자의 크기와 특성이 달라진다. 건식분쇄가 습식분쇄의 경우보다 미세하며, 미세한 입자의 쌀가루일수록 밝기를 나타내는 명도(L)값은 증가하고 적색도(a)와 황색도(b)는 감소하며 아밀로그램에 의한 호화개시온도와 최고점도는 낮아진다. 주사전자현미경으로 관찰할 때 습식분쇄의 경우 입자들이 밀착되어 작은 쌀가루의 집합체를 이루는 반면 건식분쇄의 경우 밀착되어 있지 않고 넓게 펴져 하나의 커다란 분할된 조직체를 이루는 것이 관찰된다. 분쇄과정 중 기계적 손상에 의한 전분입자의 손상도는 건식분쇄가 습식분쇄보다 많으며 전분의 손상도의 증가에 따라 유리아미노산의 함량이 약간 증가하고 수분흡수지수, 수분용해지수 및 보수력도 전체적으로 증가한다. 그림 5-7은 쌀롤러를 이용하여 쌀을 습식분쇄하는 모습이다.

입자의 크기를 감소시키는 분쇄의 목적은 다음과 같다.

① 생물조직으로부터 원하는 물질을 효율적으로 추출하고 열전달 속도를 증가시키기 위한 것이다. 분쇄를 하게 되면 세포조직을 파괴시켜 내부에 포함된 물질이 외부로 노출되므로 열전달 속도, 건조, 추출, 용해속도가 증가하게 된다. 수침한 쌀은 분쇄하

그림 5-7. 쌀을 분쇄하는 모습

여 입자크기를 감소시키면 열전달 속도가 증가하여 찌는 시간이 단축된다.

② 특정제품의 입자규격을 맞추기 위한 것이다. 분말용 설탕입자, 향신료, 기타 여러 가지 부재료 등에 적용된다.

③ 입자의 크기를 줄여서 표면적의 증가를 통한 건조속도의 증가로 건조시간이 단축된다. 찌기를 할 경우 표면적의 증가로 열전달 속도가 증가하게 되어 찌는 시간이 단축된다. 떡 가공에서 수침한 쌀가루를 스팀으로 찔 때 찌는 시간을 단축시키고 전분이 충분히 호화되어 떡의 소화율과 물성을 향상시키는 역할을 한다.

④ 혼합을 쉽게 하고 균일한 혼합이 이루어질 수 있도록 하기 위한 것이다. 떡의 경우 분쇄한 쌀가루와 설탕, 소금, 색소, 향신료 등을 혼합할 때 균일한 혼합에 적용된다.

1) 고체 식품의 분쇄이론

분쇄기에서 식품원료를 분쇄하기 위하여 압축력, 충격력, 전단응력의 세 가지 힘이 복합적으로 작용한다. 일반적으로 조직이 무르며 약한 식품의 경우 압축력이 사용되고, 섬유질 식품은 충격력과 전단응력, 연한 식품을 미세하게 분쇄하는 데는 전단응력이 사용된다(그림 5-8).

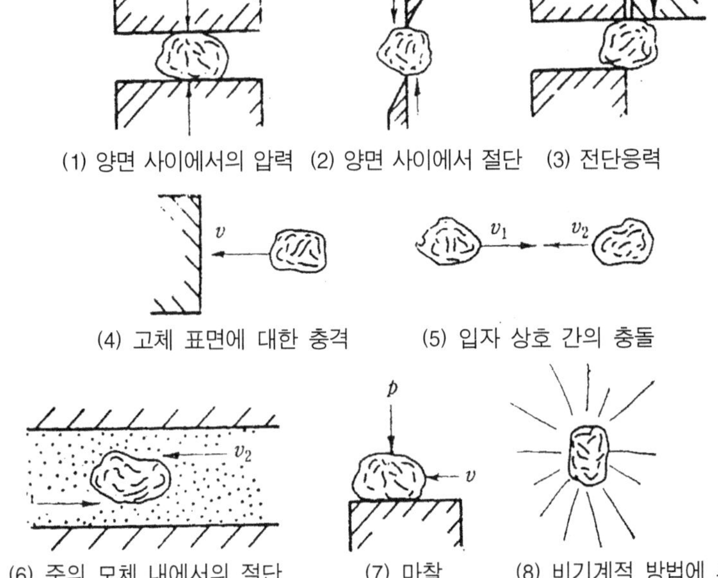

그림 5-8. 분쇄에 작용하는 힘의 형태

고체원료의 입자가 감소함에 따라 입자조직의 연한 부분이나 균열된 부위는 감소하므로 입자를 더 작고 균일하게 분쇄시키는 데는 상대적으로 더 많은 에너지가 소비된다. 고체입자의 분쇄정도, 소비된 에너지, 발생한 열 등은 분쇄하는 데 가해지는 힘의 크기와 시간에 따라 달라진다.

고체 식품에 포함된 수분함량과 열에 대한 안정성도 분쇄를 할 때 고려해야 할 사항이다. 수분이 과도하게 많을 경우 입자를 엉키게 하고 롤밀로 분쇄할 경우 종이와 같은 반죽이 형성되기도 한다. 반면에 수분이 과도하게 부족한 경우 분쇄할 때 입자크기가 균일하지 않고 먼지가 일어나기도 한다. 따라서 쌀을 수침한 다음 물빼기를 하여 멥쌀은 33~35%, 찹쌀은 38~40%로 수분함량을 조절한 다음 쌀을 분쇄하면 잘 엉키지 않고 입자의 크기가 균일하게 분쇄되어 찔 때 쌀가루가 골고루 익어서 찌는 떡의 경우 조직이 부드럽고, 치는 떡의 경우 찰기가 있는 반죽이 형성된다.

2) 분쇄에너지의 계산

건식분쇄에 있어서 분쇄기에 공급되는 에너지의 2% 이하만 분쇄에 이용되고 나머지는 입자의 균열이나 마찰에 의한 열로 소비되기 때문에 입자를 분쇄하는 데 필요한 에너지의 추정이 곤란하다.

떡 가공에서 수침을 하여 수분함량을 멥쌀은 33~35%, 찹쌀은 38~40%로 조절하게 되면 쌀 낟알의 균열에 필요한 에너지가 줄어들게 되어 낟알의 분쇄에 필요한 에너지 소비량은 감소한다. 수침은 일차적으로 분쇄에 필요한 입자의 균열에 필요한 에너지를 줄여서 입자의 크기를 줄이는 데 사용되므로 총에너지 투입량이 감소한다.

일반적으로 입자크기의 감소값(dX)에 대응하는 필요한 에너지소비량(dE)은 다음과 같은 근사식이 주어진다.

$$dE/dX = -K/X^n \qquad\qquad (5\cdot1)$$

여기서 K : 상수값

$\qquad X$: 입자크기

(1) Kick의 법칙

Kick은 입자의 크기를 감소시키는 데 필요한 에너지는 입자의 처음 크기와 분쇄 후의 최종크기를 나타내는 분쇄비(reduction ratio)에 비례한다는 식을 제시하였다. n=1로

정의하고 식 (5·1)을 적분하면

$$E = K_K \ln \frac{X_1}{X_2}$$

(5·2)

여기서 X_1 : 초기입자의 평균크기

X_2 : 분쇄한 입자의 평균크기

X_1/X_2 : 분쇄비(size reduction ratio)

E : 분쇄하는 데 필요한 단위무게당 에너지(hp)

K_K : Kick 상수값

Kick의 법칙은 일반적으로 큰 입자로 조분쇄(coarse grinding) 시 입자의 변형에 필요한 에너지 계산식에 잘 맞는 것으로 알려져 있다.

(2) Rittinger의 법칙

Rittinger는 입자의 크기를 감소시키는 데 필요한 에너지는 분쇄에 의해 생성된 새로운 표면적에 비례한다고 제시하였다. 식 (5·1)에서 n=2라 두고 적분하면

$$E = K_R \left(\frac{1}{X_2} - \frac{1}{X_1} \right)$$

(5·3)

여기서 K_R : Rittinger 상수

Rittinger의 법칙은 입자의 미세분쇄(fine grinding)에 잘 맞는 식으로 밝혀지고 있다.

(3) Bond의 법칙

Bond는 식 (5·1)에서의 n = 3/2으로 적분하면

$$= 2E K_B \left(\frac{1}{\sqrt{X_2}} - \frac{1}{\sqrt{X_1}} \right)$$

(5·4)

여기서 K_B : Bond 상수

Bond의 법칙은 중간크기로 분쇄하는 데 필요한 에너지 계산에 잘 맞는다.

3) 분쇄기 선정 시 고려사항

경제적인 분쇄공정은 원하는 크기의 분말을 낮은 비용으로 얻는 것이므로 분쇄기

및 원료의 전처리 방법을 선정하기 전에 여러 가지 요소를 면밀히 검토해야 한다. 검토할 사항은 원료의 경도, 질긴 정도, 마모성, 점도, 융점, 비중, 수분함량, 열안정성 등이다. 쌀가루 분쇄에서 가장 중요한 인자는 수침한 쌀의 수분함량이다. 수침시간에 따른 수분함량의 변화에 따라 경도, 마모성, 비중이 변화하기 때문이다.

원료의 경도가 큰 물질일수록 분쇄 에너지 요구량이 증가하고 분쇄시간도 길어진다. 또한 경도가 높을수록 표면이 거칠고 모가 나서 분쇄기의 마모가 심하다. 분쇄기의 마모율을 줄이기 위하여 회전속도를 낮추는 것이 좋다.

건식분쇄에 있어서 수분함량은 분쇄공정에 도움과 방해가 될 수 있다. 일반적으로 수분함량이 3% 이상이면 분쇄기가 막히고 분쇄효율이 저하된다. 반면에 수분함량이 과다하면 분말이 서로 엉켜서 덩어리를 형성하는 경향이 있다.

습식분쇄는 다량의 물과 함께 원료가 분쇄되는데, 옥수수로부터 전분을 추출하거나 감자전분을 추출, 과일을 분쇄하는 데 이용된다. 수침한 쌀을 분쇄하는 떡 가공공정은 건식과 습식의 중간 수준의 수분함량을 가진 쌀을 분쇄하는 반습식분쇄공정이라고 할 수 있다. 수침한 쌀의 분쇄에 사용되는 분쇄기는 두 개 이상의 회전하는 롤러 사이로 통과하면서 입자가 분쇄되는 롤밀이 많이 사용된다.

분쇄공정에서 마찰에 의해 발생하는 열에 의하여 입자의 점성이 증가하게 되면 분쇄기가 막히고 공정의 효율이 감소한다. 따라서 온도의 상승을 방지하기 위하여 냉각 코일을 분쇄기에 설치하여 품온을 내려야 한다.

4) 분쇄공정과 손상전분

쌀가루를 분쇄하는 동안 입자가 손상을 입은 전분을 손상전분(damaged starch)이라고 한다. 분쇄기의 작동조건에 따라 차이가 있지만 쌀가루 내부의 손상전분의 양은 떡의 품질에 영향을 미친다. 손상 전분의 양이 증가하면 물 흡수가 증가한다. 물의 흡수가 많으면 찌는 떡의 경우 끈끈한 조직감을 갖는다.

수침을 하여 반습식으로 분쇄할 경우 건식분쇄보다 손상전분의 양이 감소하여 찌는 떡의 경우 끈끈한 조직감을 방지할 수 있다.

분쇄공정 중의 손상전분의 양은 입자의 크기가 감소할수록 증가하는데 이것은 두 개 롤러 간의 틈 간격(nip)이 좁을수록 전분입자가 깨어질 확률이 높기 때문이다. 일정한 간격을 가진 롤러를 통과하는 횟수가 많을수록 쌀가루 내부의 손상전분의 양은 증

가한다. 결론적으로 분쇄에 투입되는 에너지의 소비량이 증가하면 손상전분의 함량이
증가한다(그림 5-9).

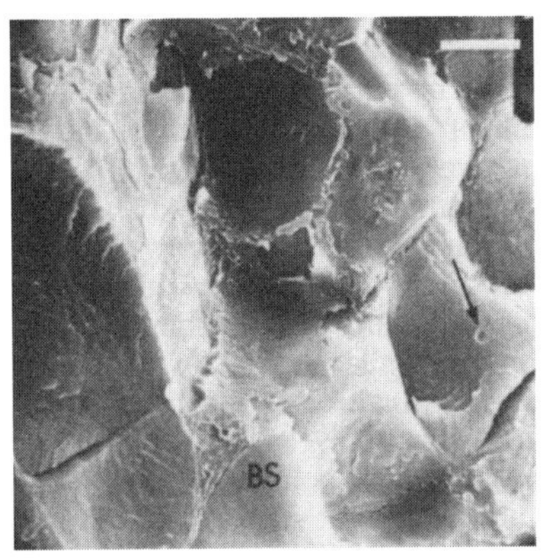

그림 5-9. 손상전분(BS)

4. 체질

체질(screening)은 원래 고체입자 혼합물을 일정한 크기의 체눈으로 통과시켜 입자의
크기에 따라 분리하는 단위공정이다. 체눈의 크기에 따라 분리되는 양을 측정하여 입
자분포를 분석하는 데 사용된다.

떡 가공공정에서 체질은 입자가 큰 쌀가루를 분리하는 일반적인 목적과 함께 체를
통과한 입자 간에 공간을 가지게 하여 찔 때 시루 내부의 쌀가루 사이로 증기가 잘
통과하게 하여 쌀가루가 잘 조리되도록 하는 목적이 있다. 체질을 통해 형성된 입자
간의 공간으로 통과하는 수증기의 비열과 증발잠열이 쌀가루로 전달되어 전분의 호화
가 일어난다. 체질을 하여 재운 쌀가루는 수증기가 잘 통과하게 되므로 온도분포가 일
정하게 되어 시루 내부의 쌀가루가 균일하게 조리된다.

체분석에 사용되는 체(sieve)를 표준체라고 한다. 테일러 표준체(Tyler standard sieve)가
주로 사용되고, 그 외에 일본의 표준체(JIS), 독일의 표준체(DIN) 등이 있다. 또한 표준
체의 단위는 메시(mesh)이며 가로와 세로 각각 1인치 면적($1\,in^2$)에 들어 있는 체눈의 개
수를 나타낸 것이다.

식품가공에 사용되는 체는 금속막대, 다공판, 원통망이나 스테인리스스틸, 나일론천

등으로 덮여 있는 체가 있다. 제분한 쌀가루의 체질에 사용하는 체는 나일론이나 철사로 덮인 체가 사용되며 스크린의 움직임에 따라 분리되는 정도가 다르다. 스크린의 움직임의 형태는 그림 5-10에 나타내었다. 수침하여 분쇄한 쌀가루의 수분함량은 멥쌀이 33~35%, 찹쌀이 38~40%로 높은 편이므로 입자끼리 뭉치는 경향이 있다.

체눈의 크기와 비슷한 크기의 입자는 체눈을 막기 쉬우므로 체눈이 막히는 현상을 방지하기 위하여 즉시 청소를 하여 작은 입자가 분리되도록 해야 한다.

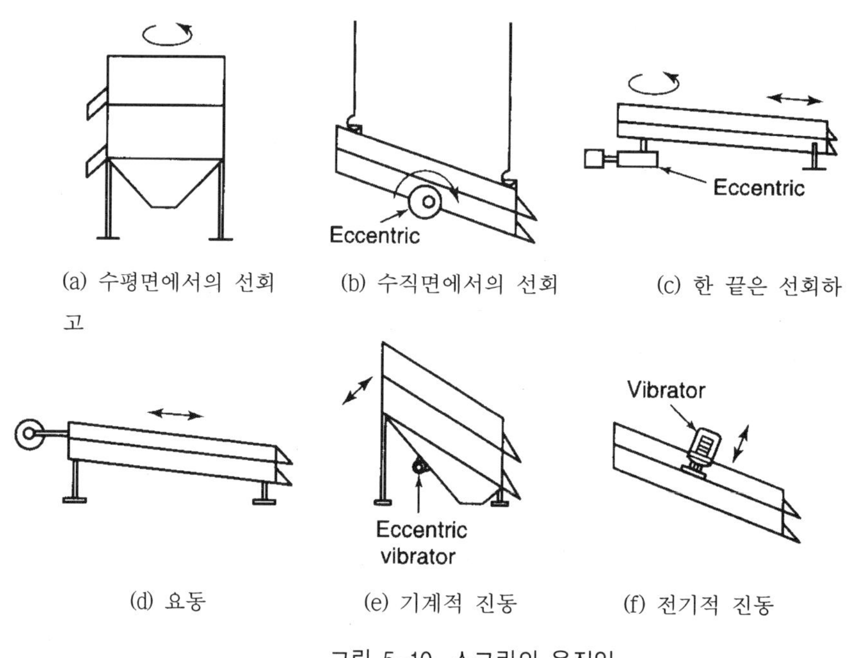

그림 5-10. 스크린의 움직임

5. 찌기

떡 가공공정에서 세척, 수침, 분쇄를 거친 곡류는 찌는 과정을 거치게 된다. 이것은 수증기로 곡류를 익히는 과정으로 이 과정에서 곡류는 호화 등 물리·화학적 변화가 일어난다. 여기서는 열이 어떻게 전달되어 곡류를 익히고 어떠한 변화가 일어나 떡이 되는지 알아보기로 한다.

먼저 가열매체로 사용하는 물에 대해서 알아보도록 한다. 물은 고체, 액체, 기체의 세 가지 상태로 존재할 수 있는데 압력과 온도의 변화에 따라 여러 가지 다양한 형태로 존재할 수 있다. 우선 여기서는 수증기에 대해서 알아보도록 하겠다. 수증기라면 많은 사람들이 어릴 적의 따뜻한 기억을 간직하고 있을 것이다. 밥짓는 어머니 옆에서 가마솥 뚜껑이 열어 젖혀질 때 뜨거운 김이 무럭무럭 피어 오르던 것을 지켜보던 그 정다운 기억, 그 뜨거운 김이 바로 수증기이다. 그럼, 수증기에는 어떤 비밀이 숨겨져 있을까? 한번 열역학적으로 분석해 보자. 수증기는 포화수증기(saturated steam)와 과열수증기(superheated steam)로 나눌 수 있다. 예를 들면, 대기압에서 물에 열을 가하면 온도가 점차적으로 상승하여 100℃ 가 된다. 이때부터 물은 수증기로 변하기 시작한다. 이때의 물을 포화액체라 한다. 포화액체에 계속 열을 가하면 물은 완전히 수증기로 변해 버리는데, 이때의 수증기를 포화수증기라 한다. 이 과정에서 물과 수증기는 서로 공존한다. 다시 말하면 이 과정에서 온도는 변하지 않고 100℃ 를 유지한다. 포화수증기에 계속 열을 가하면 수증기는 온도가 더욱 상승하게 된다. 이때의 수증기를 과열수증기라 한다. 과열수증기와 포화수증기의 온도차를 과열도(degree of superheat)라 한다.

이번에는 과연 가열매체인 수증기를 통하여 얼마만큼의 열에너지가 떡에 전달되는지, 즉 전달되는 열에너지의 양과 떡 가공에 필요한 열에너지, 즉 곡류를 익히는 데 필요한 열에너지의 양을 알 필요가 있다. 그러려면 몇 가지 열역학적 개념들을 알아 두어야 하는데 엔탈피(enthalpy), 증발잠열(latent heat of vaporization), 열용량(heat capacity), 비열(specific heat) 등이 그것이다.

첫째, 엔탈피는 내부에너지(internal energy)에 압력과 부피의 곱을 더한 것으로 정의된다. 문자 H로 나타내며 단위는 SI 단위계로 J/kg이다.

$$H = U + PV \tag{5·5}$$

여기서 U(J/kg)는 내부에너지, P(Pa)는 압력, V(m^3)는 부피이다.

물질을 가열·냉각할 때 엔탈피 변화는 매우 중요하다. 일정한 압력하에서 엔탈피 변화는 식 (5·6)과 같다.

$$\Delta H = \Delta U + P \Delta V \tag{5·6}$$

또한 일정한 압력하에서 물질에 가한 열량은 물질의 내부에너지 증가와 부피팽창에 의한 일로 소비되므로 열량은 식 (5·7)과 같이 나타낸다.

$$Q = \Delta U + P\Delta V \tag{5·7}$$

즉, $Q = \Delta H$

위의 식은 일정한 압력하에서 엔탈피의 증가는 물질이 **흡수한** 열과 같음을 나타낸다. 엔탈피는 어떤 물질이 일정한 온도에서 가지고 있는 총열에너지를 의미한다. 엔탈피의 절대값은 직접적으로 구할 수 없고 기준상태(reference state)에 대한 변화량으로 구한다. 일반적으로 엔탈피는 단위 질량의 엔탈피(specific enthalpy) kJ/kg로 나타낸다.

둘째, 증발잠열을 알려면 먼저 현열과 잠열에 대해 알아야 한다. 물질을 가열·냉각시킬 때 물질의 상태는 변하는 경우와 변하지 않는 경우가 있다.

물질의 상태가 변하지 않고 온도만 변하는 경우의 엔탈피 변화를 현열(sensible heat)이라 한다. 이에 비하여 온도는 변하지 않고 물질의 상태가 변하는 경우의 엔탈피 변화를 잠열, 혹은 숨은 열(latent heat)이라 하는데 물질의 상태가 변할 때는 비교적 많은 엔탈피 변화가 일어난다. 증발잠열은 액체가 기체로 변할 때 온도는 변하지 않고 상태가 변하면서 **흡수하는** 열을 말한다. 예를 들면 위에서 언급한 물이 증발하여 수증기가 될 때, 즉 포화액체에서 포화수증기로 변할 때 **흡수하는** 열을 말한다. 그리고 포화액체와 포화증기 사이에 존재하는 조건은 상변화에 의한 전환을 나타내는 액체와 증기의 혼합물이다. 상변화가 진행되는 범위를 스팀 질(steam quality)이라 한다. 예를 들어, 어떤 온도에서 90% 질을 가진 스팀이란 말은 90%는 수증기고 10%는 물을 말한다.

현열과 잠열을 동시에 포함하는 과정에서 총열량은 두 열량의 합으로 산출할 수 있다. 또한 이와 같은 계산은 엔탈피를 사용하여 간단하게 계산할 수 있다. 즉 정압과정에서 **흡수** 또는 방출한 열량은 현열이든 잠열이든 관계없이 엔탈피의 변화와 같다. 만약 어떤 물질의 엔탈피값이 표로 주어지면 정압과정에서 **흡수한** 열량은 엔탈피의 차로 구할 수 있다. 예를 들면, 25℃ 물의 엔탈피는 104.88 kJ/kg이고 100℃ 수증기의 엔탈피는 2,676.1 kJ/kg이므로 두 값의 차를 구하면 2,571.23 kJ/kg이다.

셋째, 열용량은 단위질량의 물질을 단위온도만큼 올리는 데 필요한 열에너지로서 정의된다. 또한 압력이 일정한 조건 또는 부피가 일정한 조건에서 일어나는가에 따라 열용량은 각각 정압 열용량 Cp(heat capacity at constant pressure)과 정용 열용량 Cv(heat capacity at constant volume)으로 구별된다. Cp와 Cv는 단위질량에 대한 열용량이며 이를 때때로 비열(specific heat)이라 한다. 비열의 단위는 SI 단위계로 J/kg·K이다.

열용량은 여러 가지 단위로 나타낼 수 있으며 물의 열용량을 여러 가지 단위로 나타내면 다음과 같다.

$$1\frac{\text{kcal}}{\text{kg} \cdot {}^{\circ}\text{C}} = 1\frac{\text{cal}}{\text{g} \cdot {}^{\circ}\text{C}} = 1\frac{\text{Btu}}{\text{lb} \cdot {}^{\circ}\text{F}} = 4.18\frac{\text{kJ}}{\text{kg} \cdot \text{K}}$$

어떤 물질의 비열, 질량, 온도변화를 알면 그 물질을 가열·냉각할 때 가해 주거나 제거해 주어야 하는 열 Q(J)는 아래 식(5·8)으로 구할 수 있다.

$$Q = MC_p\Delta T \tag{5·8}$$

여기서 M(kg) : 질량

      Cp(J/kg·K) : 비열

      Δ T(K 또는 ℃) : 온도변화

고체와 액체의 Cp는 상당히 넓은 온도범위에서 거의 일정하다. 그러나 기체의 Cp는 온도의 함수이므로 Q는 다음과 같이 적분식(5·9)으로 표현되어야 한다.

$$Q = M\int_{T_1}^{T_2} C_p dT = MC_p(T_2 - T_1) \tag{5·9}$$

여기서 Cp는 평균열용량이다.

위에서 설명한 열역학적 개념들과 식을 이용하여 떡 가공공정에서 사용하는 스팀이 가지고 있는 열에너지의 양과 떡을 가공하는 데 필요한 열에너지의 양의 계산이 가능할 수 있다.

물은 비열과 증발잠열이 크기 때문에 물과 수증기는 가열매체로 널리 이용된다. 수증기의 열역학적 성질을 사용하기 편리하도록 정리해 놓은 수증기표(steam table)도 있다.

그렇다면 스팀이 가지고 있는 열에너지가 어떤 방식으로 곡류에 전달되어 최종적으로 떡이 될까? 여기서 우리는 열전달 방식에 대해서 알아 둘 필요가 있다. 열전달 방식에는 전도, 대류, 복사의 세 가지가 있다. 떡 가공의 찌는 과정에서 발생하는 열전달은 전도열전달이다. 전도는 분자크기로 에너지의 전달이 일어나는 열전달의 한 형태이며 분자들이 열에너지를 얻을 때 그들 각자의 위치에서 진동한다. 진동의 진폭은 높은 열에너지 위치에 따라 증가한다. 이러한 진동들은 실제 분자의 전달운동이 없이도 한 분자에서 다른 분자로 전달된다.

전도열전달에서는 물질의 물리적인 운동이 없다는 점이 중요하다. 전도는 불투과성 고체 매개물을 가열 또는 냉각하는 데 필요한 열전달의 한 형태이다.

떡 가공의 찌는 과정에서 곡류 표면의 온도는 스팀의 온도와 같고 곡류 내부온도는 스팀의 온도보다 낮을 것이다. 그러므로 곡류의 표면과 내부에 온도구배가 존재하게 된다. 열전달은 온도가 높은 지역에서 낮은 지역으로 발생한다. 열플럭스(heat flux)는 온도구배에 비례한다. 그래서

$$\frac{q_x}{A} \propto \frac{dT}{dx} \qquad\qquad (5 \cdot 10)$$

또는 비례상수를 대입하여

$$q_x = -kA\frac{dT}{dx} \qquad\qquad (5 \cdot 11)$$

여기서 g는 전도(W)에 의한 x방향의 열 흐름의 속도, k는 열전도도(W/m·℃), A는 열 흐름(m^2)이 통과하는 면적(x방향에 직각인 면), T는 온도(℃), x는 길이(m)이다.

앞의 식에서 우리는 열전도도가 크면 열이 빨리 전도된다는 것을 알 수 있다. 대부분 고수분식품들의 열전도도는 물의 열전도도와 밀접한 관계를 가진다. 침지한 곡류도 많은 수분을 함유하고 있으므로 물의 열전도도와 밀접한 관계를 갖는다. 물은 상대적으로 큰 열전도도를 가지고 있으므로 떡 가공에서 스팀이 더욱 빠르게 곡류에 전달되어 떡이 될 수 있는 것이다.

6. 반죽

찌기를 거친 쌀가루는 호화되어 점성을 갖는다. 이러한 호화된 쌀가루에 물리적인 힘을 가하여 점탄성을 가지게 하는 공정을 반죽이라고 한다. 반죽을 치기 또는 펀칭(punching)이라고 하기도 한다.

떡 가공에서 반죽은 두 가지가 있다. 쪄서 찰기를 가진 반죽을 만들어 고물을 입힌

치는 떡의 대표적인 종류인 인절미와 찌기 전에 성형을 하기 위하여 쌀가루에 끓는 물을 부어 반죽하여 약간의 점성을 가지게 하는 익반죽으로 하는 송편류로 구분할 수 있다.

1) 펀칭

떡매로 떡을 치는 모습을 한국 사람이면 누구나 한번은 접해 보았으리라 생각된다. 특히 찰떡종류는 대부분 쳐서 만드는데 이유는 떡을 많이 칠수록 점성이 늘어나 떡이 쫄깃하고 맛이 좋기 때문이다. 이렇게 떡을 치는 공정을 펀칭(punching)이라고 하며 펀칭을 한 떡은 시루에 찌는 떡보다 노화가 덜 진행된다. 펀칭을 하기 전에는 떡을 쪄야 하고 수분조절을 잘해야 한다. 만일 수분이 적으면 펀칭이 이루어지지 않고 수분이 많으면 너무 질어 제품을 성형하기 어렵기 때문이다. 또한 펀칭시간도 매우 중요하다. 펀칭시간은 30분을 넘지 않도록 주의해야 한다. 그림 5-11은 일반적인 펀칭기이며 인절미를 치는 모습이다.

그림 5-11. 펀칭기

2) 익반죽

밀가루가 아닌 곡물은 점성이 크지 않기 때문에 뜨거운 물에 익반죽을 해야 한다. 그래야 반죽에 찰기가 생겨 손에 잘 달라붙지 않고 떡이 쫄깃쫄깃하게 된다. 익반죽을 하는 떡의 종류에는 대표적으로 송편이 있으며 지지는 떡과 삶는 떡은 대부분 익반죽을 한다.

7. 성형

1) 떡살

떡에 모양을 내는 방법으로는 고전적으로 떡살을 사용해 왔다. 떡살은 누르는 면에 음각 혹은 양각의 문양이 있어서 절편에 찍으면 문양이 아름답게 남는다. 사용하는 방법은 적절한 크기로 잘라 낸 떡에 물기를 묻혀서 떡살로 도장을 찍듯이 누르면 된다. 이렇게 찍은 떡은 어느 정도 굳으면 그 문양이 선명하게 나타난다.

떡살은 재질에 따라 나무떡살과 자기떡살로 나눌 수 있다. 단단한 소나무·참나무·감나무·박달나무 등으로 만드는 나무떡살은 1자 정도의 긴 나무에 4~6개의 각기 다른 무늬를 새긴 것이다. 사기·백자·오지 같은 것 등으로 만드는 자기떡살은 대개 보통 5~11 cm 정도의 등근 도장 모양으로, 손잡이가 달려 있어서 잡고 꼭 누르게 되어 있다. 특히 궁중에서 쓰던 사기떡살은 고급스러운 백자로 만든 것이 많다.

떡살의 문양은 주로 부귀와 수복을 기원하는 뜻을 담고 있는 길상무늬를 비롯하여 장수와 해로를 뜻하는 십장생·봉황·국수무늬, 잉어·벌·나비·새·박쥐 등의 동물무늬와 태극무늬, 빗살 등의 기하학적 무늬, 만자 등의 불교적인 무늬와 꽃·수레바퀴무늬 등 아주 다양하다.

특히 떡살의 문양은 다양한 의미를 담고 있어서 좋은 일, 궂은 일, 돌, 회갑 등 용도에 따라 다르게 사용했다. 단옷날의 수리취절편에는 수레무늬, 잔치떡에는 꽃무늬, 사돈이나 친지에게 보내는 떡에는 길상무늬를 찍었다. 또한 떡살의 문양은 지방에 따라 다르다. 산간지방에서는 노루나 토끼가, 해안지방에는 가재나 새우모양을 쓰기도 한다. 특히 떡살은 남도 지방에서 발달했다고 한다. 나라 안에서 가장 곡식이 많이 나는 고장답게 식생활이 윤택하여 떡 문화가 발달한 것은 어쩌면 당연한 일이다.

2) 성형기

떡 성형기는 한 제품을 균일하게 대량으로 생산할 수 있고 제품이 바로바로 생산되기 때문에 위생적이며 신선한 맛을 준다. 또한 반죽과 앙금의 조절이 자유로워서 원하는 모양의 떡을 단시간에 대량으로 생산할 수 있다. 떡의 종류에 따라 인절미 성형기, 개피떡 성형기, 가래떡 절단기, 경단, 찹쌀떡 성형기, 송편, 꿀떡 등 다양한 종류의 제품이 있다.

그림 5-12는 여러 종류의 떡을 성형하는 성형기이다.

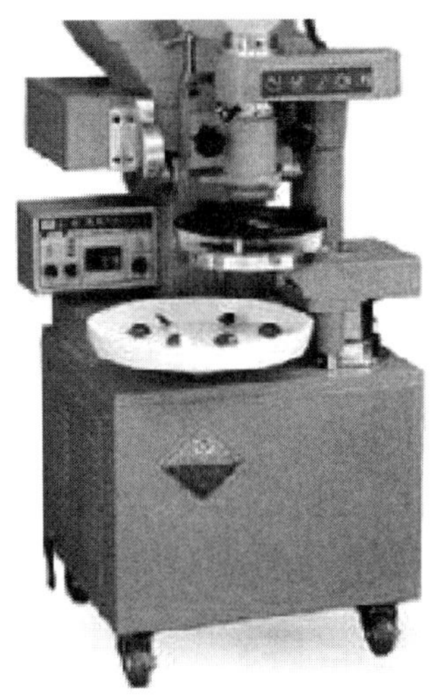

그림 5-12. 성형기

8. 고물 묻히기

고물 묻히기는 수분증발로 인한 떡의 노화를 방지할 수 있고 떡의 맛과 모양을 결정짓는 중요한 공정이다. 떡고물에는 콩고물, 거피팥고물, 녹두고물, 흑임자고물, 석이채, 대추채 등 다양한 종류의 고물이 있다. 다음에서 종류별로 고물을 만드는 법과 용도를 살펴본다.

1) 각종 가루 만들기

(1) 콩가루

◗ 상업용

① 콩을 모래와 벌레 먹은 것들을 골라내고 재빨리 씻어 소쿠리에 건져 물기를 뺀다.

② 물기를 다 뺀 후 볶음솥으로 타지 않게 볶아 식힌다.

③ 반골롤러에 굵게 갈아 껍질을 다 날려 버린 후, 콩가루 분쇄기에 곱게 갈아 봉

지에 넣고 쓴다.

(참고) 콩가루에 맛을 내기 위해 소금, 당류, 생강, 마늘 등을 섞어 사용한다.

◐ 가정용

① 콩을 모래와 벌레 먹은 것들을 골라내고 재빨리 씻어 소쿠리에 건져 물기를 뺀다.

② 물기를 다 뺀 후 큰솥에서 타지 않게 볶아 맷돌에 굵게 갈아 키로 까불어 껍질을 다 날려 버린다.

③ 맷돌에 곱게 갈아 고운체에 쳐서 봉지에 넣어 두고 쓴다.

(참고) 콩가루에 맛을 내기 위해 소금, 당류, 생강, 마늘 등을 섞어 사용한다.

(2) 밤가루

◐ 공용

① 밤을 속껍질까지 벗겨서 종잇장처럼 얇게 썰어 볕에 널어 바싹 말린다.

② 분쇄기에 갈아서 고운체에 쳐서 봉지에 넣어 두고 쓴다.

(3) 감가루

◐ 공용

① 생감을 물에 담가 떫은맛을 없애고 껍질을 얇게 벗겨 종잇장처럼 얇게 저민다.

② 그늘에서 바람에 바싹 말린다.

③ 절구에 넣고 찧어 고운체에 쳐서 봉지에 넣어 두고 쓴다.

2) 각종 고물, 소 만들기

고물은 시루떡을 찔 때에 켜켜로 안쳐 쓰기도 하고, 경단이나 단자에 옷을 입히기도 하며, 송편, 단자, 개피떡, 부꾸미 같은 떡의 소를 채우기도 하는 곡식가루로 백설기나 흰무리처럼 아무 것도 섞이지 않은 떡을 빼고는 거의 모든 떡에 반드시 필요한 부재료이다.

시루밑에 고물을 얹는 것은 특별한 맛을 내기 위함이기도 하지만 가루 사이마다 층이 생겨 그 틈새로 김이 잘 스며 올라 떡이 잘 익도록 도와주는 구실을 하기 때문이다. 특히 찹쌀가루를 써서 찌는 떡은 켜를 얇게 하고 고물을 깔아야 잘 쪄진다.

(1) 붉은 팥고물

◑ 공용

① 붉은 팥을 깨끗이 씻어 돌을 인 다음 잡티를 제거한다.

② 큰솥에 물을 부어 끓으면 그 물을 버리고, 다시 찬물을 부어 팥이 푹 무를 때까지 삶는다.

③ 거의 익으면 물을 따라 내고 약한 불에 뜸을 들인 후, 소금을 넣고 절구에 대강 찧어 팥고물을 만든다.

(참고) 떡에 켜켜로 뿌리는 고물이므로 질지 않게 만든다. 거피팥으로 소를 사용할 때에는 어레미에 걸러서 쓴다. 또한 고운 팥고물을 만들고자 할 때에는 볶아서 고슬고슬한 가루를 만들어 체에 내려 경단에 사용한다.

(2) 거피팥고물

◑ 공용

① 푸른 팥을 맷돌에 타서 반쪽이 날 정도로 하여 미지근한 물에 담가 충분히 불린다.

② 불린 팥을 물을 갈아 주면서 거친 그릇에 담고 문지르거나 손으로 비벼 씻어 남아 있는 껍질을 없앤다.

③ 조리로 돌을 인 뒤 소쿠리에 건져 물기를 빼고, 시루에 넣어 푹 익도록 쪄 낸다.

④ 쪄 낸 팥을 쏟아 소금간을 하여, 반골롤러에 분쇄하여 사용한다.

⑤ 거피팥으로 팥소나 경단에 이용할 때는 체에 곱게 내려서 사용한다.

(참고) 거피팥고물은 각종 편, 단자, 송편의 소로 이용된다.

(3) 녹두고물

◑ 공용

① 녹두를 반쪽이 날 정도로 반골롤러나 맷돌에 타서 물에 담갔다가 불린다.

② 충분히 불린 것을 거친 그릇에 담고 손으로 비벼 껍질을 벗기고, 물로 여러 번 헹구어 껍질을 완전히 제거한다.

③ 조리로 일어 소쿠리에 건져 물기를 뺀 뒤, 시루에 푹 쪄 낸다.

④ 쪄 낸 녹두를 쏟아 소금간을 하여, 반골롤러에 분쇄하여 사용한다.

(참고) 녹두는 각종 편, 단자, 송편의 소나 고물로 이용하며 맛이 부드럽고 노르스름한 빛깔이 곱다.

(4) 밤고물

① 밤을 깨끗이 씻고 물을 부어 통째로 푹 삶아 찬물에 담갔다가 건진다.

② 겉껍질과 속껍질까지 모두 벗겨 소금을 약간 넣고, 반골롤러나 절구에 찧어서 체에 내려 사용한다.

(참고) 밤고물은 단자, 경단, 송편의 소로 사용한다.

(5) 콩고물

◑ 공용

① 콩을 모래와 벌레 먹은 것들을 골라내고 재빨리 씻어 소쿠리에 건져 물기를 뺀다.

② 물기를 다 뺀 후 볶음솥으로 타지 않게 볶아 식힌다.

③ 반골롤러에 굵게 갈아 껍질을 다 날려 버린 후, 반골롤러에 한 번 분쇄한 후 봉지에 넣고 쓴다.

(참고) 콩고물은 각종 편, 단자, 송편의 소로 사용한다. 특히 편, 단자, 송편 소를 사용할 때 콩고물에 수분을 주어야 떡이 잘 익는다. 노란 콩으로 하면 노란 콩고물, 파란 콩으로 하면 파란 콩고물을 만들 수 있다.

(6) 참깨고물

◑ 공용

① 깨를 물에 씻어 돌 없이 잘 일어 그릇에 담고, 물을 조금 붓고 손으로 비벼서 껍질을 벗긴다.

② 물에 씻어 위에 뜨는 빈 껍질은 버리고, 이것을 건져 내어 물기를 뺀다.

③ 볶음솥에 타지 않게 살살 볶는다(손끝으로 집어 비벼서 부서지면 다 볶아진 것).

④ 식힌 다음 반골롤러에 분쇄하거나 절구에 찧어 체에 내린다.

(참고) 참깨고물은 강정고물, 산자고물, 편고물이나 송편과 주악의 소로 사용한다.

(7) 흑임자고물

① 흑임자(검은 깨)를 씻어 일어서 물기를 뺀다.

② 물기를 다 뺀 후 볶음솥으로 타지 않게 볶아 식힌다.

③ 반골롤러에 분쇄하거나 절구에 빻아 체에 내린다.

(참고) 흑임자고물은 편고물이나 경단고물에 사용된다.

(8) 대추채

① 굵고 통통한 대추를 골라 깨끗이 씻고 돌려깎기 하여 씨를 뺀다.

② 밀대로 얇게 밀어 채 친다.

(9) 밤채

① 좋은 밤을 골라 겉껍질, 속껍질을 깨끗이 벗긴다.

② 얇게 채 친다.

(10) 석이채

① 석이를 따뜻한 물에 담갔다가 손으로 비벼 속의 막을 완전히 벗긴다.

② 깨끗한 물이 나올 때까지 씻는다.

③ 배꼽을 떼고 물기를 짠 다음 얇게 채 썬다.

(참고) 석이채는 각색편과 단자고물에 사용된다.

[연습문제]

1. 떡을 만드는 방법에 따라 떡의 분류를 써라.

2. 곡물 세척의 종류 및 방법은?

3. 침지 세척 시 교반의 방식은?

4. 수침에 영향을 미치는 조건들은?

5. 분쇄의 목적은?

6. 분쇄에너지 계산 시 입자의 크기에 따른 법칙들을 나열하라.

7. 분쇄공정과 손상전분의 관계는?

8. 체의 표면으로 주로 사용되는 것과 표준체의 단위는?

9. 체의 종류는?

10. 찌기공정에서 영향을 미치는 요인들은?

11. 엔탈피, 증발잠열, 열용량, 비열에 대해 설명하라.

12. 반죽의 조건은?

13. 익반죽을 할 때 주의해야 할 점들은?

14. 성형의 의미와 종류는?

15. 성형기의 필요성에 대해 설명하라.

<h1>6장   가공공정에 따른 떡의 분류</h1>

1. 찌는 떡

　찌는 떡(steamed rice cake 또는 steamed dduk)은 수침한 찹쌀, 멥쌀을 분쇄하여 체에 내린 후 설탕물, 시럽, 꿀 등의 액체를 쌀가루에 잘 섞어서 다시 체에 내린 다음 시루에 쌀가루를 가볍게 뿌려서 스팀이 공간을 잘 통과하도록 하여 익힌 떡으로 떡의 가공공정에서 가장 기본적인 떡이다. 그림 6-1은 대표적인 백설기와 녹두편에 대한 그림이다.

　분쇄한 쌀가루에 밤, 대추, 곶감, 호두, 잣, 불린 콩, 호박, 유자청 등의 부재료를 설탕이나 시럽 등의 액체원료를 잘 섞은 쌀가루에 버무려서 골고루 혼합한다. 찌는 떡에서는 분쇄공정으로 고운 가루를 만들어 액체원료와 고체원료를 잘 혼합하는 것이 중요하다. 체질을 한 쌀가루에 액체원료를 버무린 다음, 시루에 가볍게 담기 전에 체에 내려서 찔 때 스팀이 통과할 수 있는 작은 공간을 만드는 것이 또한 중요하다. 고체원료를 섞을 때는 소금물이나 설탕물과 같은 액체를 섞고 난 다음 고체의 원료를 잘 혼합한다.

　찌는 떡의 대표적인 떡은 백설기로서 이것은 곱게 분쇄한 멥쌀가루를 설탕물이나 꿀물에 내려서 찐 설기떡으로 티없이 깨끗하고 신성한 음식이란 뜻에서 어린이의 삼칠일, 백일, 첫돌에 사용되는 대표적인 떡이다.

찌는 떡 중 멥쌀로 만드는 공정을 보면 멥쌀을 3~4회 세척한 다음 8~12시간 수침한다. 수침한 멥쌀의 물 빼기를 한 다음 소금을 넣고 분쇄한다. 분쇄한 멥쌀의 수분함량은 40~45% 정도이다. 분쇄한 멥쌀가루의 입자크기는 20 mesh 이하의 크기로 하고 소금은 5% 정도를 가하며, 설탕의 첨가량은 수침하여 분쇄한 쌀가루 중량의 10%를 첨가한 설탕물을 멥쌀가루에 잘 섞어서 체질을 한다.

체질을 한 멥쌀가루에 필요한 경우 호박, 밤, 대추 등의 고형분원료를 잘게 잘라서 잘 혼합한다. 혼합한 원료를 시루에 곱게 뿌려서 평평하게 한 다음, 시루보를 물에 적셔서 시루 위에 덮고 김이 오른 다음 20~30분간 쪄서 조리가 된 떡을 잘 잘라서 포장한다.

(a)   (b)

그림 6-1. 찌는 떡인 백설기(a)와 녹두편(b)

1) 찌는 떡의 원료

멥쌀가루는 다른 떡과 마찬가지로 곱게 분쇄하여야 하는데, 찌는 떡은 찌는 공정이 끝난 다음 다른 가공공정이 없기 때문이다. 또한 쌀가루는 충분히 수분을 포함해야 한다. 수분은 스팀에 의해 쌀가루 내부로 열이 이동하는 속도가 빨라지므로 찌는 시간의 단축과 함께 전분을 완전하게 호화되게 한다.

멥쌀가루의 입자크기가 작을 경우 표면적이 증가하므로 역시 열전달 속도가 빨라진다. 또한 시루 내부로 스팀이 잘 통과하여 쌀가루 입자에 골고루 열이 전달될 수 있도록 공간이 많고 평평하게 쌀가루를 골고루 펼쳐야 한다.

2) 백설기의 가공조건에 따른 품질

백설기의 조리 과정에서 품질 특성에 영향을 미치는 중요한 인자는 첨가하는 물의 양과 찌는 시간이다. 이 외에도 멥쌀의 수침시간, 감미료의 종류, 설탕의 양, 가루의 상태가 품질에 영향을 미치는 인자가 된다.

첨가하는 물의 양과 찌는 시간의 상호 작용에 대한 소비자 관능검사에서 전반적으로 바람직한 품질은 20%의 물을 첨가하여 30분간 찐 백설기가 가장 좋다. 또한 기계적인 측정 결과에서 찌는 시간이 같은 경우 대체로 첨가하는 물의 양이 많아질수록 단단한 정도(hardness), 쫀득쫀득한 정도(gumminess), 씹히는 정도(chewiness)는 감소하는 경향을 보인다. 첨가하는 물의 양이 같을 때 일반적으로 25분간 찐 백설기가 높은 수치를 나타낸다.

소비자가 느끼는 백설기의 좋은 품질은 대체로 단단한 정도, 쫀득쫀득한 정도, 씹히는 정도가 작고 탄력성(springiness)은 비교적 큰 수치를 나타내는 백설기이다. 물 첨가량과 찌는 시간을 달리 했을 때의 각 측정치를 살펴보면 단단한 정도는 첨가하는 물의 양이 많고 찌는 시간이 길수록 감소하는 경향을 보인다(그림 6-2).

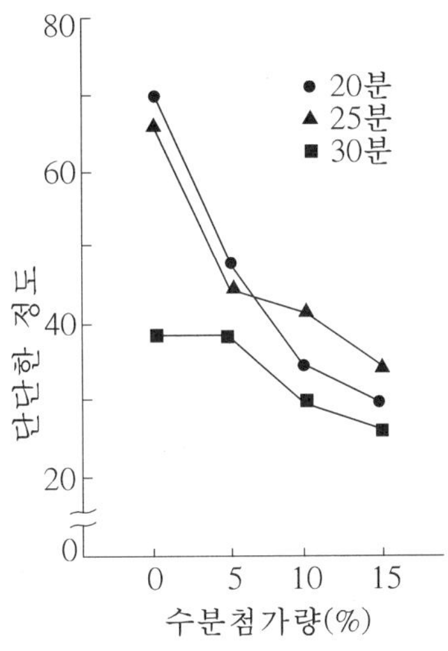

그림 6-2. 수분첨가량과 찌는 시간에 따른 단단한 정도

점착성(cohesiveness)은 20분 및 30분간 찔 때 첨가하는 물의 양에 따라 큰 변화가 없지만, 25분 찔 때는 10%의 물을 첨가한 시료가 다른 시료에 비해 가장 낮다(그림 6-3).

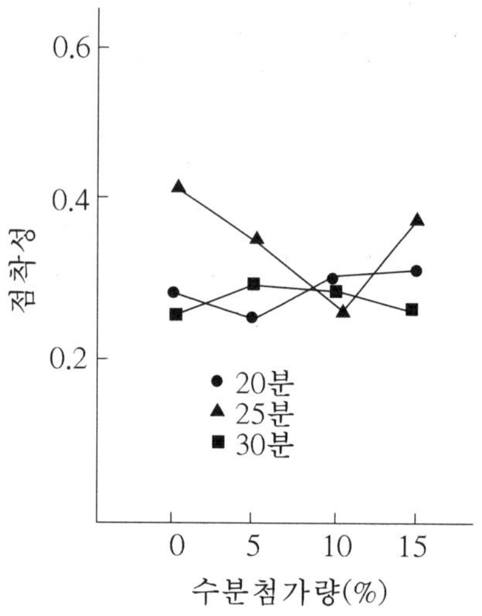

그림 6-3. 수분첨가량과 찌는 시간에 따른 점착성

쫀득쫀득한 정도는 첨가하는 물의 양이 같을 때는 25분 찐 백설기가 가장 큰 수치를 나타냈고, 그 다음으로는 20분, 30분의 순서이다. 또 찌는 시간이 같을 때는 물의 양이 많아질수록 감소하는 경향을 보인다(그림 6-4).

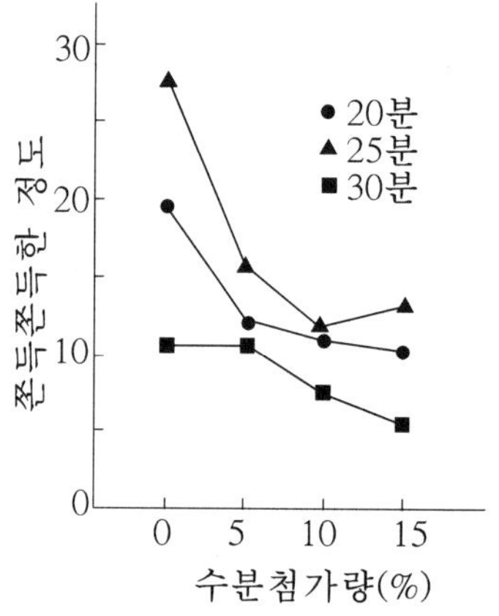

그림 6-4. 수분첨가량과 찌는 시간에 따른 쫀득쫀득한 정도

탄력성은 5%의 물을 첨가했을 때는 찌는 시간에 따라 별 차이가 없었으며 30분 찐 경우에는 10%까지는 물의 양이 많을수록 증가하지만 15%의 물을 첨가할 때는 다시 감소한다(그림 6-5).

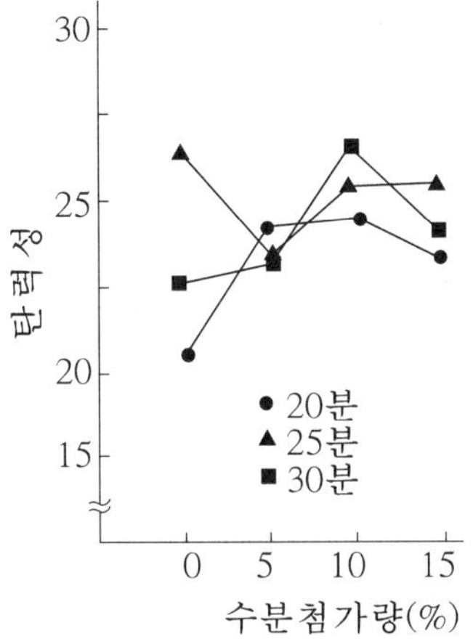

그림 6-5. 수분첨가량과 찌는 시간에 따른 탄력성

씹히는 정도는 대체로 물의 양이 많아질수록 감소하고 첨가하는 물의 양이 같을 때 25분 찐 백설기가 가장 크다(그림 6-6).

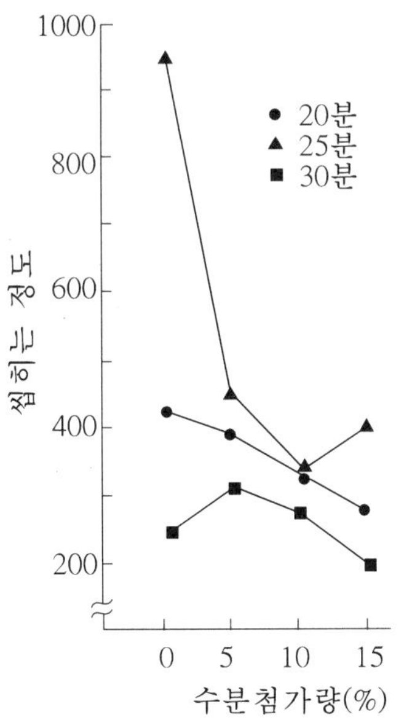

그림 6-6. 수분첨가량과 찌는 시간에 따른 씹히는 정도

결론적으로 찌는 시간이 같을 경우 대체로 첨가하는 물의 양이 많아질수록 단단한 정도, 쫀득쫀득한 정도, 씹히는 정도는 감소한다.

소비자의 평가에서 단단한 정도, 쫀득쫀득한 정도 및 씹히는 정도가 작은 수치를 나타내고 탄력성이 비교적 큰 수치를 가지는 백설기를 선호하는 경향이 있다.

3) 찌는 떡의 제조공정

세척 – 수침 – 물 빼기 – 소금 넣기 – 1차 분쇄 – 물 넣기 – 2차 분쇄 – 체질 – 혼합(설탕 또는 꿀) – 찌기 – 식히기 – 절단 – 포장

2. 찌는 발효 떡

일반적으로 찌는 떡과는 달리 발효시켜서 찌는 떡으로 찌는 발효떡(fermented steam rice cake)의 대표적인 전통떡은 증편이며 증편(Jeungpyun)에 대하여 자세히 살펴보면 다음과 같다. 그림 6-7은 일반적인 시루판에 증편반죽과 고명을 얹은 판증편이다.

그림 6-7. 일반적인 시루판에 증편반죽과 고명을 얹어서 찐 판증편

1) 증편의 구조

증편은 서양의 밀가루를 주원료로 한 빵과 유사한 제품이다. 그 이유는 증편의 내부조직이 빵 내부조직과 매우 유사하기 때문이다. 빵에 공기구멍(기공)이 있듯이 증편에도 공기구멍이 있다. 그러나 증편의 공기구멍은 빵과 차이가 많다. 빵의 공기구멍은 모양이 스펀지처럼 불연속적이고 불규칙적으로 많이 형성되어 있으나 증편의 기공은

발효를 많이 시키지 않고 전통적인 도넛과 같은 링모양으로 성형하여 1차적으로 표면을 매끈하게 하기 위해 스팀을 가하여 표면의 전분을 호화시킨 다음, 오븐에서 구워낸 베이글(bagel)과 유사한 조직을 가지고 있다.

전통떡 중에서 유일하게 발효과정을 거치는 증편은 다른 떡과는 달리 발효에 의해 기공을 갖는 스펀지와 같은 폭신한 망상구조를 가진다. 설기떡이나 인절미 등의 수분함량인 39~42.6%에 비해 증편의 수분함량은 56~57% 정도로 조직이 촉촉하고 달지 않으며, 빵의 수분함량 36%에 비하여 수분이 많아 부드러운 조직감을 가진다.

또한 효모에 의한 알코올발효에 의해 pH가 4~5 정도인 산성에서 생육할 수 있는 효모를 제외하고는 잡균이 번식하기 어려운 환경이므로 유해 미생물의 번식이 억제되어 저장성이 향상된다.

2) 증편의 발효

밀가루 빵의 발효는 빵의 조직과 맛, 향기 등의 빵 품질에 매우 중요한 요소이므로 빵의 제조공정에서 발효는 매우 중요하다. 마찬가지로 증편의 품질도 발효공정이 매우 중요하다. 빵 반죽 발효에서는 효모(이스트)를 사용하지만 증편에서는 막걸리를 사용한다. 막걸리에는 알코올과 탄산가스를 생성하는 효모가 존재하기 때문이다. 그래서 막걸리의 첨가량과 종류도 증편의 품질에 있어서 중요하다. 막걸리가 너무 많은 양이 들어가면 찐 증편에서 강한 막걸리 맛과 향이 난다. 증편은 보통 세 번 발효를 시키는데 발효시간이 길어지면 초산발효가 일어나 신맛이 많이 나고 완성한 증편의 조직이 너무 찐득찐득하여 품질이 떨어진다. 그러나 막걸리의 양이 너무 적으면 발효시간이 많이 걸리고 반죽이 부풀어 오르지 않는다.

증편의 발효에 있어서 온도도 중요한 요소이다. 온도에 따라 효모가 자라는 속도가 다르기 때문이다. 막걸리에 들어 있는 효모도 하나의 생명체이기 때문에 인체의 온도와 동일한 조건에서 잘 자라며 막걸리에 있는 효모의 최적온도는 35~40℃ 범위이다.

또한 증편에 사용되는 멥쌀가루는 곱게 분쇄한 쌀가루를 사용해야 한다. 밀가루는 물과 힘을 가하면 점탄성을 갖는 반죽이 형성되지만 쌀가루는 물과 열을 가하지 않으면 점탄성을 갖는 반죽이 형성되지 않는다. 이런 쌀가루의 성질 때문에 100% 쌀가루 빵은 만들 수 없다. 그래서 최대한 조직이 부드럽고 빵과 유사한 구조를 갖는 증편을 만들기 위해서 수침한 쌀가루를 곱게 분쇄하여 막걸리, 설탕, 소금과 물을 골고루 혼합하여 발효를 시켜야 한다.

3) 증편을 응용한 퓨전 떡의 개발

빵 문화에 익숙한 신세대에게는 증편을 이용한 다양한 햄버거, 샌드위치, 토스트 등 떡의 퓨전제품으로 접근하기가 용이하다. 증편은 빵과 가장 유사한 제품이므로 빵 관련 제품에 쌀로 만든 증편을 이용하여 신세대 및 빵을 좋아하는 소비자를 위한 제품의 개발이 가능하다. 막걸리의 신맛은 마케팅의 강점이 될 수도 있다. 신맛은 식욕을 돋우는 기능이 있고 신맛을 가지는 빵은 현재 서양에서 판매되고 있다.

증편의 제조공정은 다른 찌는 떡과 비교하여 발효공정을 포함한 공정이 복잡하여 공정과 재료의 변화에 따라 다양한 떡 제품의 개발이 가능하다. 예를 들어, 막걸리 대신 빵에서 사용하는 효모를 사용하거나 쌀가루와 밀가루 또는 활성 글루텐을 섞어서 빵과 유사한 조직 또는 맛을 갖는 제품의 개발이 가능하다. 물론 빵과 유사하게 떡을 만든다는 것에 대하여 부정적인 측면도 있다. 저자는 미국에서 개최된 국제학회에서 외국학자들과 떡에 대하여 의견을 교환할 기회가 있었다. 왜 쌀가루로 빵과 유사한 조직의 제품을 고집하는가 하는 질문이었다. 이러한 의견은 앞으로 우리가 어떻게 접근하는가에 따라 해결될 문제이다.

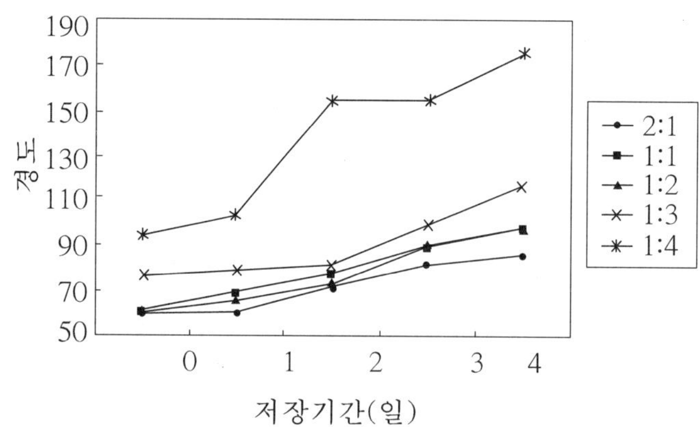

멥쌀가루 450 g, 설탕 100 g, 소금 5 g으로 고정하였을 때 막걸리와 물의 비
200 g : 100 g, 150 g : 150 g, 100 g : 200 g, 75 g : 225 g, 60 g : 240 g

그림 6-8. 증편반죽의 막걸리와 물의 첨가량에 따른 증편의 경도변화

막걸리의 첨가량이 많아질수록 증편조직의 경도는 낮아지는데 이는 막걸리에 존재하는 전분 분해효소인 알파 아밀레이스(alpha amylase)가 전분의 사슬을 분해하여 노화가 지연되기 때문이다. 또한 막걸리의 첨가량이 많아질수록 효모에 의한 탄산가스 발생량이 증가하여 증편의 조직에 기공이 조밀하게 분포되어 경도가 감소한다(그림 6-8).

4) 증편의 원료

(1) 쌀가루

멥쌀가루는 찹쌀보다 찐 증편의 기공형성이 용이하다. 찹쌀의 경우 발효에 의한 부피는 잘 증가하지만 발효 후 찌는 과정에서 형성된 증편의 기공이 서로 붙어서 기공이 줄어든다. 그러므로 찹쌀은 증편의 원료로 적합하지 않다. 하지만 멥쌀과 찹쌀가루의 배합비의 조절에 의해 품질을 향상시킬 수 있는 가능성은 있다.

(2) 막걸리

막걸리는 발효에 필요한 효모를 포함하고 있다. 효모는 당을 발효하여 알코올과 탄산가스를 발생시킨다. 발생한 탄산가스는 증편제조에서 쌀가루 반죽을 부풀게 하는 작용을 한다. 증편제조에서 수침한 쌀가루의 입자크기가 다른 찌는 떡보다 작아야 하는 이유는 쌀가루 반죽이 점탄성을 가져서 생성된 탄산가스가 새어 나가지 않도록 해야 하기 때문이다.

막걸리에 포함된 대부분의 효모는 중온균으로 35~40℃에서 잘 생육한다. 따라서 증편반죽의 발효온도는 38℃로 유지해야 한다. 3차의 증편반죽 발효가 끝난 다음, 증편반죽을 시루에서 찔 경우 증편반죽에 존재하는 효모는 사멸되어 기능을 상실한다. 효모의 기능은 상실되지만 효모는 영양적으로 중요하다. 증편반죽의 발효에서 효모는 에너지원으로 설탕을 소모한다. 즉, 증편제조에서 설탕은 단맛을 내는 원료의 기능과 함께 효모의 에너지원으로 사용된다. 그러므로 설탕의 첨가량도 증편의 품질에 중요하다 할 수 있다.

(3) 설탕

설탕은 기본적으로 효모를 발효시키는 데 중요한 탄수화물 공급원이며 증편의 단맛과 향기, 색 등의 품질에 중요한 요소가 된다. 첨가된 설탕 함량의 60~70%는 효모의 에너지원으로 사용된다. 설탕을 비롯한 당은 수분을 흡수하는 성질이 강하므로 증편의 보존기간을 연장한다. 증편은 내부에 기공이 많이 분포되어 있으므로 저장기간에 따라 굳어지는 속도가 낮기는 하지만 설탕의 첨가는 설탕의 강한 수분 흡수력으로 수분의 증발을 방지하여 조직이 굳어지는 속도가 낮아지므로 증편의 저장기간을 연장시킬 수 있다.

또한 설탕 대신 올리고당을 첨가할 수 있다. 그림 6-9는 설탕첨가 증편과 올리고당 15%, 25%, 35% 첨가 증편의 발효시간에 따른 pH 변화를 나타내었다.

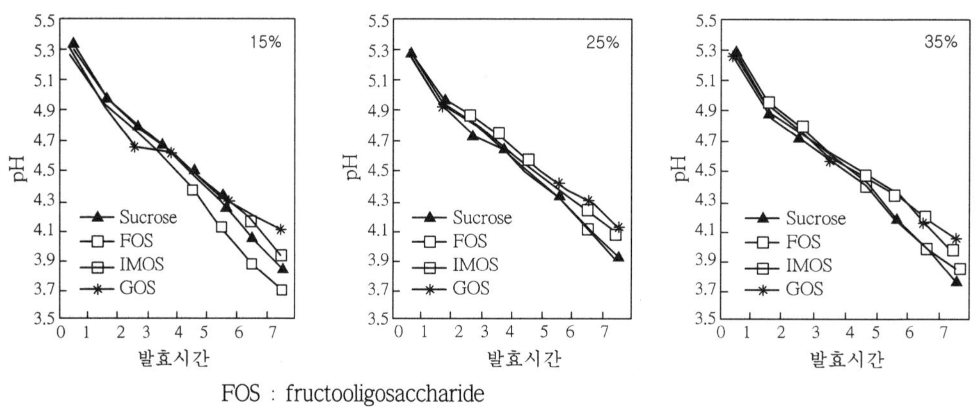

FOS : fructooligosaccharide
IMOS : isomaltooligosachride
GOS : galactooligosaccharide

그림 6-9. 설탕첨가 증편과 올리고당의 종류와 농도(15%, 25%, 35%)와 발효시간에 따른 증편의 pH 변화

5) 증편의 제조공정

세척 – 수침 – 물 빼기 – 소금첨가 – 1차 분쇄 – 물 넣기 – 2차 분쇄 – 반죽 (막걸리·설탕·물 넣기) – 1차 발효 – 반죽혼합 – 2차 발효– 반죽혼합 – 3차 발효 – 성형 – 찌기 – 식히기– 포장

6) 발효

(1) 1차 발효

1차 발효(fermentation)는 막걸리, 설탕과 물을 섞어 고운 멥쌀가루를 발효시켜 탄산가스에 의해 반죽을 부풀게 하는 과정이다. 발효온도는 35~40℃ 이며 발효시간은 5~6시

간 정도이다. 효모의 생육조건에 따라 최적발효온도와 시간이 조절된다. 소금의 함량이 증가하게 되면 효모의 생육이 지연되므로 발효시간이 길어질 수 있다.

이때 반죽에서 발효 향과 맛이 형성되고 pH가 낮아진다. 1차 발효과정에서 반죽의 가스가 유지되는 것에 초점을 맞춘다. 곱게 분쇄한 멥쌀가루와 막걸리, 소금, 설탕을 나무주걱으로 골고루 저어서 만든 증편반죽을 발효조에 담아 수분이 증발하지 않도록 랩으로 씌워서 발효시킨다. 부피가 3배 정도 부풀어 오르면 1차 발효를 종결한다.

(2) 2차 발효

1차 발효가 종결되고 나서 2차 발효를 하기 전에 1차 발효에서 생성된 탄산가스를 제거하고 증편반죽의 점탄성을 향상시키기 위하여 골고루 저어 탄산가스를 빼는데 이러한 공정을 펀칭(punching) 또는 2차 반죽 혼합(remixing)이라고 한다.

왜 이런 과정을 거쳐야 하며 이러한 과정을 통해 생성되는 것은 어떤 것이 있을까? 반죽의 가스기공은 가스의 생성량이 증가할수록 크기는 점점 커진다. 펀칭이나 2차 생성된 기공의 크기를 나누면 더 많은 수의 기공이 생성된다. 또한 펀칭의 주요한 다른 이점은 증편 반죽이 다른 재료들과 잘 섞이게 하는 데 있다.

펀칭을 끝낸 반죽은 2시간 정도 2차 발효를 시킨다. 발효시간이 2시간으로 1차 발효보다 짧은 이유는 1차 발효에서 효모가 활성화되었기 때문이다. 따라서 2차 발효에서 반죽이 팽창하는 데 많은 시간을 요하지 않게 하도록 형성된 기공을 작게 나눠 주는 공정인 펀칭이 매우 중요하다.

(3) 3차 발효

2차 발효가 끝나 부풀어 오른 반죽을 다시 충분히 저어 가스를 제거하고, 기공을 잘게 세분하는 펀칭을 거친 다음 시루에 담아 2~3 cm의 두께로 골고루 펴서 밤, 대추, 잣 등으로 고명을 얹는다. 찌기 전에 충분히 반죽이 부풀어 오르도록 3차 발효를 시킨다.

3차 발효의 시간에 따라 증편의 기공과 조직감이 결정된다. 3차 발효에서 원하는 만큼 부푼 증편반죽을 찐다. 찔 때는 가열온도를 조절하여 부풀어 오른 반죽을 유지한다.

그림 6-10은 발효시간에 따른 증편의 외관을 나타낸 것으로 증편의 팽화도는 1차 발효 240분, 2차 발효 60분, 3차 발효 30분으로 총발효시간 330분일 때 가장 높았다는 보고가 있다.

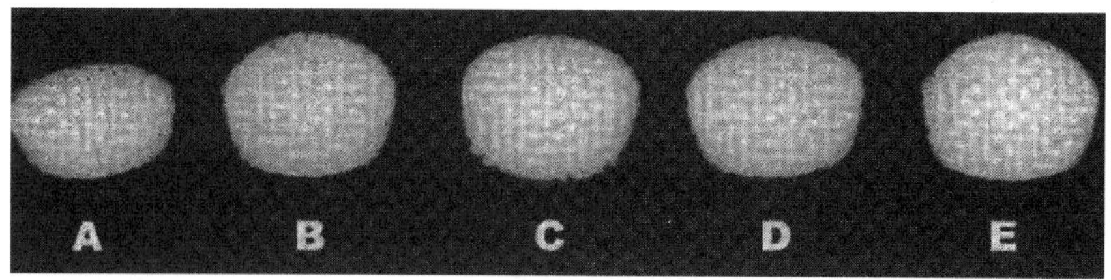

멥쌀가루 450g, 설탕 100g, 소금 5g, 막걸리 100g, 물 200g의 배합비

A : 1차 발효 360분, 2차 발효 120분, 3차 발효 40분(총발효시간 520분)
B : 1차 발효 300분, 2차 발효 120분, 3차 발효 30분(총발효시간 450분)
C : 1차 발효 300분, 2차 발효 60분, 3차 발효 30분(총발효시간 390분)
D : 1차 발효 240분, 2차 발효 120분, 3차 발효 30분(총발효시간 390분)
E : 1차 발효 240분, 2차 발효 60분, 3차 발효 30분(총발효시간 330분)

그림 6-10. 발효시간에 따른 증편의 외관

7) 찌기

찌는 과정에서 멥쌀전분의 호화와 단백질의 변성이 일어나는 조리가 일어난다. 찌는 과정에서 반죽이 부풀어 오르는 경우는 스팀에 의한 것이며 찌는 과정에서 가열온도를 적절히 조절하여 발효과정을 통해 형성된 기공을 유지한다.

일반적으로 약한 불에서 15분 정도 찌고 강한 불에서 20분간 찐 후 10분쯤 뜸을 들여서 형성된 조직이 그대로 유지되도록 하며, 조직의 형성에 있어서 점도가 낮아지지 않도록 해야 한다. 찐 증편의 점도가 낮아지면 기공이 축소되고 기공과 기공 간에 접합이 일어나서 증편의 조직감을 비롯한 식감의 저하가 일어난다.

3. 치는 떡

치는 떡(punched rice cake)은 충분히 수침한 멥쌀이나 찹쌀을 분쇄하여 체질한 가루를 쪄서 절구에 담아 떡매로 쳐서 모양을 만든 떡이다. 인절미(Ingelmi)와 같이 원료가 찹쌀이거나 섬세한 모양을 만들지 않는 떡은 분쇄하지 않고 수침한 쌀 낟알을 바로 찌기도 한다. 정교하게 빚는 산병이나 콩고물 및 팥고물로 소를 넣고 반달모양으로 만든 개피떡은 수침하여 분쇄한 다음 체질한 멥쌀가루를 찐다.

1) 수분함량과 반죽의 물성

쌀가루 반죽의 수분함량이 너무 적으면 반죽은 점성과 탄성이 줄어들어 쫄깃쫄깃함이 떨어지고 반대로 수분이 너무 많으면 반죽은 물같이 흐느적거려 원하는 반죽을 만들 수가 없다.

보통 쌀가루 반죽의 수분함량은 약 45% 내외, 완성된 떡은 35~40% 이상의 수분을 함유하고 있다. 이와 같이 수분은 반죽상태뿐만 아니라 완성된 제품의 질에도 영향을 나타낸다. 치는 떡의 반죽 시 쌀가루에 첨가되는 수분 흡수율의 정도에 의해서 제품의 일반적인 품질이 결정된다. 떡 제조과정에서 우선 생각해야 할 물의 역할은 다른 건조 재료들을 적셔 주며 특히 전분의 호화를 돕는 일이다. 문헌에 의하면 쌀가루의 약 70~75%는 전분으로 되어 있으며 이들은 총수분량의 45%를 흡수하고 약 10~12%의 쌀가루 단백질이 30%의 물을 흡수한다고 한다.

또한 수분의 함량은 떡을 찔 때 전분의 호화현상을 촉진한다. 이러한 호화현상은 반죽상황에 따라 정도의 차이는 있으나 대체로 20분 이내에 이루어진다.

그 밖에 물의 기능으로는 물의 양을 조절하여 반죽의 굳기를 조절할 수 있는데, 특히 기온의 차이에 관계없이 항상 일정한 제품을 얻기 위해서는 물의 온도 변화를 주는 수온 조절법을 이용하면 항상 만족할 만한 일정한 반죽을 얻을 수 있다. 또한 효소의 작용은 액체 성분이 있는 상태에서만 활동이 가능하므로 물은 효소의 활동에 큰 변수가 된다.

쌀가루 반죽의 수분 흡수는 기계적인 쌀 전분의 손상 정도, 단백질함량, 단백질의 질에 따라 결정되는데, 만약 전분의 손상 정도가 크면 흡습력이 증가하므로 반죽할 때 많은 물을 첨가하여야 적당한 반죽을 만들 수 있다.

2) 치는 떡의 제조 공정

세척 - 수침 - 물 빼기 - 소금 넣기 - 1차 분쇄 - 물 넣기 - 2차 분쇄 - 찌기 - 치기 - 굳히기 - 성형 - 포장

4. 빚는 떡

그림 6-11은 일반적인 송편과 충청도 지역에서 유명한 왕송편이다.

1) 익반죽

송편(Songpyun)의 경우 성형한 다음 찌기를 해야 하므로 송편모양을 형성시키기 위

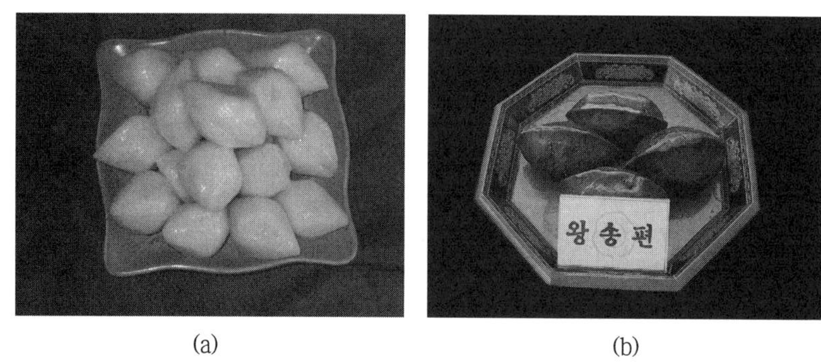

(a)　　　　　　　　　　(b)

그림 6-11. 일반적인 송편(a)과 충청도 지역에서 유명한 왕송편(b)

하여 반죽은 점성을 가져야 한다. 익반죽은 전분의 호화가 일어나면 점성을 가지므로 100℃의 끓는 물을 분쇄한 가루에 부어 분쇄한 쌀가루를 부분적으로 호화시켜 점성을 가진 반죽을 만들기 위하여 필요한 공정이다.

익반죽 할 때 예비 호화된 쌀가루나 전분을 첨가하여 반죽하거나 미리 증자한 반죽을 혼합하여 반죽을 하면 송편을 성형하는 데 반죽의 점탄성이 향상된다.

2) 반죽(punching)

반죽은 다량의 고체에 소량의 액체를 혼합하는 조작을 말하며, 성분을 고르게 하여 송편의 경우 점탄성을 가지는 반죽(dough)을 만드는 데 목적이 있다. 부분적으로 익반죽하여 부분적으로 호화된 쌀가루에 점탄성을 증가시키기 위해서는 물리적인 힘, 반죽시간, 반죽의 수분함량이 적절히 조화를 이루어야 한다.

수침하지 않은 쌀가루라면 물은 그 입자에 서서히 침투된다. 단지 물의 움직임을 입자 내로 이동시킴으로써 천천히 확산된다. 또한 반죽과정에서 부가적인 반응이 일어난다. 수화된 입자들이 마찰되면서 수화된 표면은 없어지며, 반죽시스템 내부에 물이 첨가됨에 따라 입자의 새로운 층을 형성한다. 최적의 반죽이란 최적의 끈기에 도달하게 되는 것을 의미한다.

3) 성형

식품을 가공 또는 제품화하는 과정에서 일정한 모양을 만드는 것을 성형공정이라고 한다. 원료식품의 모양을 형성하는 것은 복잡하고 종류도 다양하다. 일정한 틀에 담아 가열하여 구워서 성형하는 주조성형, 국수나 초콜릿과 같이 분말을 반죽하여 롤러로 얇게 신장시킨 면대를 절단 또는 세절시키는 압연성형, 가래떡과 같이 절단하여 성형하는 절단성형, 반죽을 사출구를 통해 압력으로 밀어내어 성형시키는 압출성형이 있다.

송편에 적용되는 성형은 익반죽을 반죽하여 점탄성을 부여시킨 다음 다양한 모양을 갖는 사출구로 밀어내는 압출성형으로 이 성형·방법은 송편의 상품성을 향상시키는 데 중요한 요인이 된다.

4) 냉동저장

식품을 냉동하게 되면 미생물의 성장을 억제하고 갈변반응, 지방의 산화, 영양가의 손실을 일으키는 반응을 억제할 수 있다. 또한 냉동에 의한 수분의 손실을 줄일 수 있다. 냉동저장 시 수분함량의 감소는 냉동고 내부의 습기 조절에 의해 어느 정도 수분의 증발을 방지한다. 그러므로 송편을 냉동하는 중요한 이유는 기간 저장성이 확보되고 수분의 손실을 방지하기 위한 것이다.

냉동저장은 성형한 송편을 냉동보관하여 송편의 수요가 급증할 때 찌기, 기름 코팅, 포장을 한 후 판매하기 위하여 필요하다. 익반죽 성형한 송편의 경우 동결속도와 동결시간에 따라 품질이 영향을 받는다. 어떤 식품은 급속 냉동함으로써 작은 얼음 결정을 형성시켜 제품의 구조와 조직의 손상을 최소화할 필요가 있는 반면에 또 다른 식품의 경우 완만냉동을 하여도 품질에 미치는 영향이 적은 경우도 있다. 이처럼 냉동에 의한 식품의 품질변화를 잘 관찰하여 효과적으로 냉동할 수 있는 방법을 모색하여 적합한 냉동장치를 사용하는 것이 필요하다.

송편의 경우 단순한 용액과 비교하여 동결현상은 매우 복잡하다. 익반죽하여 성형한 송편을 냉동고에 넣으면 송편의 냉점(cold point)의 품온이 0℃에 도달할 때까지 송편의 냉각이 일어난다. 이때 제거되는 열을 감열(sensible heat)이라고 한다.

송편의 품온이 0℃에 도달한 다음부터 송편 외부의 수분에 얼음결정이 형성되어 -5℃에 도달할 때까지 중심부분까지 대부분의 수분이 얼음결정으로 변화한다. 송편의 품온이 0℃에서 -5℃까지 도달하는 시간을 최대 얼음결정 형성시간이라고 하고, 얼음결정이 형성되는 시간에 따라 급속동결과 완만동결로 구분한다. 급속동결은 얼음결정 형성시간이 35분 이하, 완만동결은 6.5시간 정도 걸린다. 이때 제거되는 열을 잠열

(latent heat)이라고 한다.

송편의 품온은 -5℃에 도달한 다음 급격하게 온도가 감소한다. 어는점 이하의 온도에서 식품 중에 포함된 전체 수분함량에 대하여 얼음으로 변한 수분량의 비를 빙결률이라고 하며 식품의 경우 80%의 빙결률이 되면 우리는 동결된 것으로 느낀다. 즉 저온으로 동결해도 식품 중 일부의 물은 냉동되지 않고 있다는 것이다.

송편에서 동결 중에 얼음결정의 성장을 통해 성형한 송편조직의 손상과 수분의 이동을 방지하기 위해서는 완만동결보다 급속동결이 바람직할 것으로 기대된다.

5) 해동

비유동성 식품인 송편은 동결시간에 비하여 해동시간이 길어지며 온도의 차이도 적다. 긴 해동시간 때문에 물리화학적 변화와 함께 미생물에 의한 손상이 증가할 수 있다. 이러한 이유는 해동할 때 얼음이 외부부터 녹기 때문에 중심으로 열전달 속도가 감소하기 때문이다. 일반적으로 해동시간이 동결시간보다 2배 이상 소요된다고 한다.

동결식품의 해동은 냉장고의 냉장실에서 해동하거나 전기해동, 송풍해동, 접촉해동 등의 방법을 사용하여 해동한다.

6) 빚는 떡의 제조공정

세척 - 수침 - 물 빼기 - 소금 넣기 - 1차 분쇄 - 물 넣기 - 2차 분쇄 - 익반죽 - 성형 - 찌기 - 냉각 - 포장

5. 지지는 떡

지지는 떡(fried rice cake 또는 fried Dduk)은 찹쌀가루를 익반죽하여 모양을 만들어 기름에 지지는 떡으로 대표적인 것에는 화전과 주악이 있다. 화전은 반죽을 납작하게 빚어서 번철에 기름을 두르고 지지는 떡으로 계절에 따라 다양한 종류의 꽃잎을 얹어서 만드는 떡이다.

봄에는 진달래꽃, 배꽃, 여름에는 장미꽃, 맨드라미, 가을에는 국화꽃 등을 붙여서 만든다. 꽃이 없을 때는 미나리잎, 쑥잎, 석이버섯, 대추, 잣 등으로 꽃모양을 만들어 붙이기도 한다.

화전을 만드는 방법은 크게 두 가지가 있다.

첫째 방법은 찹쌀에 소금을 넣고 곱게 빻아 익반죽하여 동글납작하게 빚어 번철에 놓고 지지면서 꽃잎을 붙여 완전히 익힌 뒤 꿀에 담그거나 설탕을 뿌리는 방법이고, 둘째 방법은 고운 찹쌀가루를 되게 반죽하여 5 mm 두께로 밀어 꽃을 얹고 눌러서 지름 5 cm 되는 화전통으로 찍어 내어 푹 잠길 정도의 기름에서 튀기는 방법이다.

주악은 찹쌀가루 반죽에 대추, 깨, 유자 등을 넣고 둥글게 빚어 기름에 튀기는 떡이며 개성주악이 유명하다. 개성주악은 찹쌀가루와 멥쌀가루를 섞어 막걸리로 반죽한 다음 둥글게 빚어서 기름에 튀긴 떡으로 크기가 크고 가운데를 대추나 잣으로 장식을 하는 특징이 있다.

그림 6-12는 일반적인 화전인 진달래 화전과 다양한 종류의 꽃잎을 이용한 화전이다.

그림 6-12. 꽃잎을 이용한 화전

1) 익반죽

지지는 떡을 만들기 전에 익반죽을 하는데 떡의 품질을 결정짓는 가장 중요한 요인은 익반죽에 첨가하는 물의 양과 온도의 영향이다. 반죽에 첨가하는 물의 양과 온도를 달리하여 제조한 화전의 기계적 및 관능적 특성을 통해 품질평가를 한 결과, 관능검사가 가장 좋았던 반죽은 104℃의 끓인 소금물 27% 수준으로 반죽하는 것이 가장 좋은 수치라고 여겨진다. 이것은 익반죽의 중요성을 다시 한번 확인해 주는 결과로 끓인 물보다 소금을 넣고 끓인 물의 비점이 높았으므로 익반죽 시 좀더 효과적으로 호화에 영향을 미치는 것을 알 수 있다.

2) 유지

(1) 유지의 종류

일반적으로 식용유지는 식물성, 동물성, 가공유지로 크게 구별된다. 식물성 유지에는 대두유, 유채유, 면실유, 참기름, 들기름 등이 있고 동물성 유지에는 돈지, 우지, 어유 등이 있다. 또한 가공유지에는 쇼트닝과 마가린 등이 있다.

(2) 지지는 떡에 사용되는 유지

지지는 떡에 사용되는 유지는 일반적으로 튀김유(deep fat frying oil)가 사용되며 품질은 색, 냄새, 열을 가하였을 때 기름의 손실량, 열화의 속도 등에 의하여 평가된다. 즉 열을 가하였을 때 열에 대한 안전성이 있어야 하므로 사용할 때 거품이 나지 않고 연기나 냄새가 없으며 점도가 낮고 맛이 담백한 것이 좋다. 따라서 식물성 기름이 많이 쓰이며 시판되고 있는 기름 중 대두유, 유채유 등이 많이 쓰인다.

지지는 떡은 지지거나 튀길 때 수분의 증발과 변성을 일으키며 재료에 기름이 흡수된다. 즉 튀김유는 열매체로 튀김재료에 열을 전달하고 재료 내에 10~40% 정도 흡수되어 탈수, 가열변성, 갈변 등의 성분변화가 일어나고 풍미, 식감, 외관 등이 향상되며 영양가가 증가한다.

(3) 유지의 보관 및 사용

신선한 기름을 사용할 경우 재료를 넣었을 때 주변에 커다란 기포가 생기다가 재료를 꺼낸 후에는 거품이 보이지 않는다. 그러나 여러 번 사용한 기름에 재료를 넣었을 경우에는 미세한 기포가 끓어 오르는 것처럼 보이다가 재료를 꺼낸 후에도 기포가 잠시 동안 없어지지 않게 된다. 원인은 가열 중에 생긴 산화물의 축적에 의한 것으로 이러한 축적량과 기름의 점도는 깊은 관계가 있다. 가열온도가 높고 가열시간이 길며 기름과 공기의 접촉 면적이 넓으면 그만큼 기름의 노화가 빨리 진행된다. 이러한 기름을 사용할 경우 떡의 상품성을 크게 저하시키는 요인이 된다.

따라서 기름의 산패를 방지하기 위해서는 다음과 같은 방법을 알아 두어야 한다.

① 유지의 산패는 일사광선 등에 의해 크게 촉진된다. 따라서 어두운 곳에 보관하거나 광선을 잘 막아 주는 색깔로 착색된 병을 사용하는 것이 좋다.

② 중금속은 식용유의 산화를 촉진하는 작용이 있으며 특히 구리나 쇠로 만든 그릇은

정도가 심하다. 따라서 보관 중에는 산화촉진이 덜한 용기를 사용하는 것이 좋다.

③ 염류도 산화를 촉진시키는 요인이므로 온도를 알아보기 위해 소금을 사용하는 것은 바람직하지 않다.

④ 유지의 자동산화는 화학반응의 일종으로 온도의 영향을 많이 받는다. 따라서 유지는 가능한 한 낮은 온도에서 보관하는 것이 좋다.

3) 지지는 떡의 제조공정

세척 – 수침 – 물 빼기 – 소금 넣기 – 1차 분쇄 – 물 넣기 – 2차 분쇄 – 익반죽성형 – 지지기 – 식히기 – 포장

6. 삶는 떡

삶는 떡(boiled rice cake)의 대표적인 떡은 경단(Gyungdan)이며 찹쌀을 익반죽하여 빚거나 주악이나 약과 모양으로 만들어 끓는 물에 삶아 건져서 고물을 묻힌 떡이다. 삶는 떡류도 지지는 떡과 같이 익반죽 공정이 가장 중요하며 방식은 동일하다.

또한 삶을 때 소금을 약간 첨가하면 조리시간을 단축할 수 있을 뿐만 아니라 점성과 탄성이 좋아진다. 종류로는 경단, 잡과편, 잡과병, 산약병 등이 있다. 삶는 떡의 주재료는 찹쌀이며 잡곡 및 두류로 메밀, 마, 콩, 팥, 깨 등이 쓰인다. 부재료는 감, 밤 등의 과일과 견과류가, 기타 향미 성분으로는 생강, 계피, 전향 등이 쓰인다.

그림 6-13은 일반적인 삶는 떡인 수수경단과 율란이다.

(a)   (b)

그림 6-13. 일반적인 삶는 떡인 수수경단(a)과 율란(b)

삶는 떡의 제조공정

세척 – 수침 – 물 빼기 – 소금 넣기 – 1차 분쇄 – 물 넣기 – 2차 분쇄 – 익반
죽성형 – 삶기 – 찬물에 헹구기 – 건지기 – 고물 묻히기 – 포장

[연습문제]

1. 찌는 떡의 종류는?

2. 찌는 떡의 가공 조건에 따른 품질에 영향을 미치는 요인은?

3. 찌는 떡의 제조공정을 설명하라.

4. 발효 떡 중 증편의 구조는 어떻게 되어 있나?

5. 증편의 발효 과정은?

6. 증편의 발효 조건은?

7. 증편의 원료 중 막걸리와 설탕의 역할은?

8. 증편의 제조 과정을 설명하라.

9. 발효란?

10. 발효 떡을 찔 때 주의해야 할 점은?

11. 치는 떡의 종류는?

12. 치는 떡의 반죽의 물성이 중요한 이유는?

13. 치는 떡의 가공 조건에 따른 품질에 영향을 미치는 요인은?

14. 빚는 떡(송편)의 냉동의 중요성과 품질에 영향을 미치는 것은?

15. 빚는 떡의 제조 과정을 설명하라.

16. 지지는 떡의 종류는?

17. 지지는 떡(화전)을 만드는 방법을 설명하라.

18. 유지의 정의와 종류를 설명하라.

19. 유지의 산패방지 방법을 설명하라.

20. 지지는 떡의 제조 과정을 설명하라.

21. 삶는 떡의 종류는?

22. 삶는 떡의 제조 과정을 설명하라.

<h1>7장　냉동떡 제조</h1>

　우리가 먹고 있는 각종 식품들은 그 종류의 다양성만큼이나 각각의 식품마다 특성을 가지고 있다. 이러한 식품들의 특성에 따라 식품을 저장하고 가공하기 위한 많은 방법들이 예로부터 개발되어 왔다. 우리가 섭취하고 있는 식품을 저장하는 방법에는 건조, 열처리, 소금 등을 이용한 화학처리, 동결 등 여러 가지 방법들이 이용되고 있는데 과학기술의 발전에 힘입어 건조기, 냉장고 등과 같은 특수한 저장장치가 개발됨으로써 식품저장에 획기적인 개선이 이루어졌다고 할 수 있다. 특히 식품을 손쉽게 동결시켜 저장할 수 있는 냉장고와 같은 냉동장치의 개발은 식품의 보관기간을 혁신적으로 연장하여 이제는 냉동보관을 염두에 둔 냉동식품 등이 전문적으로 개발되고 있기도 하다.

　식품냉동법은 1875년에 독일인 Linde가 처음으로 암모니아에 의한 효과가 좋은 가스압축식 냉동기를 완성하여 시작되었으며, 이때부터 기계얼음의 사용이 시작된다. 그리하여 식품은 빙장에서 냉장으로 옮겨지고 다시 냉동으로까지 발전하였다.

　식품을 저장하는 과정에서 중요한 것은 식품에 발생하는 부패, 물리·화학적 변화 등을 예상하여 이에 대한 적절한 대비를 하여야 한다는 것이다. 특히 요즈음 보관의 용이성 등으로 많은 식품들이 냉동식품과 같은 동결저장방법을 이용하여 유통되고 있는데 이러한 동결저장방법에 대한 이해와 적절한 처리방법을 충분히 알고 있어야 할 것이다. 동결식품은 저장과 해동과정이 따르는데 이러한 과정 중에 식품의 특성에 많은 변화가 발생할 수도 있으며 식품의 특성에 따라 처리방법에 주의를 기울여야 하는 것이다.

다음에서는 식품을 동결저장하는 방법과 해동·냉동의 원리, 냉동을 이용한 식품인 냉동떡에 대하여 알아보고자 한다.

1. 식품의 동결저장법

동결저장이란 식품 중 수분을 동결시켜 저장하는 방법이다.

동결저장하는 식품은 일단 동결시킨 후에 냉장한다. 품질은 급속 심온동결 쪽이 우수하지만, 동결속도가 품질에 미치는 영향은 식품의 종류, 전처리, 가공방법 등에 따라 달라지고 있다.

동결의 경우, 최대 빙결정생성대를 지나면 동결 종온은 -18℃ 이하의 심온동결로 하는 것이 필요하고, 적어도 -20℃, 가능하다면 그 이하에서 냉장하는 것이 좋은 방법이다.

저온은 미생물에 대해서 살균적이 아니고 정균적으로 작용하며, 그 효과는 온도가 낮을수록 크다. 동시에 산화와 같은 화학적 변화와 승화와 같은 물리적인 현상도 온도가 내려가면 감소되므로, 품질을 좋은 상태로 유지하기 위해서는 온도를 낮추는 것이 일반적이다. 동결온도는 가능한 한 낮은 것이 좋지만, 적어도 -18℃ 이하는 되어야 하며 동결상태에 두는 기간은 길수록 효과적이다.

동결저장의 공기습도는 식품이 방습기밀한 포장이 되어 있는 경우는 영향이 없지만, 포장이 불완전한 경우에는 냉장기간이 길면 식품의 건조와 관계가 있게 된다. 동결저장실 내의 공기 습도는 냉장실의 방열과 냉각방식에 따라서 영향을 받게 되지만, 이것을 측정하여 조정하는 실용적인 방법이 없으므로, 포장을 완전하게 하여 공기의 영향을 차단하는 것이 유일한 방법이다.

1) 식품의 빙결

(1) 빙결점

식품의 빙결점은 식품 중에 빙결정이 생기기 시작하는 온도로, 그 온도는 반드시

표 7-1. 완만 동결과 급속 동결의 특성 비교

완만 동결(slow freezing)	급속 동결(quick freezing)
1. 최대 빙결정생성대 통과시간 : 35분 이상	1. 최대 빙결정생성대 통과시간 : 25~35분
2. 수분이 세포 내에서 세포 외로 이동하여 빙결정 성장	2. 세포 내부에 많은 수의 작은 얼음결정 존재
3. 세포의 형태 파손	3. 세포의 원형유지 가능
4. 동결속도 : 0.1~1 cm/hr	4. 동결속도 : 30 cm/hr
5. 빙결정의 크기 : 70 μ 이상	5. 빙결정의 크기 : 70 μ 이하
6. 빙결로 탈수 수축되어 용질농축으로 세포막 장해와 세포 단백질 농축으로 서서히 사멸	6. 세포 내 빙결로 기계적 파괴 작용으로 거의 즉시 사멸

0℃ 이하이며, 동결상태가 되는 것은 이보다 더 낮은 온도이다.

빙결점은 대부분 -1~-2℃ 부근이지만, 치즈와 같이 상당히 낮은 것도 있다. 이와 같이 빙결점의 차이가 있는 것은 식품 중 용액부분의 용질농도가 다르기 때문이며, 농도가 높을수록 그만큼 낮아진다. 그러나 함수율만으로는 빙결점을 추정할 수 없다. 그 예로는 치즈와 쇠고기는 대략 비슷한 함수율을 갖고 있지만 빙결점은 상당한 차이를 보이고 있다.

식품의 빙결점이 0℃ 보다 낮은 것은 식염과 당류와 같이 분자 또는 이온상태로 녹아 있는 진용액의 몰농도에 좌우된다. 식품의 경우에도 용액의 경우와 마찬가지로 빙결점에 도달하여도 빙결하지 않는 현상을 보이는 것이 있다. 이것을 과냉각이라 한다. 이러한 과냉각상태는 준안정상태이므로 빙결할 수 있는 조건(빙결점 이하의 온도, 빙결핵 충격 등)이 갖추어지면 과냉각 상태가 깨지면서 빙결하게 된다.

(2) 냉동곡선

식품은 빙결점에서 얼기 시작하여 공정점에서 끝나는데, 식품의 중심부 온도는 낮아지고 있다.

약 -1~-5℃ 사이에는 동결곡선이 평탄한데, 이 동안은 아주 많은 동결의 잠열을 외부에 방출하는 기간이다. 식품의 온도는 거의 내려가지 않고 동결곡선은 평탄해진다.

식품 중의 수분의 대부분은 액체에서 고체인 얼음으로 변하는데, 식품수분의 60~80%가 얼어 식품은 굳어지는 상태가 된다. 이와 같이 얼음 결정의 생성이 가장 많은 식품의 빙결점에서 -5℃까지의 구간을 최대 빙결정생성대라고 한다.

Yong-Pool설에 의하면, 0~5℃ 사이를 통과되는 시간이 25~35분 이내에 있다면 식품에 미치는 영향이 적으므로 이것을 급속 동결이라 한다. 그러나 실용적인 급속 동결장치를 이용하여도 25~35분 동안에 -5℃로 되는 것은 식품의 표면에서 겨우 0.75~1.5 cm 정도까지이며, 이것은 편면이기 때문에 양면에서는 1.5~3 cm 정도의 두께가 된다. 실제로 동결되는 식품은 두께가 3 cm 이상이 많으므로 식품 전체가 이 정의대로 급속 동결되는 것은 거의 없다고 볼 수 있다.

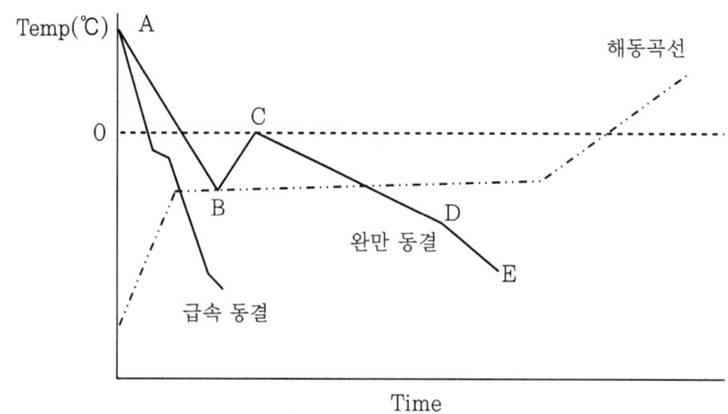

A-B : 예비냉각으로 감열(sensible heat)의 제거만이 관련되고 기간이 비교적 짧다.

B-C : 과냉각지점(B)에서 얼음입자의 결정화가 시작되면 이때 발생하는 열에 의하여 온도는 최초빙점(initial freezing point) C에 도달한다. 식품이나 생물체를 냉동하면 냉동과정이 진행되면서 빙점이 강하하는 현상을 흔히 볼 수 있다. 따라서 이런 경우에 빙점은 어떤 온도범위로 표시할 수 있으며 최초로 얼음결정이 형성되기 시작하는 온도를 최초빙점이라 한다.

C-D : 대부분의 물이 결정화되는 기간으로 많은 양의 융해열을 제거해야 하기 때문에 상당한 시간이 걸리고 용액 중의 순수한 물이 얼음으로 변하여 용액의 농도가 증가하여 빙점강하현상이 일어난다. 특히 CD 부분의 초기에는 순수한 물이 얼음으로 제거되지만 후기에는 공융혼합물의 생성이 진행될 수 있다.

D-E : 얼음결정의 형성이 거의 끝난 샘플을 저장온도 E로 냉각하는 과정. D를 넘어서면 비동결수의 양이 아주 제한되어 있기 때문에 소량의 에너지를 제거하여도 품온이 쉽게 떨어진다.

그림 7-1. 냉동 및 해동곡선그림

(3) 동결률

식품을 냉각시키면 빙결정의 형성에 따라 식품 내 수분은 고체 상태로 변하여 간다. 따라서 얼음의 비율이 증가함에 따라 식품의 경도가 증가하므로 수분이 많은 식품에서는 80% 정도가 얼음으로 변하면 매우 단단해지고 동결상태로 된다.

Heiss는 식품의 함유 수분에 대한 석출된 빙결수분의 비율은 빙결률이라 하고, 빙결률 m(%)은 Tf를 식품의 빙결점(℃), T를 현재 품온(℃)이라 할 때, 아래의 식에 의해 구해진다.

$$빙결률(m) = (1 - Tf / T) \times 100$$

이 식에 의하면, 빙결점 Tf가 -1℃ 일 때 그 품온이 -5℃ 로 되면, 함유수분이 약 80%가 빙결 석출하게 된다. 식품 중에 빙결점이 많이 석출될수록 식품의 경도는 커지게 되며, 빙결률이 80%이면 관능적으로는 동결상태를 나타내게 된다. 완전한 동결상태라는 것은 수분의 전부가 빙결하는 경우이며, 이때의 온도는 공정점에 해당하므로, 일반적인 동결에서는 품온을 공정점까지 내리지 않아도 -5℃ 이하이면 대부분 동결상태로 된다. 이와 같이 식품이 동결상태로 되는 것은 동결점이라는 특정한 한계온도에서가 아니라 일정한 온도 폭이 필요하다. 일반적으로 수분이 많은 식품의 빙결점을 -1℃ 라 하면, 그 온도 폭은 빙결점에서 -5℃ 가 된다. 이 범위를 최대 빙결생성대라 부르며, 이 온도대에서 빙결의 석출이 가장 많이 이루어진다는 의미이다. -5℃ 에서는 빙결 석출률이 80% 이하의 것도 많이 있다. 특히 바나나와 같이 빙결점이 낮은 것은 빙결률이 겨우 20% 정도이다. 그러므로 최대 빙결정생성대라는 것도 일반적으로 식육, 야채류, 계란, 우유 등에서는 타당하지만, 빙결점이 낮은 과일류라든가, 함유율이 적은 가공식품에서는 그다지 의미가 없으므로, 최근에는 최대 빙결정생성대의 종온을 -15℃ 로 취하는 것이 제안되어 동결시킬 때 중요한 품온의 범위가 식품의 빙결점에서 -15℃ 까지로 확대되었다.

2) 냉동의 원리

일반적으로 물체에서 열을 빼앗아 그 물체의 온도가 하강하는 것을 냉각(cooling)이라 하고, 냉각범위 물체의 온도를 대기온도 이하로 낮추는 것을 냉동(refrigeration)이라 한다. 따라서 냉동을 하는 데에는 특별한 장치를 필요로 하며, 그것을 냉동기라 부른다.

(1) 냉동의 방법

현재 사용하고 있는 냉동의 방법에는 융해열을 이용하는 방법, 승화열을 이용하는 방법, 증발열을 이용하는 방법, 압축 기체의 팽창을 이용하는 방법, 펠티어(peltier) 효과를 이용하는 방법 등이 있다.

① 고체의 융해열을 이용하는 방법

얼음을 식품에 접촉시키면 얼음이 녹으면서 이에 필요한 79.68 kcal/kg 정도의 융해열을 식품에서 빼앗아 식품을 냉동시키게 된다.

② 고체의 승화열을 이용하는 방법

드라이 아이스는 178.5℃ 이상이 되면 승화되어 CO_2 가스가 된다. 이때 137 kcal/kg 정도의 승화열을 요구하게 되므로 이를 이용하여 식품을 냉동시킨다.

③ 액체의 증발열을 이용하는 방법

액체 암모니아나 액체 질소, 프레온 등의 고압액체를 팽창시키면 기체로 되면서 많은 증발열을 요구하게 된다. 이를 이용한 것이 오늘날 흔히 쓰이는 냉동기이며 일단 증발된 기체를 다시 압축시켜 재이용한다. 이를 냉동사이클이라 한다.

④ 기한제를 이용하는 방법

얼음과 소금, 얼음과 염화칼슘 등을 혼합시키면 매우 낮은 온도를 얻을 수 있다. 이들 혼합물을 기한제 또는 한제라고 한다. 이것은 이들 혼합물이 혼합되는 동안 여기에 필요한 용해열이나 융해열을 주위에서 흡수할 여유가 없어 그 열을 자기 자신으로부터 취하지 않으면 안 되기 때문에 온도강하가 일어나는 것이다.

⑤ 펠티어 효과를 이용하는 방법

펠티어 효과란, 서로 다른 두 금속의 도체선의 양끝을 접합하고 이들 회로에 직류전류를 흐르게 하면 한쪽의 접점에서는 발열이 일어나고, 다른 쪽 접점에서는 흡열이 일어나는 현상을 말한다. 이 현상을 이용하는 냉동법을 열전냉동이라고도 한다.

(2) 자연냉동과 기계냉동

① 자연냉동

융해, 승화, 증발 등의 자연현상에 의한 흡열작용을 이용하는 냉동 방법이다.

② 기계냉동

기계적인 일과 열에너지를 소비하여 저온 물체로부터 열을 흡수하고, 고온영역으로 열을 방출하는 것이다.

(3) 냉동기의 원리

냉동을 하는 데는 여러 방법이 있으나 냉동장치는 증발하기 쉬운 액체를 증발시켜 그 잠열을 이용하는 방법이 이용된다. 주요 부분으로는 압축기, 응축기, 팽창밸브, 증발기로 구성되며 냉동장치 안에는 증발하기 쉬운 냉매가 봉입되어 있다.

① 압축기(compressor)

증발기로부터 증발된 냉매증기를 압축시켜 응축기로 보낸다.

② 응축기(condenser)

압축기로부터 나온 고온·고압의 가스냉매를 물 또는 공기로 냉각시켜 응축시킨다.

③ 팽창밸브(expansion valve)

팽창밸브의 역할은 적정량의 액체냉매를 저압의 증발기 측으로 보내고, 고압 냉매는 팽창밸브를 통과하는 사이에 급격히 저온·저압의 습증기로 된다.

④ 증발기(evaporator)

냉동목적을 달성할 수 있는 곳으로서 냉매는 여기서 열을 얻어 증발하고 주위는 저온으로 된다.

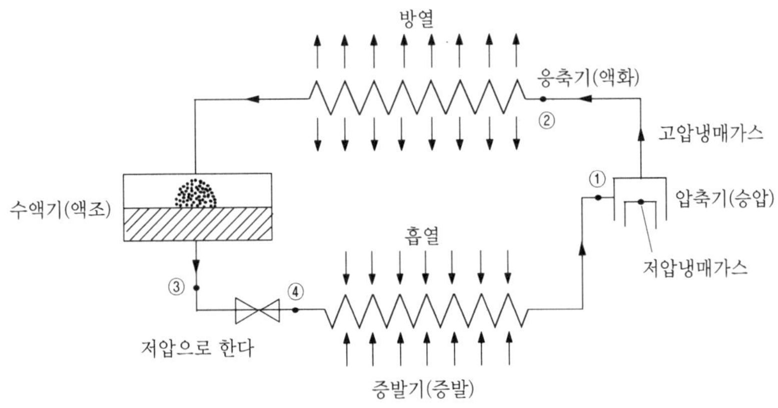

그림 7-2. 증기압축 냉동장치의 원리도

3) 냉각 및 동결설비

식품의 냉각과 동결의 차이는 냉각은 단순한 식품의 보냉뿐만이 아니라 식품의 동결 시작점 이하가 되기 전의 일정 온도로 식품의 열을 제거하는 공정이며, 동결은 일반적으로는 식품의 중심 온도를 -18℃ 이하로 하는 공정이다. 결국, 최종적으로 식품의 온도를 얼마까지 내리느냐는 문제로 설비는 비슷하다. 식품의 최종온도가 5℃ 라고 하더라도 동결설비 내에서 체재시간이 단시간으로 제약되어 있다면 -20℃의 냉풍을 순환시키는 경우도 있다.

특히 가열 조리된 식품은 냉각도중의 위험 온도대(10~60℃)를 가능한 한 빨리 통과시켜 병원균이 부착되어 있더라도 증식 가능한 시간을 최소한으로 줄이는 것이 중요한 일로 이것은 냉각·동결·해동에서 공통적으로 중요한 일이다.

식품의 동결에 의한 보존방법은 처리만 제대로 하면 식품자체의 변질이 거의 없으며 다른 방법과 비교하여 복원성이 뛰어나 생선, 육류, 농산물 등의 원료소재부터 각종 냉동식품과 빙과 등에 널리 사용되고 있다.

동결설비는 취급하는 식품의 형태, 크기(특히 두께), 포장 및 용기의 유무, 처리량, 가공 공정, 작업효율(자동화), 운송방법(연결식 또는 batch식), 동결온도 등에 따라 여러 방식 중에서 선정된다.

4) 동결저장 중 발생하는 물리적 변화

동결저장기간 중에는 초기동결의 조건(동결속도)이나 온도변화, 공기와의 직접적인 접촉 등에 의해 식품의 품질이 손상되는 물리적 변화가 생긴다.

(1) 빙결정의 성장

급속동결에 의해 생긴 미세한 빙결정도 저장온도가 동결 시의 온도보다 높아지는 경우, 결정이 모여 결정의 성장이 발생한다. 이것은 다음의 두 가지 경우에 일어난다.

① 빙결정의 입자 크기에 대소의 차이가 있는 경우

동일 온도에서도 작은 입자의 빙결정의 열기압은 큰 입자의 열기압보다 크다. 작은 빙결정의 수증기는 큰 입자의 빙결정 표면으로 이동하여 그 표면 위에서 응축하여 큰 입자가 더욱 커진다. 이러한 형식의 수증기의 이동속도는 매우 느려서 장기간의 저장 시에는 고려할 필요가 있다.

② 식품의 표면과 중심부의 온도차가 발생한 경우

주위 온도가 동결식품의 온도보다 높아지는 경우, 빙결정의 수증기압은 식품표면에서 높아진다. 수증기는 압력이 낮은 식품 내부로 확산되어 중심부에 있던 미세한 빙결정은 크게 성장하게 된다.

이렇게 성장한 빙결정은 급속 동결로 생긴 미세한 결정을 거대화시켜 결국은 세포조직을 파괴시킨다.

(2) 냉동화상

냉동저장기간 중에 표면이 건조되어 가는 것을 냉동화상이라고 한다. 냉동화상 또한 저온에서 수분의 이동에 의한 현상으로 품온이 주위 온도보다 높게 되는 시점에서 얼음은 승화하며 건조가 진행된다.

저장기간 중의 온도변화, 예를 들면 저장고의 개폐, 물품의 출고 및 입고 등에 의해 촉진된다. 저장고의 개방에 의해 품온이 일단 상승된 후 다시 저장고를 닫은 경우, 주위 온도는 급속히 낮아지지만 품온은 급속히 낮아지지 않는다. 이러한 상태에서는 식품의 표면의 증기압은 높아져서 증기압이 낮은 포장부분으로 수분은 이동한다. 식품이 개별 포장되어 있는 경우에는 포장 재료와 식품 간에 서리가 생긴다.

5) 동결식품의 해동

(1) 동결식품의 해동과정

표 7-2. 해동방법과 가열형태

해동방법	방식	가열형태
공기해동법	정지공기 송풍 가압	공기로부터의 열전도 공기로부터의 열전도 공기로부터의 열전도
물해동법	침적 스프레이 수증기	물로부터의 열전도 물로부터의 열전도 응축 시의 잠열과 물로부터의 열전도
접촉해동법	접촉	금속관으로부터의 열전도
원적외선	방사선	
전기해동법	고주파 마이크로파	내부발열 내부발열

동결식품은 해동하여야만 식품으로 이용가능하다. 해동방법은 표 7-2와 같이 여러 종류의 방법이 있다. 물론 일부의 조리가공식품에서는 해동하지 않고 언 상태로 기름으로 튀긴 식품도 있다. 식품 중의 빙결정을 녹여서 가능한 한 원래의 식품조직으로 되돌리는 것이 최선의 해동법이다. 해동조작을 동결조작의 반대 조작으로 생각할 수 있는데 전혀 다른 조작이라고 할 수 있다. 해동에 필요한 시간은 동결시간보다 길다. 이것은 물의 열전도도가 얼음의 1/4 정도이기 때문이다. 최대 빙결생성대의 부분은 융해의 잠열을 외부의 에너지원으로부터 끌어 들여 해동이 진행된다. 이 온도영역에서 식품이 장기간 머무르면 동결과정에서와 같이 커다란 얼음 결정이 만들어지므로 물리적인 손상이 발생한다. 또한 너무 급속하게 해동되면 세포내부로의 수분의 회복이 어렵게 되어 양질의 해동은 이루어지지 않는다.

동결과정에서는 식품내부에 동결농축이 일어나기 때문에 식품내부에 모자이크상의 용질농도가 다른 부분이 생겨난다. 이러한 상태의 식품을 해동하면, 온도상승과 함께 마지막으로 동결된 부분부터 해동 또는 연화가 시작되며 온도상승과 함께 고농도의 용액부분에는 녹은 물이 흘러들어 평형농도가 이루어지면서 최종적으로 해동상태에 이르게 된다.

표 7-2를 보면 해동에 사용되는 열이 식품의 표면부터 들어가는 경우와 내부에 발열원이 생겨 그 부분부터 전도에 의해 확산되어 가는 경우로 나누어진다. 내부 발열기구는 식품내부에 있는 액체물분자에 마이크로파 또는 고주파가 에너지를 전달해 물분자를 강제적으로 운동시켜 분자끼리의 충돌 또는 마찰에 의해 발생하는 열에너지를 이용한다. 따라서 식품의 온도가 상당히 낮은 경우에는 액체상태의 물분자의 함량이 적기 때문에 마이크로파 가열은 비효과적이며 그 대신 고주파가 열원으로 적당하다. 마이크로파 가열은 해동이 시작되어 액체로 된 부분이 생기면 그 부분에 에너지가 집중되어 온도가 급상승하여 식품이 익어 버린다. 이것이 전자레인지 해동과 고주파 해동의 결점에 해당된다. 그러나 급속 해동이 가능하기 때문에 이 방법은 조리현장에서 편리하게 이용할 수 있는 방법이라고 할 수 있다. HACCP 대응으로 생각하면 장치를 위생적으로 관리할 수 있는 이용하기 편한 해동방법이다. 해동속도를 단축하기 위해서는 식품의 사이즈를 작게 할 필요가 있다. 크기를 1/2로 하면 해동시간을 1/4로 단축할 수 있다.

해동장치는 식품내부에 잔존하고 있는 미생물이 해동 시 다시 활동을 시작하는 장소가 된다. 장치를 청결히 하는 것과 동반하여, 반해동 또는 해동종료와 함께 즉시 조리를 시작하여 최종적인 조리의 온도에 도달하도록 처리해야만 한다.

2. 동결을 이용한 식품 가공

1) 동결채소 및 과일

동결채소 제조 공정의 핵심은 채소의 색소와 영양소 그리고 관능적 품질을 그대로 유지하는 데 있다. 따라서 블랜칭(blanching, 데치기) 공정에서 채소에 존재하는 효소들을 불활성화시키고 원래의 색소를 그대로 유지하기 위한 chemical 등이 사용된다. -38℃ 이하로 급속 동결함으로써 빙결정의 성장을 억제하면서 동결을 급속히 진행시키고 이어서 -18℃ 이하에 보관하여 조직 내의 품질 변화를 정지시킨다. 당근, 마늘, 대파, 딸기 등 거의 모든 채소류가 동결채소로 가공되고 있다. 동결상태로 보관할 경우 6개월 이상의 보관이 가능하다.

(1) 채소 및 과일의 동결방법

① 강제 통풍식 동결장치(air-blast freezer)

냉기를 송풍하는 방식으로 널리 사용되고 있는 방법이다. 어떤 형태의 식품일지라도 사용가능한 이점이 있다. -20~-40℃ 의 공기가 풍속 2.5~10 m/s로 부는 가운데를 식품을 이동시켜 동결시키는 방법이다. 일반적으로 동결에 소용되는 시간은 수 시간에서 십수 시간 소용된다. 동결 중 건조되기 쉬우므로 포장 등의 처리가 필요하다.

② 판식 동결장치(plate freezer)

냉각시킨 금속판에 접촉시켜 동결시키는 방법으로 두께가 일정한 식품에 사용한다. 두께가 5cm 정도의 경우, -30℃ 에서 냉각시키면 2시간에서 수 시간 내에 -20℃ 로 된다.

③ 유동화식 동결장치(fluidizing bed freezer)

개체별로 급속 동결하는 방법으로 IQF(individual quick freezing)라고 부른다. 여기에는 완두콩류, 각형으로 절단된 당근, 절단 옥수수, 싹양배추 등이 이용된다. 보통 컨베이어 벨트상에 원료를 이송하면서 하부에는 송풍을 강하게 하면 원료가 약간 부상하면서 전체로서는 유동화되면서 동결이 된다. 보통 완두콩 같은 경우 3~5분이면 동결이 된다. 과일로는 딸기, 포도, 앵두 등에 이용가능하다. IQF는 내용물이 한 덩어리로 냉동되지 않고 따로따로 냉동되어 이용할 때 편리하다.

④ 액체질소식 동결장치(liquid nitrogen freezer)

액체질소(-196℃)를 이용하여 급속 동결하는 방식으로 직접 침적, 스프레이 그리고 초저온 가스를 사용하는 방법이 있다. 이들 중 스프레이 방법이 많이 사용된다. 단지 원료를 액체질소에 침적하는 방법으로는 표면만 급랭되어 내부와 극단의 온도차가 나서 원료가 부서진다. 일반적으로 이 방법으로는 원료는 예냉실에서 저온의 가스로 예냉되어 동결실에서 스프레이되어 급속 동결 후 균온실에서 원료내부의 온도분포를 균일화시킨다. 동결실에서 기화된 질소는 예냉실과 균온실에서 이용된다. 10~15분으로 -20℃ 이하로 냉각가능하다. 원료의 두께가 두꺼울수록 표층부와 비교하여 내부의 온도저하가 늦게 되어 원료가 부서지거나 액체질소의 소비량이 급증하므로 원료의 두께가 수 ㎝로 한정되는 난점이 있다.

(2) 동결채소 및 과일의 품질유지를 위한 일반적인 유의점

동결저장 중에는 식품의 종류나 냉동조건에 따라 급속한 성분변화가 일어나는 경우가 있다. 또한 동결 그 자체에 의한 품질저하가 일어난다. 우수한 동결식품을 생산하기 위해서는 많은 주의와 충분한 처리와 설비가 필요하다. 다음은 일반적인 주의사항을 서술하였다.

① 동결에 적절한 종류 및 품종의 선택

동결에 의해 조직의 변화가 발생하며 그것이 품질에 미치는 영향은 청과물의 종류에 따라 다르다. 예를 들어 콩류나 옥수수는 거의 변화가 없지만 토마토 등은 동결하여 해동하면 많은 수분이 유출되어 조직의 상태 및 형태는 원래와 다르게 된다. 딸기 등의 많은 종류의 과일도 토마토와 비슷하지만 반해동의 상태로 섭취하거나 가공용 원료를 목적으로 하면 충분히 이용가능하여 이용하는 방법에서도 적절성이 변하게 된다. 냉동 적절성은 같은 종류라고 해도 품종에 따라 큰 차이가 있으므로 적절한 냉동용 품종의 육성이 필요하다.

② 양질의 위생적인 원료의 선택

원재료의 선택에 주의하여 양질이며 위생적인 원료를 사용해야 한다. 동결식품은

양질의 재료를 사용하더라도 동결 시 품질의 저하가 발생하는 경우가 있다. 또한 동결로 인하여 미생물의 완전한 사멸은 불가능하므로 원료의 취급 및 제조 시의 위생에 주의하여 최초균수를 적게 하여 미생물오염을 최소한으로 하여야 한다.

③ 적절한 조제, 동결, 포장의 방법의 선택

과일은 당을 첨가하거나 채소류는 효수의 불활성화(블랜칭)나 조리하여 동결하는 방법이 이루어진다. 이러한 조제방법이나 동결의 속도에 의해 동결식품의 품질이 변하지만 그 영향은 청과물의 종류에 따라 크게 차이가 있다. 또한 포장은 취급을 편리하게 하는 것뿐만이 아니라 동결저장 후의 건조, 산화, 오염 등을 방지하는 방법이기도 하다.

④ 동결저장 온도와 저장한계

동결저장 중의 품질변화는 온도에 따라 크게 다르다. 일반적으로 -10℃ 정도에서는 급속히 품질이 저하하므로 -18℃ 이하의 저장온도에서 취급하게 되어 있지만 -18℃ 이하에서도 품질의 저하가 진행되므로 저장의 한계를 아는 것이 필요하다.

⑤ 수송, 판매, 가정에서의 보존 시의 주의

기본적으로 냉동식품으로서의 규제온도 범위에서의 취급을 원칙으로 하여 온도관리에 충분한 주의를 해야 한다. 가정에서의 냉동식품의 취급에서는 냉동식품은 일단 해동하면 크게 품질저하가 일어나는 경우가 많으며, 또한 해동하지 않더라도 어느 정도 온도가 높아지든지 온도변화폭이 크든지 하면 품질변화가 빠르게 일어나는 것을 충분히 유의하여 냉동고의 온도관리에 주의할 필요가 있다.

2) 동물성 식품

(1) 어패류

어류는 어획 후 바로 냉각하지 않으면 안 된다. 어선에서는 해수에 얼음을 첨가한 얼음물에 어획직후의 생선을 넣어 급속 냉동을 시행하고 있다. 참치와 같은 대형생선은 어획직후 피와 내장을 제거하여 급속 동결해야만 한다. 생선이 요동칠수록 생선의 체온이 높아져서 생선육의 품질이 저하된다. 대형생선은 사후경직이 완료된 상태에서 동결하여 동결저장된다. 사후경직 전에 냉동시키면 해동 시 사후경직이 급속히 일어나서 대량의 탈수가 일어나서 육질이 딱딱해진다. 현재 태평양에서 잡은 참치가 음식점에서 갓 잡은 것처럼 싱싱한 조직감을 유지하는 것은 어획 후 바로 처리하여 -70℃ 이하로 급속 동결시키기 때문이다. 급속 동결에 의해 빙결정의 생성을 최소화시킴으로서 빙결정에 의한 조직 붕괴나 동결변성 등을 최소화시키는 원리이다. 식품 중의 성분 변화는 -32℃ 이하에서는 유리수가 거의 동결되고 효소작용도 일어나지 않기 때문에 급속 동결 후 -32℃ 이하에서 보관하면 장기간이 지나도 거의 싱싱한 상태의 맛과 조직감을 재현할 수 있다. 최근에는 혼합냉매 등을 이용해 -150℃ 이하의 온도까지 급속히 동결시킬 수 있는 초저온 식품동결고 등이 개발되고 있다. 소형생선은 블록동결(block quick freezing, BQF)법을 사용하여 공기와의 접촉면적을 적게 하여 건조를 방지한다. 패주와 껍질을 벗긴 새우는 건조를 막기 위해 표면에 얼음막을 씌운다.

일부 냉장고에 보면 '싱싱고'라 하여 얼듯 말듯 한 상태를 유지시켜 주는 장소가 있는데 우리말로는 부분 동결이라 하여 보통 -3℃ 전후에서 식품을 냉장보관하는 기술이 파아셜프리징(partial freezing)이다. 특히 생선이나 육류에 있어서 신선한 맛과 조직감을 그대로 유지시키는 데 사용되는 방법이다.

(2) 육류

육류는 도살, 해체 후 일정기간 숙성시키는데 소고기는 약 4℃에서 일주일 정도 숙성시킨 후 동결시킨다. 최근에는 도살직후 바로 전기자극을 하여 ATP를 소실시켜 냉각시킨 후 숙성기간을 거치지 않고 바로 동결시키는 방법이 이용되고 있다.

(3) 조류

조류는 도살, 해체 후 얼음물에서 급속냉각시킨다. 칠면조처럼 대형조류는 숙성을 시키지만 보통의 조류는 처리기간 중에 충분히 숙성된다. 냉각온도대에서 유통되는 경우는 저온실 또는 얼음을 사용하여 냉각저장하며, 동결시키는 경우에는 냉각처리한 후 동결처리를 한다. 건조를 막기 위해 얼음막을 씌우거나 동결 전에 불투습성 필름으로 밀착포장하여 동결시킨다.

3) 조리냉동식품

조리냉동식품은 냉동식품의 주류를 이루고 있는데 냉동만두를 비롯하여 냉동밥, 냉동튀김 형태 등 반제품이나 완제품 형태로 제조되어 가정에서 쉽게 데워서 먹을 수 있

게 생산되고 있다. 한 예로 냉동밥의 경우 조리된 후 급속 냉동시켜 유통된 다음 소비
단계에서 해동·가열하여 먹도록 되어 있다. 단순한 밥의 동결제품부터 조미처리된 밥
(볶음밥 형태)까지 여러 가지가 있으며 그림 7-3에는 냉동필라프의 제조공정을 나타내
었다. 여기에서 제조에 들어가기 전에 원료, 즉 원료미, 부재료 A, 부재료 B, 조미료에
대한 검수과정을 거쳐야 하며 또한 완성된 제품 또한 자체 검수과정을 거쳐야 한다.

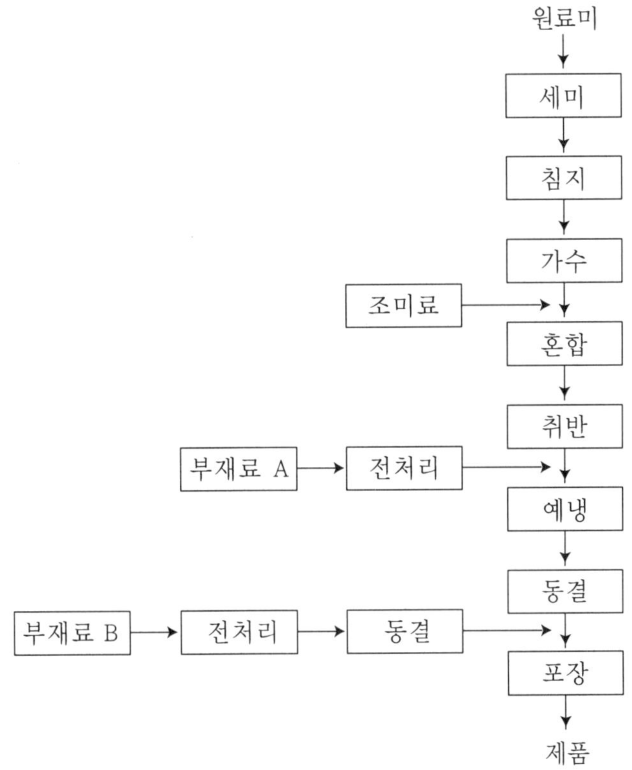

그림 7-3. 냉동필라프 제조 공정도

3. 냉동식품의 위생관리

1) 식품냉동과 미생물

냉동식품은 식품을 급속 동결하여 온도를 -18℃로 내려, 그 이하의 온도에 보존하여
미생물의 발육을 억제하며 적절한 포장에 의해 세균에 의한 2차 오염과 표면변화를

방지하여 동결 전의 품질을 보존하는 것으로 중요한 것은 동결과 냉동저장에 의해 미생물의 발육을 억제하지만 대부분의 경우 미생물을 사멸시키지 못하고 제조직후의 상태를 유지시키는 것이다.

미생물학적 실험에 의하면 동결에 의해 미생물을 사멸시킬 수 있다. 미생물의 사멸 정도는 균의 종류나 동결속도에 따라 다르지만 일반적으로 급속 동결한 것이 완만 동결한 것보다 사멸률이 높다고 한다. 그러나 실제 식품냉동에 있어서는 미생물 실험과 같이 급속한 동결은 힘들며 일반적으로 급속 동결보다는 완만 동결을 행하며 완만 동결에서는 동결과정 중 미량의 균의 감소는 나타나지만 사멸은 거의 나타나지 않는다고 봐야 한다. 또한 냉동저장 중의 사멸에 있어서는 미생물학적 실험에서는 저장온도가 -1 ~ -5℃ 의 높은 온도에서는 비교적 단기간에 균수가 감소하지만, -15 ~ -20℃ 이하에서는 거의 균수의 변화가 보이지 않으며 또한 균종에 따라서 그람음성균보다 그람양성균이 사멸되기 힘들다고 알려져 있다. 그러나 실제의 냉동식품은 -18℃ 이하에서 저장되기 때문에 실질적으로 균수의 감소는 기대할 수 없다. 결국 일반적인 냉동식품에서는 동결과 냉동저장에 의한 미생물의 증식억제는 가능하지만 미생물의 사멸은 이루어질 수 없는 제조직후의 상태를 유지하는 것으로 생각할 수밖에 없다. 이와 같은 것은 식중독균에서도 똑같아서 장염비브리오나 살모넬라균 등의 냉동내성이 낮은 균은 식품위생상으로는 의미가 없는 정도의 약간의 감소에 그치며, 포도상구균은 냉동내성이 강하며, 보툴리누스균과 같은 아포형성의 식중독균은 가열이나 동결 등의 온도에 대한 저항력이 강하여 동결저장 중에 거의 감소하지 않는다. 또한 이런 살아남은 식중독균의 해동 후의 증식 가능성을 생각하면 제조공정에서 세균오염과 증식을 억제하는 것은 냉동식품의 위생관리에서 중요한 문제라고 할 수 있다.

2) 냉동식품의 위생관리의 기본

냉동식품, 특히 생산량이 많은 조리냉동식품은 원재료의 종류가 많으며 제조공정이 복잡하기 때문에 미생물에 오염될 가능성이 증가한다. 또한 가열한 제품이더라도 동결 전에 가열되었기 때문에 가열 후의 공정에서 2차 오염의 문제가 있으며, 원재료에서 제품까지 제조공정 전반의 위생관리와 시설·설비, 사용기구, 종업원 등의 제조환경의 위생관리가 필요하다. 냉동식품의 위생관리에서는 원료에서부터 제품까지 전 제조공정에서 세균의 오염, 증식을 방지하기 유효한 수단이 필요하며 이를 위해서는 공정중의 오염원을 ① 원재료에 의한 오염 ② 제조공정 중의 오염 및 증식 ③ 시설 및 기구, 종업원 등의 제조환경으로부터의 2차 요염, 특히 가열 후의 재오염의 세 가지로 나눠서 생각해 볼 필요가 있다. 이런 오염요인에 대응하기 위해서는 최초에 '원재료의 도입 기준', '제조공정 관리 기준', '제품규격'과 직접 생산에 관여하는 '시설 및 기구의 위생', '종업원의 위생' 등의 관리기준을 책정하여 일상작업에 있어서 관리기준에 맞게 운영관리하며, 그 실시상태를 일정 기간마다 점검하여 관리한다. 만약 관리기준에서 벗어났을 경우에는 필요한 개선조치를 취하고 목표품질의 유지 및 향상을 추구하며 최종 제품에 대해서 세균검사를 실시하여 기준에 합격한 제품을 출하시키는 체제를 마련하는 것이 중요하다.

위생관리에서 원재료의 규격 및 기준에 맞춰 재료 검사를 실시하여 최초균수를 기준 이하로 유지하는 것과 동시에 제조공정에서 세균증식을 억제하기 위해 저온에서 단시간에 처리하여 미생물이 증식하기 전에 동결, 포장하는 방식으로 온도 및 시간을 중점적으로 관리하는 것이 중요하다. 또한 제조환경으로부터의 2차 오염을 방지하기 위해 시설 및 작업장의 환경위생, 원료처리장과 그 후의 청결작업구간과의 구분, 사용 기기의 세정 및 살균, 종업원의 위생, 사용수의 위생 등에 주의하여 2차 오염, 특히 가열 후의 2차 오염을 막는 것이 핵심이 된다.

4. 냉동떡

1) 냉동떡의 정의

냉동떡이란 장기간 저장하기 위하여 냉장 또는 냉동 처리한 떡이다.

떡의 신선도 유지에 좋은 방법으로는 급속냉동에 의한 보존이 있다. 떡을 급속히 냉동시켜 중심부를 -18℃ 이하로 유지하여 보존하는 방법으로, 특히 냉각 때 -1 ~ -5℃가 되는 시간을 짧게 한다. 급속 해동의 온도와 시간은 급속 냉동의 역순으로 하는데, 이것은 조직의 수분이 얼어붙을 때의 팽창을 최소한으로 하고, 보존 중에 얼음의 결정이 커지지 않게 하기 위해서이다.

2) 떡의 노화

떡은 시간이 흐르면서 바람직하지 않은 변화가 일어난다. 즉, 시간이 흐르면서 떡의 조직감이 굳어지는 것이다. 떡의 조직이 굳어지게 되면 조직의 찰기가 줄어들고 단단해지면서 풍미를 잃게 되고, 조직의 투명도가 증가하여 수용성 전분이 감소하는 현상 등이 일어난다. 이러한 현상을 노화라 하며 노화는 전분입자가 재결정화되는 현상으로 대부분의 아밀로펙틴이 소량 재결정화되면서 일어나는 것이다.

전분의 노화에 따른 떡 조직이 굳어지는 현상은 수분의 이동과 밀접한 관계가 있다. 떡의 수분함량은 30 ~ 60%이며 저장기간에 따라 수분함량이 줄어든다. 수분함량이 줄어든 떡의 조직은 내부의 수분이 떡의 표면으로 확산되어 증발하며, 떡 조직은 점차 찰기와 부드러운 조직감을 잃게 되고 단단해진다.

전분의 노화에 의해 떡 조직이 단단해지는 현상에 대한 연구는 많은 연구자들에 의해 수행되었지만 아직도 완전하게 해결되지 못하였다. 최근에는 노화와 굳어짐 현상에 대한 논문에서 굳어지는 비율과 전분이 노화되는 비율은 서로 다른 것으로 나타났다. 여기서 전분 겔이 굳어지는 것은 전분의 노화현상과 밀접한 관계가 있다고 말할 수 있다.

떡 조직이 굳어지는 것은 여러 요인들이 복합적으로 작용하여 이루어지는데 여기서 영향을 미치는 다음과 같은 인자들을 생각할 수 있다.

(1) 수분함량

수분함량이 높을수록 떡 조직이 굳어지는 속도는 줄어든다. 전분의 노화가 가장 잘 일어나는 수분의 함량은 30 ~ 60%이다. 전분 분자들이 호화된 상태에서 수분함량이 30% 이하가 되면 전분 분자가 교착 상태로 고정되어 아밀로오스 분자들의 침전과 회합이 방해되므로 노화가 억제된다. 그리고 수분함량이 증가함에 따라 노화는 촉진되나 수분함량이 60%를 넘으면 오히려 노화는 억제된다. 이것은 회합 또는 침전할 분자들의 농도가 희석되기 때문인 것으로 생각된다.

(2) 당류의 존재

당류는 식품 속에서는 그 속의 수분과 수소결합을 통하여 결합, 즉 수화(hydration)되어 있다. 따라서 당류는 식품 중의 유효 자유수, 즉 이용할 수 있는 자유수의 양을 감소시켜 주며 일종의 탈수제로서 작용하여 미생물 등을 억제하며 수분과 결합하여 수분의 증발을 막아 떡의 굳어지는 현상을 감소시킬 수 있다.

α-전분으로 되어 있는 식품 중에서 설탕과 같은 당류의 함량이 커지면 전분분자들

사이의 회합과 침전이 억제되어 노화가 억제된다.

(3) 저장온도

떡의 조직은 저장온도에 영향을 받는데 낮은 온도보다 높은 온도에서 저장할수록 떡의 조직이 굳어지는 속도를 줄일 수 있다. 높은 온도에서 보관할 경우 수분의 증발 속도가 증가하여 굳어지는 속도가 증가할 수도 있지만 수분의 감소에 따른 굳기의 증 가속도보다 낮기 때문에 온도가 높아지면 굳기를 감소시킬 수 있다. 그러나 고온에서 떡을 저장하면 미생물이나 효소에 의한 떡의 변질이 일어날 수 있으므로 주의하여야 한다.

전분의 노화가 가장 잘 일어나는 온도는 0~5℃로 냉장온도이다. 일반적으로 60℃ 이상의 높은 온도에서는 노화가 잘 일어나지 않으나 이보다 낮은 온도에서는 온도가 낮을수록 노화가 잘 일어난다. 그러나 식품의 빙결점(-2℃ 정도) 이하로 온도가 내려가 -20~-30℃에 이르러 냉동된 상태가 되면 물분자 간의 수소결합이 안정화되어 전분 분자의 자유로운 운동이 억제되기 때문에 전분의 노화가 억제된다. 따라서 밥이나 떡 을 냉장고에 저장하지 않는 것은 상온에 두거나 냉동시키는 것보다 냉장온도에서 노 화가 빨리 일어나기 때문이다.

3) 냉동떡의 저장방법 – 급속냉동법

동결, 해동은 근래 와서 냉동기술이 발전되고 보존됨에 따라 비교적 새롭게 도입된 조리기술로서 동결은 보존법 중의 하나이며, 해동은 냉동식품의 빙결정을 융해시켜 원상태로 복구시키는 것을 말한다. 식품 중의 물은 -1℃ 부근에서 얼기 시작하여 -5℃ 부근에서 대부분 동결되는데 될 수 있는 한 조직파괴를 적게 하기 위하여 급속 동결 을 하여 식품 중의 물이 많은 수의 미세한 빙결정을 형성하도록 하여야 조직의 손상 이 적으며 원상복구가 가능하다. 서서히 빙결시키면 결정이 성장하여 조직의 손상이 커지고 해동 후 유출량이 많아지며 원상태로 복구되기 어려워 식품의 품질이 떨어진 다. 따라서 미세한 얼음 결정을 이루려면 -40℃ 이하에서 급속 동결을 시킨다.

최근에는 -194℃의 액체질소를 이용한 급속 동결법도 사용하고 있다. 일반 가정에서 는 반조리 식품이나 조리된 식품을 동결시켜 사용에 편리하게 이용하고 있고, 특히 대 규모의 음식점에서도 냉동된 식품재료와 조리된 식품의 이용도가 점차 높아져 가고 있다. 따라서 냉동식품의 해동은 중요한 조리과정으로 완만 해동과 급속 해동이 있으며 재료에 따라 각각 달리 적용된다. 완만 해동은 0℃에 가까운 실내에서 천천히 해동하면 식품의 표면과 중심부의 온도차가 없어지고 자연의 수화상태로 되기 쉽다. 보통 따뜻한 실내에서 해동시키거나 또는 급할 때 뜨거운 물에 넣는데 이때는 모두 품질을 저하시키므로 좋은 방법이 아니다. 조리 또는 반조리된 식품이나 데친 채소 등은 거의 동결된 상태 그대로 직접 가열 조리하여 해동과 조리가 동시에 일어나는 급속 해동이 이용된다.

4) 냉동떡의 제조공정

냉동떡은 소비자가 냉동 보관하면서 필요할 때 해동시켜 먹는 형태가 주 소비 형태이다. 그러므로 유통과정에서의 적정온도의 유지가 중요하며 또한 가정용 냉동고에서 다른 식품과 혼용된 상태에서 보관되어야 하므로 다른 식품에 의한 교차 오염이 일어나지 않도록 적절한 포장이 이루어져야 한다.

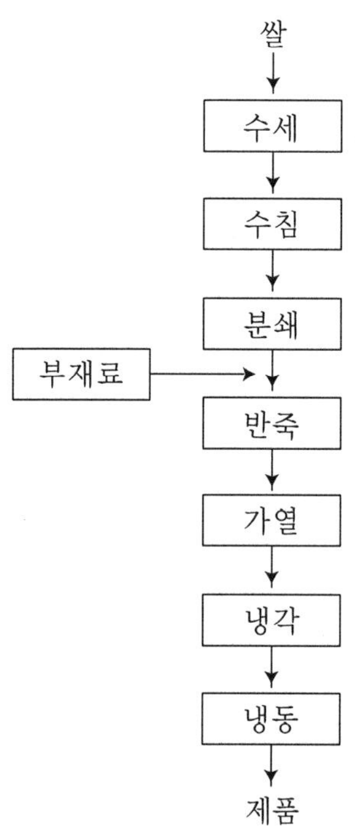

그림 7-4. 냉동떡의 제조 공정도

5) 냉동시킨 떡이 굳어지지 않는 원리

떡이 굳는 현상은 복합적이며 단순하지 않다. 그 원인으로는 무엇보다도 수분함량의 감소, 즉 탈수(dehydration), 단백질의 변성, 그리고 α-화된 전분의 β-화, 즉 노화 등을 들 수 있다. 이 α-화 전분의 노화는 떡이 굳는 여러 원인 중 탈수와 함께 가장 중요한 원인이라고 할 수 있다. 전분의 노화는 0~5℃의 온도와 30~60%의 수분함량일 때 가장 빠르다. 떡의 노화를 방지하는 방법으로는 수분함량의 조절, 설탕의 첨가, 냉동방법, 유화제의 사용 등이 있다.

(1) 수분함량의 조절

떡의 노화는 수분함량이 30% 이하, 또는 60% 이상에서는 그 속도가 급격히 감소되며, 특히 수분함량이 10~15% 이하에서는 거의 일어나지 않는다. 그러나 우리나라의 전통떡은 그 특성상 수분함량이 30~60%의 범위에 속하게 된다. 그러므로 떡의 제조 시 식미에 영향을 주지 않는 범위에서 최대한 수분함량을 높혀야 노화를 억제할 수 있다.

(2) 냉동방법

전분의 노화는 0~5℃의 온도에서 가장 잘 일어난다. 따라서 떡을 냉장고에 넣어 두면 노화가 빨라져서 그대로 먹을 수가 없고 재가열을 해야 말랑말랑해진다. 그러나 떡이 굳기 전에 급속 냉동시키면 전분입자는 노화되지 않은 상태로 고정되므로 해동과 동시에 말랑말랑해진다.

(3) 설탕의 첨가

설탕은 탈수제로 작용하므로 호화전분을 단시간에 건조시킨 것과 같은 효과를 가진다. 실제로 양갱이 전분은 30 ~60%의 수분을 함유하고 있어 노화가 잘 일어날 수 있는 조건에 있지만 장기간 저장하여도 맛이나 소화성이 저하되지 않는 것은 다량의 설탕이 첨가되어 있기 때문이다.

(4) 유화제의 사용

수분과 결합을 하는 분자와 지질과 결합을 하는 두 가지 분자구조를 갖는 물질을 유화제라고 하는데, 유화제의 첨가에 의해 떡이 굳어지는 현상을 방지할 수 있다. 일부 유화제는 전분 콜로이드 용액의 안정도를 증가시켜 주므로 전분분자들의 침전이나 회합을 방지하여 노화를 억제한다.

6) 냉동떡의 장점

(1) 편리성

냉동떡은 소포장하여 냉동보관하면서 떡이 필요할 때는 언제든지 간편하게 먹을 수 있다. 또한 냉동실에서 꺼내어 실온에서 해동하여 그대로 먹을 수 있으므로 다시 찌거나 익히는 번거로움이 없다.

(2) 저장성

떡을 제조하여 바로 냉동보관하면 해동 후 제조 직후의 맛과 품질을 느낄 수 있으므로 기존의 떡의 짧은 유통기한을 보완할 수 있다.

(3) 건강에 유익

떡에는 현대인들이 즐겨 먹는 인스턴트 식품에 포함되어 있는 여러 가지 화학 첨가물 등이 포함되어 있지 않으며 다른 인스턴트 식품 및 냉동식품과 같은 고지방 식품이 아닌 건강에 유익한 재료들로 만들어져 있다.

7) 가정에서 냉동떡 만들기

떡이 식어서 굳기 전(40℃ 정도)에 일회 섭취 분량씩 두께 3~4 ㎝ 정도로 나누어 비닐봉지나 알루미늄 호일로 싼 다음 가정용 냉장고의 냉동실에 급속 냉동시킨다.

먹기 1~2 시간 전에 냉동실에서 떡을 꺼내어 봉지나 호일로 싸여진 그대로 실내에서 해동시킨다. 말랑말랑하게 냉동 전의 상태로 해동되면 적당한 크기로 썰어서 먹는다. 일단 한번 해동한 떡은 재냉동하지 말고 가능한 한 빨리 먹도록 한다.

8) 떡의 기타 저장법

우리나라 전통 떡류와 가공 산업화를 위한 연구의 일환으로, 떡류와 같은 전분질 식품의 대표적인 품질열화 원인인 전분의 노화현상을 지연시켜 저장성을 향상시키며, 아울러 편의 식품으로서 개발하고자 수행하였다.

전분의 노화를 억제하기 위하여 찹쌀 등을 첨가하여 가래떡을 제조한 후 저장 중 경도 및 효소법에 의하여 노화억제 정도를 관찰한 결과 인스트론으로 측정한 기계적 강도의 경우 찹쌀을 첨가함에 의해서 떡의 경도가 지연되는 것을 알 수 있었다. 찹쌀 혼합의 경우 노화현상의 억제뿐만 아니라 떡의 물성도 향상시킬 수 있었으며 다른 유화제 등을 혼합하여 사용하는 것이 효과를 증진시킬 수 있을 것으로 판단되었다.

또한 떡의 수분함량에 따른 저장성 실험 결과 수분함량이 45%인 경우, 저장 중 경도의 증가가 억제되었으며, 40%의 경우는 경도가 급격히 증가하는 경향을 나타내었다.

전분의 노화억제를 위한 냉동법을 적용하기 위하여 동결 중 얼음입자가 생성되는 단계인 동결곡선상의 잠열이 제거되는 시간을 비교하여 최적 동결조건을 알아보고자 하였으며, -45℃의 경우 25분, -20℃의 경우 45분이 소요되어 -45℃에서의 급속 동결이 전분질식품의 동결에 적합한 것으로 판단되었다.

5. 냉동과 해동공정 시 물성 변화

냉장 또는 냉동은 다음과 같은 현상을 효과적으로 지연시켜 줌으로써 단기간의 식품저장에 널리 이용하고 있다. 냉동을 하면 미생물의 증식과 수확 후 식물조직의 대사작용과 도살 후 동물조직의 대사작용이 억제된다. 효소에 의한 지질(脂質)의 산화와 갈변, 퇴색, 자기소화(autolysis), 영양성분의 손실 등 품질을 저하시키는 화학반응이 지연된다. 떡의 조직이 굳어지는 현상의 원인인 수분의 손실이 방지된다.

냉동저장 중 물성의 변화는 저온이기 때문에 매우 느리게 진행되거나 냉동기간이 오랫동안 계속될 경우에는 품질에 좋지 않은 영향을 주는 물리적·화학적·미생물학적 변화가 일어난다.

1) 냉동에 의한 물리적, 화학적 변화

(1) 식품냉동법의 종류

식품을 냉동하면 미생물의 번식과 효소작용이 정지되어 식품의 부패와 변질을 막을 수 있다. 이러한 방법은 식품을 장기간 보존한다는 것보다는 단기간 보존하면서 싱싱한 식품을 이용하는 데 큰 목적이 있다. 적게는 가정에서 조리용으로 구입한 육류나 생선류를 며칠 동안 두고 사용할 때, 크게는 원양에서 잡은 생선을 며칠 걸려 목적지에 수송할 때 이용하는 방법이다.

냉동식품은 오랜 옛날부터 있었던 것으로, 현재의 냉동식품과 과거의 냉동식품은 질적으로 큰 차이가 있다. 캐나다의 에스키모는 언 땅속에 우물을 파고 그 안에 짐승고기를 넣어 자연적으로 얼려서 장기간 보존하는 일을 옛날부터 알고 있었다. 또 유사 이전에 매머드가 얼음에 덮여 죽었는데, 수만 년 후에 얼음 속에서 꽁꽁 언 상태의 매머드가 발견되어 식용으로 하였다는 말이 있다. 어느 것이나 천연의 저온을 이용한 냉동식품이라 할 수 있다.

인공적인 저온을 이용한 냉동은 1838년 미국의 글로스터에서 잡은 생선을 냉동·보존한 것이 최초이다. 1894년 미국에서 냉동한 연어를 영국으로 수출하는 데 성공한 것이 인공적인 냉동의 선구적인 역할을 하였다. 한국에서도 1930년대에 동태(얼린 명태)가 시판된 것으로 알려져 있다. 이상은 모두가 장시간에 걸쳐 얼리는 완만냉동법에 의한 것이지만, 제2차 세계대전 중에 급속냉동법이 개발되어 현재는 거의 이 방법이 이용된다.

급속냉동법은 단시간 내에 식품을 얼리는 것으로 영하 40℃ 이하의 저온이 사용되는데, 근년에는 액체질소(-194℃)를 이용하기 시작하였다. 급속 냉동을 시키면 세포나 식품조직 중에 생기는 얼음의 결정이 미세하므로 세포나 조직이 파괴되지 않는다. 따라서 본래의 식품조직이 거의 완전하게 유지되고 해동만 잘하면 조직이 파괴되어 드립(drip) 등이 생기지 않는다.

① 빙장법(icing)

식품과 가루얼음을 섞거나 또는 식품을 얼음물에 담가 저장하는 방법이다.

장점은 이용이 간편하고 냉각이 신속하며 표면의 건조 예방이 된다.

단점은 자가소화 및 세균작용 완전저지가 곤란하며 얼음사용으로 부피나 무게가 증가하고 얼음의 무게로 하층의 것이 압박되어 손상 가능하다. 보통 얼음 덩어리를 2~3 cm로 부수어 사용한다.

a. 염수빙(brine ice, minus ice) 사용

소금, $MgCl_2$, $CaCl_2$ 등의 수용액을 동결시킨 얼음-기한제(freezing mixture) 대신에 0℃ 이하의 저온이 필요할 때 사용한다.

b. 드라이아이스 사용(얼음의 약 2배 냉각력) : -80℃ 가까운 저온 발생, 녹으면 바로

기화, 기화한 이산화탄소가 세균증식억제 작용

　c. 수빙법 : 물, 바닷물, 식염수 등에 가루얼음을 넣어 온도를 0℃ 내외로 내려 그 속에 어패류를 담가 냉각하는 방법(상피를 가진 어류나 과피를 가진 과일 등에 이용)

　② 냉장법(chilling, cold storage)

　식품을 저온에서 저장하는 방법이다.

　0℃ 내외의 온도에서 식품을 저장하는 방법으로 어패류를 단기간 저장하거나 청과류 등을 저장할 때 이용하며 가공품으로 염장품, 건제품, 연제품, 조미가공품 등을 냉장한다.

　③ 동결저장법(freezing storage)

　식품 중 수분을 빙결시켜 저장하는 방법이다.

　a. 공기 동결법 및 반송풍 동결법

　이 방법은 방열을 한 공기동결 실내에 냉매가 흐르는 냉각관을 설치하고, 공기의 온도를 -25~-30℃로 조절한 후 식품을 동결시킨다. 이 방법은 열용량이 적고 열전도가 나쁜 공기를 통하여 이루어지므로 동결속도가 늦어 완만 동결에 속한다.

　공기 동결법의 결점을 보완하기 위하여 공기동결 실내에 송풍기를 장치하여 1.5~2 m/sec 정도의 바람을 일으켜 공기를 교반하는 방법이 반송풍 동결법이다.

　b. 송풍 동결법

　송풍 동결법은 동결실이 보통 터널(tunnel)형으로 식품을 tray rack이나 컨베이어(convey-er) 위에 얹어 터널 속에 넣고 식품표면에 -30~-40℃의 냉풍을 3~5 m/secd의 속도로 불도록 하여 동결하는 방법으로 공기 동결법보다 동결속도가 빠르다.

　c. 접촉식 동결법

　냉각한 금속관 사이에 식품을 넣고 상하로부터 밀착시켜 동결하는 방법이다. 금속판은 그 속에 직접 냉매를 흘리든가 또는 냉각한 브라인(brine)과 같은 2차 냉매를 흘려서 -30~-40℃로 냉각하여 냉각판에 식품이 가볍게 눌리면서 동결되게 한다.

　d. 침지식 동결법

　식염수, $CaCl_2$, $MgCl_2$, CH_3OH, propylene glycol 등과 같은 브라인을 -16~-95℃로 냉각하여 그중에 식품을 침지하여 급속히 동결하는 방법이다. 이 경우 브라인의 식품 내의 침투를 방지하기 위해 미리 포장할 필요가 있다.

e. 액체질소 동결법

동결속도가 매우 빠르며 급속 동결에 의하여 제품의 품질 손상이 적다.

(2) 냉동에 의한 물리적 변화

식품을 냉동시켰을 때 생기는 물리적 변화는 체적의 변화, 수분의 이동, 조직의 기계적 손상 등을 들 수 있다. 식품에 존재하는 수분이 얼음입자로 전환되면 용적이 팽창하게 된다. 순수한 물이 0℃에서 얼음으로 변하면 약 9%의 용적 증가를 일으킨다. 그러나 식품을 냉동하면 물보다는 용적증가가 적게 일어나는 것이 보통이다. 이와 같이 냉동에 의한 용적 증가는 기계적 스트레스를 일으켜 조직의 기계적 손상을 야기한다. 기계적 손상은 동물성 조직보다는 식물성 조직에서 더 심한 경향을 나타낸다.

냉동 속도는 기계적 손상에 큰 영향을 주는데, 식품을 서서히 냉동시키면 비교적 큰 얼음 입자가 세포 밖에 형성되어 기계적 스트레스를 많이 일으켜 기계적 손상이 많게 된다. 반면에 식품을 급속 냉동하면 수많은 작은 얼음 입자가 세포내외에 균일하게 분포되어 저속 냉동 시보다 손상이 적게 생긴다. 한편, 극히 낮은 온도로 식품을 초급속 냉동시키면 조직에 수많은 금이 가는 것을 볼 수 있다. 예를 들면 완두콩을 액체 질소에 초급속 냉동(ultra-rapid freezing)하면 이와 같이 표면이 미세하게 깨지는 것을 볼 수 있는데, 이것은 완두콩의 표면층이 고체화된 후 수축되고 내부에서 얼음결정이 형성되면서 부피가 증가하여 표면 조직에 미세한 금이 가게 되기 때문이다.

① 건조

식품의 표면이 공기에 노출되면 냉각과 동결 중에도 건조가 일어나지만, 이것에 비해 그 후의 냉장은 장기간이므로 건조되는 속도는 현저하게 줄어든다.

② 재결정(recrystallization)

얼음입자의 형성과정에서 생긴 얼음입자는 불안정하여 저장 중에 여러 가지 변화를 일으키는데, 이들 변화를 얼음입자의 재결정이라고 부른다. 따라서 재결정이라 함은 최초의 얼음입자 형성 후에 생기는 얼음입자의 수, 크기, 모양, 결정의 재배열 등의 변화를 의미한다.

③ 프리져 번(freezer burn)

냉동 및 냉장 중의 건조는 식품 중의 빙결점이 승화하기 때문에 일어나지만, 프리져 번은 물의 증발에 의해 일어나는 건조보다 더 좋지 않은 결과를 초래한다. 그 까닭은 빙결정이 승화한 빈자리는 구멍이 생기게 되고, 따라서 점점 내부까지 공기가 접촉하게 되어 승화작용이 계속 진행되며, 동시에 산화작용이 일어나기 때문이다.

④ 동결과정 중의 농도변화

냉동과정 중 일어나는 물리적 변화 중 농도와 조직의 변화가 있는데 이 변화는 식품의 종류나 구성성분에 따라 다르지만 그중 농도의 변화를 살펴보면 그림 7-5와 같은 냉동모형을 얻을 수 있다.

	저농도	고농도
미동결	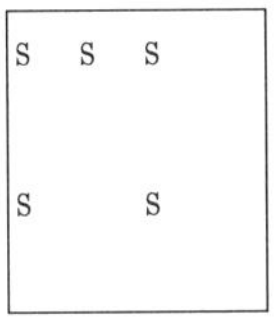	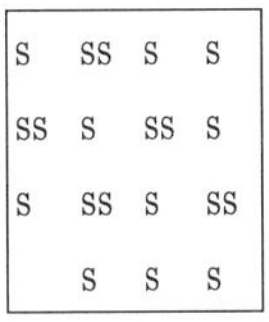
동결	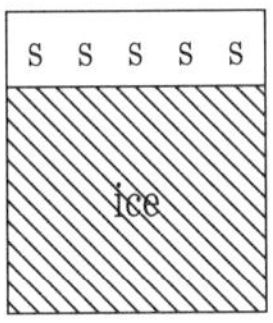	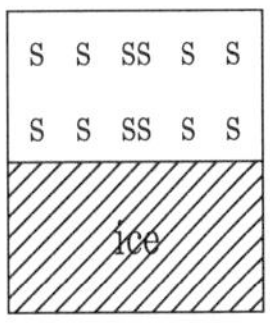
처음 용질의 농도	50 s/L	15 s/L
동결 후 미동결부분에 대한 농도	30 s/L	30 s/L
동결과정에서 농도 증가량	6배	2배
동결 후 미동결 부분	1/6 L	1/2 L
얼음양	5/6 L	1/2 L

* s 는 용질(solute).
* 동결식품 중 미동결한 부분에 s(용질)가 녹아 있으므로 미동결한 부분 전체에 대한 동질의 양으로 표시한 값임

그림 7-5. 동결과정 중의 농도변화에 대한 냉동모형

(3) 냉동에 의한 화학적 변화

용액, 세포현탁액 또는 조직을 냉동하면, 용액 중에 순수한 물이 얼음 입자로 전환된다. 따라서 모든 비액체 성분이 소량의 비동결수에 농축된다. 그리고 온도를 빙점 이하로 점점 떨어뜨리면 공용점에 도달하게 된다.

냉동속도가 느리면 액체와 고체 간의 평형이 이루어져, 비액체성분이 비동결수에

최대한 농축된다. 그러나 급속 냉동에서는 액체와 고체 간의 평형이 제대로 이루어지지 않아 상당량의 용질이 얼음 결정에 섞이게 된다.

냉동이 진행되는 동안에 비동결수 부분의 pH, 적정산도, 이온강도, 점도, 빙점, 표면장력, 산화-환원 전위차 등에 많은 변화가 생긴다. 그리고 물과 용질 간의 상호작용이 크게 변화하고, 단백질 등의 분자량이 큰 물질이 서로 근거리에 존재하여 분자 간의 상호작용이 쉽게 일어날 수 있게 된다.

냉동에 의한 pH의 변화는 비동결수 부분의 용질농도증가 또는 얼음입자 형성에 따른 완충염의 결정화에 기인된다.

표 7-3. 냉동에 의한 식품의 물리적·화학적 변화

내부적 변화		외부적 변화	
물리적	화학적	물리적	화학적
단백질의 변성 유화상태의 파괴 육질의 손상	비타민 파괴	단백질의 변성 건조 중량감소	유지산패 변색 비타민 감소

① 지방의 산화

지방의 변화에서는 비교적 높은 동결온도에서 장기간 냉장한 경우에 일어나는 산패가 가장 문제이다. 산패 시에는 지방이 가수분해되어 지방산을 유리시키고, 유리된 지방산이 산화되어 산가와 과산화물가가 높아진다.

② 효소적 갈변현상

사과, 복숭아, 배, 버섯, 감자 등의 과일이나 채소를 가열처리하지 않고 냉동, 저장, 해동하면 갈색의 착색이 나타나는데, 이런 현상을 일반적으로 냉동식품의 효소적 갈변이라고 한다.

③ 엽록소의 파괴 및 비타민 C의 산화

데치기(blanching)를 한 녹색 채소류를 냉동저장하면 최초의 밝은 녹색이 서서히 연한 녹색으로 변하여 상당한 기간이 지나면 황록색으로 변하는 것을 발견할 수 있다. 이런 변화는 클로로필(chlorophyll)이 pheophytin으로 변하기 때문이며, 데치기를 하지 않은 냉동 채소에서도 이런 변화가 급속히 진전된다.

④ 단백질의 불용화

동물의 근육을 곱게 분쇄하여 이온강도 0.5~1의 중성염액으로 추출하면 용해성 단백질을 얻을 수 있는데, 이 부분은 주로 actomyosin, myosin, sarcoplasmic, proteins, 비단백질 질소화합물로 구성된다. 냉동에 의하여 얼음입자가 형성되면 단백질의 불용화가 촉진되는데, 이런 현상은 온도를 떨어뜨리므로 생기는 변화라기보다는 얼음입자의 형성에 따른 세포조직의 변화에 기인한다고 본다.

2) 냉동 중 품질 변화 방지법

냉동 또는 냉장저장 중에 일어나는 여러 변화를 방지하기 위해서는 온도조건, 공기차단문제, 균학적 문제, 성분 보호물질 등으로 나누어 생각해 볼 수 있다.

표 7-4. 냉동식품의 품질 변화 방지법

종 류	방 법	효 과
온도	급속 동결로 최대 빙결정생성대 통과시간 15분 이내, 저장온도 -18℃ 이하	결정성장 방지, 조직 파괴억제
공기차단	빙의(glaze), 플라스틱 필름 포장 전분, CMC, 식용유 도포, 폴리에틸렌 필름	승화에 의한 변색, 유지산화 방지
세균오염도 감소	많은 물로 세척, 방부제 용액으로 세척	표면 전온세균의 감소
첨가물이용	당류, 아미노산, 알코올 첨가, 방부제, ascorbic acid, gallate esters(황산화제)	단백질의 변성억제, 지방산화 방지

(1) 온도

온도는 가장 중요한 요소가 되며 먼저 동결과정에서 급속 동결을 해서 최대 빙결정생성대를 15분 이내에 통과하도록 하며 저장기간 중에도 저장온도를 일정하게 유지한다.

(2) 공기의 차단

냉동저장에 식품은 그 표면의 얼음이 승화해서 다공질이 되고 여기에 산소가 접촉하면 변색, 유지의 산화 등의 품질저하가 일어나므로 빙의를 입히거나 플라스틱 필름 등으로 포장을 한다.

빙의를 입히는 방법은 분무기로 물을 뿌리는 방법, 냉동된 식품을 냉수에 담갔다가 꺼내는 방법 등이 있다.

포장을 하는 경우에 그 재료는 내수성이며 수분투과가 없어야 하며 내유성이 있고 저온에서 견딜 수 있어야 한다. 단기적인 경우는 폴리에틸렌 필름이, 장기적인 경우에는 폴리염화비닐리덴을 코팅한 폴리프로필렌이 쓰인다.

(3) 세균 오염도 감소

저온세균은 저온에서도 완만하기는 하나 그 작용을 계속하므로 냉동 전에 식품표면의 세균을 감소시키는 것이 좋다. 어패류는 맑은 물로 세척하거나 식품방부제 용액으로 씻는다.

(4) 첨가물의 이용

동결 중 단백질의 변성을 방지하기 위해서는 당류, 아미노산류, 알코올 등을 첨가한다. 식품내부의 세균작용을 막기 위해서는 방부제를 이용할 수도 있다.

(5) 냉동 중에 생기는 떡의 품질변화

냉동이란 어떤 물체나 공간의 열을 인위적으로 빼앗음으로 해서 주위의 온도보다 낮은 온도로 하고, 또 그 저온을 유지하는 것을 말한다. 선진국에서나 개발도상국 중 풍족한 지역에서는 주로 음식물을 낮은 온도로 저장해서 박테리아·효모·곰팡이의 파괴작용을 막기 위해 냉동을 이용한다.

표 7-5. 인절미의 영양성분

영양성분	함량(%)
수분	50.63
조단백질	5.25
조지방	0.35
조회분	0.54
총식이섬유질	10.61
비수용성 식이섬유소	9.90
수용성 식이섬유소	0.71
플라보노이드(flavonoids)	1.10

냉동하면 부패하기 쉬운 많은 생산물을 영양가나 맛, 모양의 변화가 거의 없이 수개월에서 수년까지 보관해 둘 수 있다. 또 냉동장치를 이용해 차가운 공기를 제공하는 에어컨디셔너는 선진국가에서 널리 퍼지게 되었다. 이런 이유로 냉동장치의 설계·제조는 세계적으로 중요한 산업이다.

최적조건에서 제조한 인절미의 영양성분은 표 7-5와 같다. 찹쌀을 주재료로 하는 일반적인 떡으로 알려진 인절미의 성분은 수분 49.1%, 단백질 4.2%, 지질 0.9%, 섬유소 0.2%, 회분 1.0%이다.

이러한 성분들은 급속으로 냉동시켜 성분변화를 최소화할 수 있다. 대표적으로 노화 억제, 냉동에 따른 미생물의 발생 억제, 조직감(texture)의 변화 등이 있다.

① 노화의 억제

냉동시킨 떡은 굳어지지 않는다. 그 원리는 떡이 굳는 현상은 주성분인 전분이 노화되기 때문에 일어나는 것인데, 전분의 노화는 0~5℃의 온도와 30~60%의 수분함량일 때 가장 빠르다. 따라서 떡을 냉장고에 넣어 두면 노화가 빨라져서 그대로 먹을 수가 없고 재가열을 해야 말랑말랑해진다. 그러나 떡이 굳기 전에 급속 냉동시키면 전분입자는 노화되지 않은 상태로 고정되므로 해동과 동시에 말랑말랑해진다.

② 냉동에 따른 미생물의 발생

냉장 저장 시 효소의 활동을 잠시나마 억제시켜 균사의 발육이 늦어지기는 하나 작은 colony가 다수 발생한다. 떡에서 발육한 곰팡이의 종류는 확실하지는 않으나 이들 곰팡이의 발육은 우리의 기호성을 해치는 것은 물론 사람에게 유해한 마이코톡신(mycotoxin)을 생성할 우려가 있으므로 곰팡이가 발생한 떡은 그 섭취를 금해야 할 것이다.

그러나 급속으로 냉동을 한 떡은 장기간 둬도 미생물 발육 온도에 맞지 않아 곰팡이가 자라는 것이 드물다. 오래 두어도 상하거나 맛이 변하지 않는다.

③ 조직감의 변화

전분질식품인 떡의 노화 중 일어나는 변화에서 가장 두드러지는 변화는 단단함의 증가이다. 그러나 급속으로 냉동한 떡은 수분을 뺏기기 전에 얼어 버리기 때문에 노화가 늦게 일어나 단단함이 증가하지 않는다. 이는 호화도와도 밀접한 영향이 있어 부드러워 먹기 편한 상태가 오래 지속될 수 있다.

3) 해동

해동과정은 동결 시 생성된 얼음결정이 가열에 의해 다시 물로 환원되는 공정으로 생성된 물은 대부분 동결 전과 같이 식품조직 내로 다시 흡수되는 것이 아니고 분리되어 드립으로 빠져 나오게 된다.

일반적으로 같은 조건에서 동결에 소요되는 시간보다 해동에 소요되는 시간이 더 길다. 해동속도는 표면 열전도율이 클수록, 표면적이 클수록, 해동매체의 온도와 동결식품과의 온도차가 클수록 빠르다. 만약 완만한 속도로 해동하면 녹는 수분이 다시 식품 속으로 들어가므로 바람직한 해동방법이라 할 수 있다. 그러나 해동속도는 식품의 종류에 따라 결정하는 것이 현명한 방법이다.

해동하는 동안 조직이 연해지고, 온도상승에 따라 미생물과 효소의 작용이 활발해지며 수분증발, 드립현상, 영양분손실, 중량감소, 산화우려 등이 수반되므로 가능한 한 품질에 영향을 미치지 않는 최적의 해동방법을 찾는 것이 중요하다.

표 7-6. 식품의 해동방법

종 류	방 법
공기해동법 (air thawing)	15℃ 정도의 공기로 해동하는 것으로 간편하고 경제적이며 드립양이 적다. 해동시간이 길고 표면 변질이 일어날 수 있으므로 포장 후 해동.
수중해동법 (water thawing)	10~15℃ 수중에서 해동시키므로 물의 접촉으로 열의 이동속도가 크므로 공기해동법보다 해동시간 단축. 물의 유동으로 대형어에 이용. 표면 변질이 적으나 필렛(fillet)은 육질성분 용출 가능하므로 포장.
전기해동법 (electric thawing)	고주파(915~2,450 MHz), 초단파를 이용한 유전가열법. 공기와 물은 외부 가열방식이나 유전가열은 내부 가열방식이므로 극히 단시간해동가열. 해동 종온이 불균일한 단점으로 부정형 식품에는 문제.
접촉해동법 (contact thawing)	25℃ 온수 금속관 사이로 동결 원료를 넣어 해동. 냉동고기 해동에 이용.

(1) 해동(thawing)과 해동방법

육류, 어류 등의 냉동식품을 사용하거나 가공하기 위해서는 먼저 이를 녹여야 한다. 이와 같이 냉동상태의 식품을 녹이는 조작을 해동이라고 한다. 그런데 해동은 식품을 냉동시키는 것보다 통상 더 많은 시간이 소요된다.

냉동식품을 해동하는 방법은 가온방법에 따라 열전도에 의한 해동방법과 열전도에 의하지 않는 해동방법, 그리고 조리와 해동을 겸하는 방법으로 나눌 수 있고 또한 해동속도에 의해 급속해동법과 완만해동법으로 나눌 수 있다.

(2) 해동과정 중의 물성변화

냉동한 식품을 사용하기 위해서는 해동(thawing)시켜야 하는데, 기본적인 의미는 동결 시 생성된 얼음결정이 가열에 의해 다시 물로 환원되는 공정으로 정의된다. 이때 생성된 물은 대부분 동결 전과 같이 식품조직 내로 다시 흡수되는 것은 아니고 분리되어 드립으로 빠져 나오게 된다.

해동방법은 식품종류, 사용목적, 동결형태 등에 따라 다른데 식품에 따라서 완전 해동시켜야 하는 경우, 해동하지 않아도 되는 경우, 해동해서는 안 되는 경우로 구분한다. 그러나 보통 완전 또는 반해동시켜야 사용가능하다.

해동은 주위의 열에 의해 식품표면으로부터 차츰 시작되는데(그림 7-6, A→B→C), 이를 시간-온도와의 관계, 즉 해동곡선(thawing curve)으로 나타낼 때 이 곡선의 경향은 거의 동결곡선과 반대모양을 하고 있다. 대개 -4℃ 이하에서 -20℃ 사이에서는 경사가 급하고, -1~-4℃ 범위에서는 온도상승이 둔화한 것으로 나타나는데 이것은 열량의 얼음을 녹이는 용해잠열로 사용되기 때문이다. 이때 이 온도 범위를 최대유효해동 온도대라고 부른다.

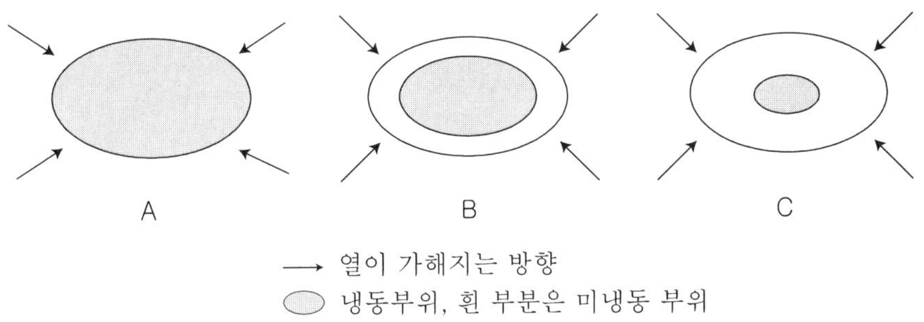

그림 7-6. 식품이 해동될 때의 모형도

일반적으로 해동되는 속도는 표면 열전도율이 클수록, 표면적이 클수록, 해동매체의 온도와 동결식품과의 온도차가 클수록 빠르다. 그러나 만약 완만한 속도로 해동하게 되면 녹았던 수분이 다시 식품 속으로 들어가므로 결과적으로 드립의 발생량이 적어지게 된다. 이 방법은 보통 바람직한 해동방법으로 간주되고 있다. 특히 고온 해동도 식품에 따라 고온에 의한 전분의 알파화가 다시 이루어지고 미생물과 효소를 사멸시킬 수 있어 품질의 변질을 어느 정도 방지할 수 있으므로 바람직한 해동방법이라고 할 수 있다. 결론적으로 해동속도는 식품의 종류에 따라 결정하는 것이 현명하며, 동결빵, 닭고기, 전분질, 식품 등은 열탕, 오븐 중에서 급속가열 해동하는 것이 더 좋은 것으로 알려져 있다.

  (3) 드립(drip)

  동결식품을 해동(thawing)하면 내부의 빙결점은 녹아서 물이 되며, 원상태로 흡수하지 못하는 경우에는 물이 분리되는 현상을 드립이라고 한다. 이것은 동결에 의해서 식품에서 일어나는 물리적인 변화가 클수록 많아지므로 드립의 발생률은 품질을 측정하는 척도의 하나가 된다.

  또한 드립 중에는 수용성 성분이 포함되어 있으므로 해동과 그 후의 취급 중에 드립이 유출되면 단백질, 엑스분, 비타민류 등 수용성 성분을 잃게 되므로 식품의 흥미와 영양분이 감소될 뿐 아니라, 식품 중량은 드립양만큼 감량이 생기므로 식품의 가치와 중량의 손실이 있게 된다. 그러므로 드립은 가능한 한 적은 것이 좋다.

  드립은 다음과 같이 두 종류로 나눌 수 있다.

  ① 유출 드립(free drip)

  해동 중 또는 그 후에 자연히 식품 밖으로 흘러나오는 액즙.

  ② 압축 드립(expressible drip)

  유출 드립이 나온 뒤에 $1 \sim 2\,kg/cm^2$의 압력을 가하면 흘러나오는 액즙.

  일반적으로 드립이라 하는 것은 유출 드립을 의미한다.

  드립의 발생량을 보면 드립의 전량과 그중에서 유출 드립과 압출 드립이 차지하는 비율은 원료의 전처리, 원료의 종류와 형태, 동결 시의 선도, 동결속도, 동결냉장의 기간과 그간의 온도관리, 해동방법 등에 따라서 영향을 받지만, 원료가 신선하고 경직동결속도가 빠르며, 동결냉장 온도가 낮으면서 상하 변동이 적고, 동결냉장 기간이 짧은 것은 일반적으로 드립이 적다.

  원료의 종류에 따라 드립의 차이가 있는데, 이것은 육질의 구조차이가 있기 때문이며, 함수율이 많은 것은 일반적으로 드립양이 많다. 예를 들면, 채소 중에서도 전분질이 많은 두류에 비해 엽채류가 많고, 식육에 비해 어육이 많으나, 계육은 식육보다 훨씬 적다.

일반적으로 어육은 식육과 조육에 비해 드립 발생률이 높다. 동일한 어육에서는 신선할수록 적지만, 반대로 식육에서는 신선한 것보다 숙성된 것이 적다. 또한 어류와 식육에서 지방이 많은 것이 적고, 절단한 고기에 비해 절단하지 않은 것이 적다.

(4) 해동 중에 생기는 품질변화

① 재결정의 형성

냉동떡의 얼음입자 크기는 저장 중에 형성되며 또한 해동초기에 커지는데 이런 현상을 재결정이라고 부른다. 급속 냉동한 떡을 해동시킬 경우 수분이 빠져나가기 전에 순간 얼어 버려 수분을 유지시킬 수 있다. 해동을 해도 재결정의 정도가 적어 바로 해동해도 맛있는 떡을 먹을 수 있다.

해동의 방법이 여러 가지가 있겠으나 더욱 맛있는 떡을 먹기 위해서 좋은 품질을 유지하는 것은 전기보온 밥솥을 이용한 해동이다.

② 미생물의 생육

위생적인 처리로 냉동저장된 떡을 위생적인 환경에서 해동시키면 미생물의 생육을 억제할 수 있다. 냉동떡을 실온 또는 그보다 높은 온도에서 장시간에 걸쳐 해동시킬 경우 미생물의 생육에 적당한 조건을 제공하게 된다. 따라서 해동은 고온에서는 단시간에, 그리고 장시간 해동이 필요한 경우에는 빙결점 이상의 저온온도를 유지하는 것이 필요하며, 즉 냉장실에서의 저온장시간해동법으로 하면 세균의 균식, 발육을 상당히 억제시켜 해동품질을 양호하게 유지할 수 있다.

③ 드립을 통한 수분손실

동결냉장식품을 해동할 때 조직으로부터 빠져 나온 물을 드립손실(drip loss)이라 한다. 드립손실의 발생은 냉동저장 또는 해동과정에서 받은 조직 내에서의 물리적 또는 화학적 변화에 기인하며, 드립 손실이 심할 경우 식품의 다즙성(juiciness)에 영향을 주고 또한 드립에 용해된 영양물질이 손실된다. 이러한 드립손실은 microwave을 이용한 급속해동방법을 사용하면 현저하게 감소시킬 수 있다.

드립손실은 동결 전의 조리 상태, 조직의 절단 정도 등에 의하여 그 발생량이 달라진다.

④ 영양가의 손실

해동 시에 생기는 영양분의 파괴는 해동방법에 따라 크게 영향을 받는다. 과실류에서는 해동하였을 때 변색이 쉽게 생기는 것을 볼 수 있는데 특히 냉동 전에 열처리를 하지 않은 식품에서 해동 후 변색이 심하다.

Broiler를 냉동저장한 후 해동하면 뼈 주위의 근육조직에 갈색 내지 흑색이 나타나는 경우가 있다. 이런 현상을 bone darkening이라 하며 이것은 골수종의 헤모글로빈(hemoglobin)이 흘러 나와 주변의 근육을 착색시키기 때문으로 늙은 닭에서는 잘 발견되지 않는다.

⑤ 맛 기호도의 변화

급속 냉동을 시킨 떡을 해동을 시키면 시원하면서도 말랑말랑한 떡 맛은 한층 새로운 맛을 내는 별미이다. 알파녹말 떡이 베타녹말로 돌아가지 않고 알파 그 상태로 보존되어 있다가 해동이 되기 때문에 떡 고유의 맛을 잃지 않고 맛있는 떡을 먹을 수 있다.

떡을 냉동을 한 후 해동을 시키면 알파전분의 보존으로 바로 만든 떡보다는 아니겠지만 맛있고 좋은 떡을 먹을 수가 있다.

4) 전분의 냉동과정 중의 성질변화

전분의 냉동적 특성이 중요하게 여겨진 것은 1960년대 이후로 이때부터 구미지역을 중심으로 냉동된 제빵 원료 및 조리 전분 식품들의 수요와 생산이 급증하였고, 우리나라의 경우도 1980년대 이후로 그 수요와 생산이 증가하게 되었다. 이에 따라 냉동 유통 시스템도 발전하게 되었지만 제품이 유통되면서 소비자의 손에 들어가기까지 발생할 수 있는 여러 가지 변수로 인해 냉동식품이 해동과 냉동을 반복할 수도 있다.

전분의 냉동은 주로 전분의 노화를 억제하거나 노화 속도를 늦추는 데 주목적이 있다 할 수 있다. 냉동 저장 중에 물과 결합된 전분 분자들은 재결정화와 겔의 수축으로 인해 물을 밖으로 방출하므로 전분의 특성에 좋지 않은 영향을 준다. 그래서 냉동-해동을 반복한 호화전분으로부터의 물 분리 측정은 전분질 물질의 저온 저장 안정성을 평가하는 데 오래전부터 사용되어 왔다.

전분 겔이 냉동-해동을 반복했을 때 전분 분자들은 불용성 물질들로 재결합이 되어 물이 분리된다. 이 전분 겔에서는 물이 스며 나오고, 거친 입자상이며 스펀지 같은 성질을 가졌다. 이러한 성질로 인하여 전분의 식품에 대한 적용은 알맞게 이루어져야 한다. 지금까지의 냉동-해동 안정성의 측정은 냉동-해동을 반복한 후의 전분 겔에서 분리되는 물의 중량을 측정하는 것으로 실행되어 왔다.

전분의 노화에 영향을 미치는 요인을 살펴보면 다음과 같다.

(1) 전분의 종류

전분의 노화 역시 호화와 마찬가지로 전분 입자들의 내부 구조와 전분 분자들의 크기, 형태 등과 밀접한 관계가 있다. 일반적으로 옥수수, 밀과 같은 곡류 전분은 노화되기 쉬우며 감자, 고구마, 칡, 타피오카 등의 전분은 노화되기 어렵다. 한편 찹쌀, 찰보리, 찰옥수수와 같은 곡류 전분은 잘 노화되지 않는다. 이들 전분은 amylopectin 함량이 94~100%로서 주로 amylopectin만으로 이루어져 있음을 알 수 있다. 그러나 각종 전분의 노화되는 경향은 그 전분의 amylose나 amylopectin 함량 이외에 전분 입자 그 자체나 그 속의 amylose나 amylopectin 분자들의 구조상의 특징도 중요하다. 예를 들면 밀, 옥수수, 감자 등의 전분에서 얻은 amylose의 노화속도를 보면 밀과 옥수수에서 얻은 amylose는 급속도로 노화되는 데 비해서 감자전분의 amylose는 쉽게 노화되지 않는다.

(2) amylose 및 amylopectin의 함량

전분의 노화 속도는 amylose와 amylopectin의 함량비율에 따라 다르다. amylose는 그 분자 형태가 직선상이고 분자량이 작기 때문에 호화되기 쉽고 또 노화되기도 쉽다. 그러나 amylopectin은 분자량도 amylose보다 훨씬 크고 분자 형태도 가지가 많은 분자 구조로 이루어져 있어 입체 장해를 받기 때문에 노화되기가 어렵다. 따라서 amylose 함량이 많은 전분은 노화가 더 빨리 일어나며 거의 amylopectin만으로 된 찹쌀, 찰옥수수 등은 호화되면 멥쌀, 옥수수, 밀 전분에 비해서 노화되기가 어렵다.

(3) 수분

전분의 노화가 가장 잘 일어나는 수분의 함량은 30~60%이다. 전분 분자들이 호화된 상태에서 수분 함량이 30% 이하가 되면 전분 분자가 교착 상태로 고정되어 amylose 분자들의 침전과 회합이 방해되므로 노화가 억제된다. 그리고 수분함량이 증가함에 따라 노화는 촉진되나 수분함량이 60%를 넘으면 오히려 노화는 억제된다. 이것은 회합 또는 침전할 분자들의 농도가 희석되기 때문인 것으로 생각된다.

(4) 온도

전분의 노화가 가장 잘 일어나는 온도는 0~5℃로 냉장온도이다. 일반적으로 60℃ 이상의 높은 온도에서는 노화는 잘 일어나지 않는다. 한편 온도가 이보다 낮을 때는 온도가 낮을수록 노화가 잘 일어난다. 그러나 식품의 빙점(-2℃ 정도) 이하로 온도가 내려가 -20~30℃에 이르러 냉동된 상태가 되면 물분자 간의 수소결합이 안정화되어 전분분자의 자유로운 이동이 억제되기 때문에 전분의 노화는 잘 일어나지 않는 것으로 알려져 있다. 밥이나 빵을 냉장고에 저장하지 않는 것은 상온에 두거나 얼리는 것보다 냉장온도에서 노화가 빨리 일어나기 때문이다.

(5) 전분의 농도

일반적으로 전분의 노화속도는 전분의 농도가 증가함에 따라 증가한다. 이와 같은 경향은 전분 자체보다 그 구성 amylose의 경우에 더욱 현저하다. 예를 들면, 옥수수 amylose의 용액에서는 전분의 함량이 1.0%인 경우에는 10시간 내에 90% 이상이 노화되는 데 비하여 0.2%에서는 20시간이 지난 후에 겨우 노화가 일어난다고 한다.

6. 일본의 냉동떡

1) 화과자(和菓子)의 발달과정

(1) 화과자의 역사

일본은 일본의 전통적인 것은 화(和)를 붙여 지칭한다. 그래서 화과자(和菓子)란 일본 전통의 과자류를 말한다. 그러나 일본의 문화가 그러하듯 화과자도 외래의 것을 도입하여 일본적인 것으로 재탄생시킨 것이 많다. 그 제조방법을 보면 우리의 인절미, 배편(부편), 계피떡과 흡사한 떡에서 서양의 스펀지케이크와 흡사한 것, 중국의 월병과 흡사한 것까지 여러 종류의 화과자가 존재한다. 그래서 치즈, 초콜릿과 같은 서양과자와 화과자를 접목시킨 것을 화과자 속에 포함시켜 화양과자(和洋菓子)라고 분류하기도 한다.

일본의 화과자 발달양식을 살펴보면 일본에서 곡물가공 기술이 생겨나면서 모찌[餠]와 단고[団子]가 만들어지기 시작한다. 여기에 외래식품의 영향을 받게 되면서 여러 종류의 화과자가 생겨나기 시작하는데 일본의 화과자에 영향을 준 대표적인 외래식품을 살펴보면 우선 나라[奈良]시대(8C)부터 해안[平安]시대(9C)에 중국의 당나라에 사신을 파견하게 되면서 당에서 카라가시[唐菓子]가 도입되어 쌀가루나 밀가루를 반죽하여 여러가지 모양으로 만들어 기름에 튀기는 등의 기술이 일본에 전해졌으며 그 기술로 만들어진 대부분의 과자는 제사용으로 사용되었다. 두 번째로 영향을 준 외래식품은 카마쿠라[鎌倉]시대(13C)부터 무로마치[室町]시대(15C)에 걸쳐 불교의 선종과 함께 유래된 텐신[点心]으로 텐신은 식사와 식사의 중간에 먹는 간식과 같은 것으로 이 무렵의 텐신은 양갱이나 만두(饅頭)의 원형에 해당하는 것이었다. 옛날의 일본은 하루에 아침, 저녁으로 두 끼만의 식사를 하여 육체 노동을 하는 사람은 아침 식사 후 저녁까지 버티는 게 힘들어 이 시대부터 간식을 섭취하기 시작하게 된다. 이 풍습은 아직까지 남아 있어서 오후가 되면 오야쯔(간식)의 시간이라고 하여 차와 함께 화과자나 빵, 케이크류를 먹는 시간이 있다.

세 번째로 일본의 화과자에 영향을 준 외래식품은 무로마치[室町]시대 말기(16C)에 포르투갈과 스페인과의 교류를 통해 유래된 남유럽과자로 카스텔라, 별사탕 등이 있다. 쇄국정책을 핀 에도시대(17C)가 되면서 앞에 서술한 세 가지의 외래식품과 차문화의 영향으로 색, 형태, 떡 이름, 소재가 함께 일본 독자적인 것으로 발달을 이루게 된다. 차문화가 발달 정착되면서 화과자에 대한 취향이 다양해짐과 함께 쿄토를 중심으로 한 쿄가시[京菓子]와 에도(지금의 동경)를 중심으로 한 조가시[上菓子]가 경쟁하면서 화과자 제조기술은 크게 발전하게 되며, 현재의 화과자와 거의 다를 바가 없는 다수의 화과자가 탄생하게 된다. 또한, 메이지[明治]시대가 되어 서양과자가 대량 전해지면서 크림이나 버터 등을 시작으로 양과자의 재료를 도입하여 화과자는 다시 새롭게 성장하게 된다. 고대의 곡물가공기술의 발전에 이어 카라가시[唐菓子], 남유럽과자, 서양과자의 영향을 받은 지금의 일본 화과자는 일본의 독특한 문화와 전통 속에서 발전하게 되었다고 할 수 있다.

(2) 화과자의 분류

화과자는 크게 화생과자(和生菓子)와 화천과자(和千菓子)로 분류된다. 화생과자는 수분함량이 많고, 화천과자는 수분함량이 적은 것을 말한다. 또한 보는 방법에 따라서는, 전자의 대부분은 팥(앙꼬)을 주원료로 하여 구성되어 있으며, 후자의 대부분은 팥(앙꼬)을 포함하고 있지 않는 특성을 가지고 있다. 우리나라에 잘 알려진 화과자나 모찌, 단고는 화생과자에 해당하며, 오꼬시(쌀강정), 센베이(煎餅)는 화천과자(和千菓子)에 해당한다. 또한 화생과자(和生菓子)는 상생과자(上生菓子)와 병과자(餅菓子) 등으로 나누어지며 상생과자는 우리나라에 잘 알려진 화과자, 병과자는 모찌, 단고가 그에 해당한다. 그리고 화천과자에는 오꼬시, 센베이가 속한다. 화생과자는 제조방법이나 원료의 특성상 보존성이 떨어져 당일 제조하여 당일 소비해야 하나, 화천과자는 보존성이 뛰어나 일주일에서 몇 개월씩 보존가능하다.

표 7-7. 화과자의 분류

대분류	중분류	과자명
화생과자 (和生菓子)	상생과자(上生菓子)	화과자(花菓子)류
	병과자(餅菓子)	모찌, 단고, 大福
	찐과자[蒸菓子]	만쥬, 양갱
화천과자 (和千菓子)	천과자(千菓子)	오꼬시
	미과(米菓)	霰餅
	구운과자[燒菓子]	전병(煎餅)

(3) 화과자의 시장현황

일본에서의 화과자의 소비는 일본의 풍습과 차문화와 밀접한 연관이 있다. 일본의 옛날부터의 풍습인 오야쯔(오후에 먹는 간식)의 시간은 아직까지 가정, 직장, 유치원 등에서 많이 지켜지고 있어, 오후에 차와 함께 담소를 나누어 가며 과자를 즐긴다. 또한 일본의 풍습에는 남의 집을 방문할 때는 빈손으로 가는 것은 실례라고 하여 무엇인가를 가지고 가는 풍습이 있다. 이때 잘 이용되는 것이 화과자이다. 화과자는 서로 부담이 되지 않고 일본의 차문화에 가장 잘 어울리는 것이기 때문이다. 주인은 차를 준비하여 손님이 가지고 온 화과자를 먹으며 자연스럽게 담소를 나눌 수 있게 되는 것이다.

또한 일본의 연중행사는 화과자와 연관이 있는 행사가 많이 있다. 우리나라에서도 추석 하면 송편, 설 하면 떡국이듯이 일본에서도 연중행사에 그 계절에 맞는 여러 종류의 화과자가 사용되고 있다. 일본의 대표적인 연중행사에 해당하는 츄겐[中元, 7월 15일]과 세이보[歲暮, 연말]에는 지인에게 반년(中元)과 일년(歲暮)의 보살핌과 무사를 고마워하며 그 답례로 무엇인가를 선물로 보내는 풍습이 있다. 이때에도 화과자가 많이 이용되는데 가까이 있는 지인에게는 직접 전해 주기도 하지만 주로 냉동 화과자를 냉동 택배를 이용하여 집으로 직접 보내 준다.

(4) 일본의 냉동떡의 종류

일본의 냉동떡의 기원은 냉동건조 모찌라고 할 수 있다. 일본은 정월에 우리의 떡국에 해당하는 오조우니[御雜煮]라는 것을 먹는데 이것은 맑은 국에 말리거나 말려서 구운 모찌를 넣은 것을 말한다. 새해를 맞이하기 위해 모찌를 만들어서 밖에 널어 말리는데 겨울이라 자연적으로 언 상태에서 건조되어 냉동건조 모찌가 되었던 것이다. 일본의 화과자 중 화생과자는 그 제품의 특성상 수분함량이 많으면서 원료 대부분이 팥으로 이루어지므로 보존성이 매우 떨어진다. 또한 모찌와 단고 등의 병과자 이외의 대부분의 제품은 제조 시 고도의 손기술과 복잡한 제조공정을 필요로 하여 대량생산이 힘들다는 특징이 있다. 그래서 현재 일본에서 냉동떡으로 유통·소비되고 있는 화과자는 제조공정이 복잡하면서 다양한 재료가 필요한 화생과자이다.

냉동 유통되고 있는 화생과자의 제조·유통과정을 보면 모찌, 단고류와 같이 그 제조과정이 비교적 단순하여 기계에 의한 대량생산이 가능한 병과자와 일부 상생과자는 화과자 제조회사 중 대체로 큰 기업에서 기계에 의해 대량생산하여 백화점과 가맹점 판매, 인터넷이나 우편에 의한 주문 판매를 하고 있으며 제조공정과 재료가 복잡하며 고도의 제조기술을 필요로 하는 화생과자는 그 지역의 제조업체에서 제조하여 그 지역에서만 유통되는 지역밀착형의 영세기업과 규모는 크지 않으나 그 지역판매뿐만이 아니라 온라인 판매도 겸하는 중간 규모의 제조업체에서 주로 생산, 판매되고 있다.

상생과자의 냉동유통 판매 과정을 보면 그 계절에 맞는 상생과자를 일정기간의 판매량을 예상하여 한꺼번에 일정기간분을 제조하여 냉동보관 후 그날의 예상 판매량분만을 해동하여 판매하는 방법과 제조회사의 가맹점이나 백화점 등의 판매점에 냉동 배송하여 판매점에서 예상 판매량을 해동하여 판매하는 방법, 소비자에 의해 온라인으로 주문된 것을 냉동 택배를 이용하여 소비자에게 배송시켜 소비자가 필요할 때 직접 해동하여 소비하는 방법이 있다.

소비자가 냉동되어 있는 떡을 구매하는 경우는 온라인 구매 이외에는 거의 없으나 제조·판매점에서 화생과자의 대부분을 제조 후 곧바로 냉동보관하므로 실질적인 냉동떡의 양은 상당량에 이를 것으로 보이지만 일본 화과자업계의 대부분은 영세업체로 그 생산량과 판매량의 정확한 통계가 이루어지지 않고 있는 실정이다. 일본에서 화과자의 냉동 유통이 이루어지면서 화과자(和菓子) 제조업체에 커다란 변화가 일어났는데 이전에는 화과자 제조업체에 항상 있었던 잔업, 새벽 출근, 폐기되는 재고, 기술자의 부족 등이 없어졌다.

(5) 화과자의 제조 공정

화과자의 주원료는 곡류, 잡곡류, 두류와 그 가공품, 그리고 설탕, 한천 등이며 부재료는 첨가물로서의 노화억제제, 식용색소, 유화제 등이 사용되고 있다. 화과자의 주원료인 곡류, 잡곡류, 두류 등은 그 용도에 따라 쌀가루, 앙꼬, 조린 콩 등으로 가공처리되어 재료상을 거쳐 제조회사가 구매하여 이용되고 있다. 또한 대량생산과 냉동유통이 이루어지면서 식품첨가물의 종류가 크게 늘어났는데 기존에는 첨가물로 색소 정도의 사용이 대부분이었으나 대량생산과 냉동보관을 위해 증점제, 유화제, 효소제, 안정제, 보습제 등의 다양한 첨가물이 개발되었다.

화과자에 사용되는 쌀가루는 우리나라처럼 멥쌀이나 찹쌀을 불려 빻는 것이 아니라 그 용도에 따라 제조공정이 다른 여러 종류의 쌀가루와 그 용도에 따라 찹쌀, 멥쌀, 밀가루, 전분 등의 배합 비율이 다르며 필요한 식품첨가물이 첨가되어 있는 조제 쌀가루가 있다. 앙꼬는 우선 팥의 산지에 따라 분류되며 팥과 콩의 종류, 팥의 으깨진 정도와 당의 첨가량에 따라 분류되어 이용되고 있다.

① 쌀가루 제조공정

a. 쌀가루의 종류와 용도

화과자에 사용하는 쌀은 크게 멥쌀과 찹쌀로 구분할 수 있는데 우선 멥쌀로 만드는 쌀가루의 종류는 멥쌀을 씻어 건조시킨 후 제분한 上新粉과 멥쌀을 씻어 찐 후 건조하여 제분한 並무粉 등이 있다. 찹쌀을 원료로 한 쌀가루에는 찹쌀을 씻어 불린 후 부수어 그 찹쌀에 다량의 물을 부어 헹군 후 침전시켜 윗물은 버리는 것을 반복하여 침전된 전분을 탈수 후 분쇄하여 건조시킨 찹쌀의 순수 전분가루인 白玉粉과 찹쌀을 씻어 탈수 후 롤밀로 제분하여 건조한 餠粉, 찹쌀을 씻어 불린 후 쪄서 건조시킨 후 작게 부순 道明等, 道明等를 더욱 작게 부순 上早粉 등이 있다.

표 7-8. 쌀가루의 종류와 용도

구 분	원료쌀	종 류	용 도
생분제품 (β형)	멥쌀	上新粉	단고[団子], 柏餠, 草餠
	찹쌀	白玉粉	餠団子, 大福餠
		餠粉	餠団子, 大福餠
		寒梅粉	煎餠, 제과, 풀
		春雪粉	다식[落雁]
호화제품 (α화형)	멥쌀	上南粉	櫻餠, 오코시, 덴뿌라
		並早粉	화과자
	찹쌀	上早粉	화과자
		道明等	櫻餠, 御萩餠

b. 쌀가루 제조공정

[上新粉, 餠粉]

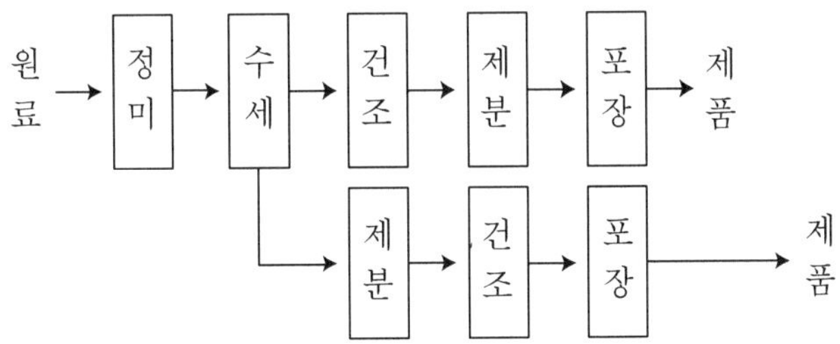

[寒梅粉]

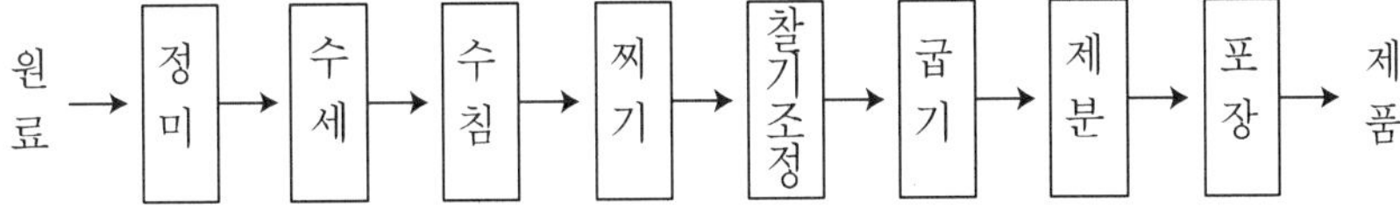

그림 7-7. 쌀가루 제조공정도

② 앙금 제조공정

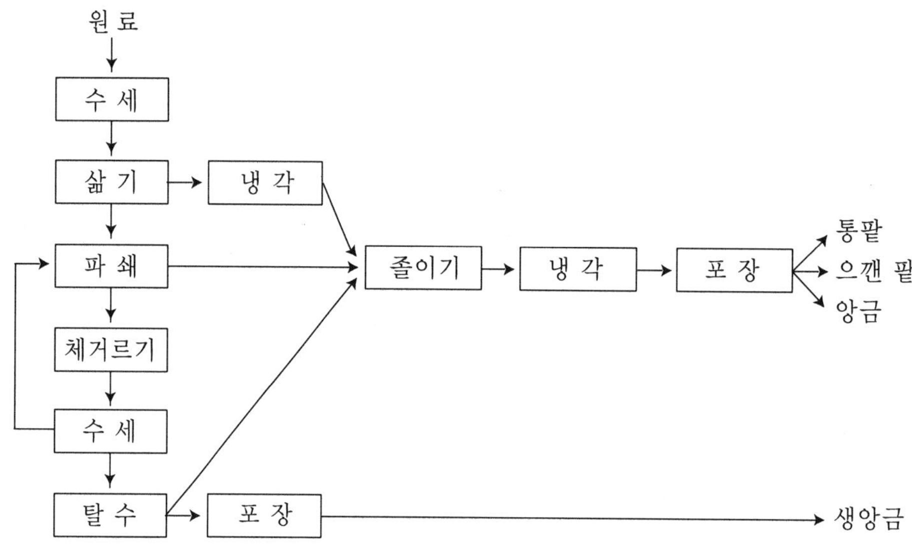

그림 7-8. 앙금 제조 공정도

③ 냉동떡 제조공정

[柏餠]

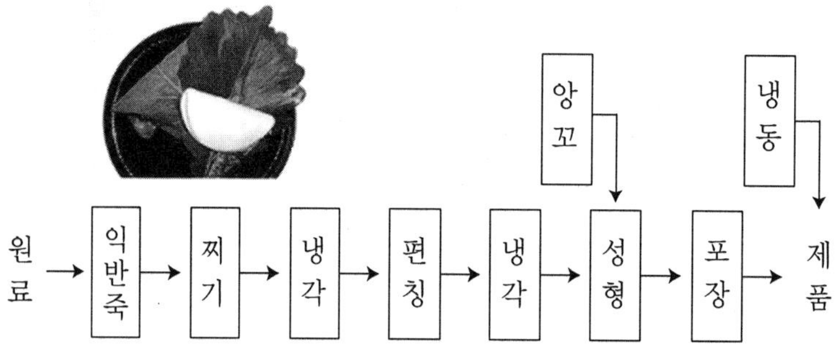

[団子]

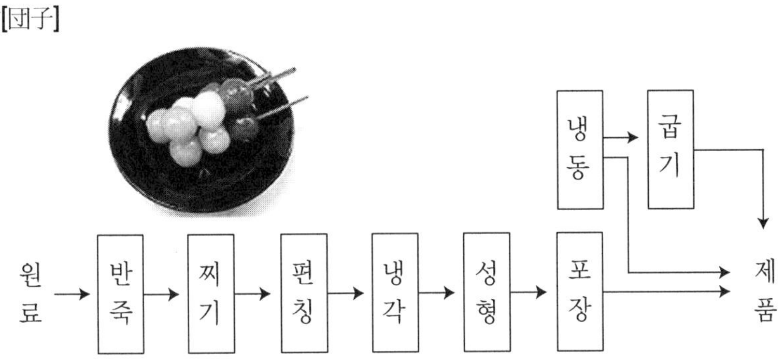

그림 7-9. 냉동떡 제조 공정도

柏餠(카시와모찌), 단고, 大福 등은 일본의 대표적인 냉동떡으로 온라인으로 소비자가 주문하면 냉동 배달되어 소비자가 냉동보관하면서 필요할 경우 해동시켜 먹는 경우와 일반 소매업자가 냉동보관하면서 냉동상태로 판매하거나 해동시켜 판매하는 경우가 있다.

(6) 화과자의 전망

일본은 2차 대전 후부터 1990년대 초까지 비약적인 경제 성장을 이루어 왔다. 그러나 1990년대 중반에 들면서 경제 성장이 멈추고 계속하여 경기 침체에 빠져 있다. 경기 침체는 소비문화에 영향을 미쳐 1993년을 정점으로 하여 화과자의 생산판매금액은 1994년부터 2002년까지 9년 연속하여 조금씩 감소하고 있다. 화과자의 판매기회와 객수는 증가하였으나 답례품수요, 법인수요의 감소, 각 품목 단가의 저하의 영향으로 생산판매금액은 계속 감소하여 2002년의 생산금액은 1993년과 비교하여 15.18% 감소하였다.

그러나 화과자의 생산판매금액이 감소하였다고는 하지만 전체 과자류 중에서는 2002년 총화과자 생산판매금액은 4,060억 엔으로 과자업계 전체 중에서는 제1위 자리를 지키고 있다.

또한 화과자의 제조업체는 많은 부분이 기계화가 이루어졌다고는 하나 아직도 90%는 가족노동력을 중심으로 하는 영세기업이다. 1950년 일본의 화과자업계는 일본전국화과자협회(日本全國和菓子協會)를 창립하여 현재 그 가맹사는 전국적으로 약 3,000개에 이른다. 계속되는 경기 침체 속에서 영세기업이 대부분인 화과자업계는 불황타계를 위해 화과자협회를 중심으로 하여 여러 가지 활동을 펼치고 있는데 그 활동을 살펴보면 다음과 같다.

① 주요 원재료의 동향 파악

화과자업계는 영세기업이 많은 관계로 재료의 대량 확보 등이 어려우므로 화과자의 가장 중요한 재료인 팥, 찹쌀, 설탕의 생산·수입·판매량을 파악하여 자연재해 등에 의해 재료 수급의 문제가 발생하지 않도록 대비하고 있다.

② 화과자 제조기술의 향상과 계승

과거의 화과자 제조기술의 습득 방법은 어린 나이 때부터 숙련된 기술자의 밑에서 조수로 일하면서 숙련공의 기술을 훔쳐보는 식으로 기술을 습득하는 방법이었다. 그리하여 어느 정도 기술을 익히면 다른 곳으로 옮겨 다시 새로운 기술을 습득하곤 하여 몇 군데를 옮겨 숙련공이 되는 식이었다.

그러나 이 방법은 기술 습득에 많은 시간이 걸리면서 제조업체도 안정적으로 숙련공을 확보하기 어렵다는 문제점을 가지고 있었다. 또한 많은 부분에서 기계화가 이루어지면서 이전과는 다른 방식의 숙련공이 필요하게 되었다. 그래서 화과자협회는 그 문제를 보안하기 위해 일본 전국 각지에서 다수의 기술 강습회를 개최하여 전국 각지로 기술을 전수하고 있다. 1년간의 기술 강습회는 거의 100회에 이를 정도이다. 또한 화과자의 생산, 소비가 가장 많은 동경에서는 화과자협회 소속의 동경화과자협회(東京和菓子協會)의 주관으로 세 개의 화과자 학원이 운영되고 있다. 이 학원에서는 업계의 젊은 기술자들을 대상으로 하여 2년에 걸쳐 숙련된 강사가 재료의 선별에서부터 제조 기술, 화과자의 철학까지 계승시키고 있다.

③ 화과자의 건강성 홍보

화과자와 같은 단 전분식품을 섭취하면 비만이 되기 싶다는 인식을 없애기 위해 건강식으로서의 화과자를 강조한 전단을 제작하여 전국으로 배포하는 것과 함께 화과자의 생산, 판매에 관계하는 관계자들을 직접 교육시켜서 점포에서 소비자에게 직접 화과자의 건강성을 전달할 수 있게 하였다. 이것은 세계적으로 불고 있는 건강 기능성 식품의 붐에 발맞추어 잘못된 인식으로 인해 떨어져 나간 소비자와 건강에 관심이 많은 새로운 소비자를 불러들이는 계기가 되고 있다.

④ 계절에 맞는 포스터 제작 배포

계절에 맞는 포스터를 연간 약 10여 종류 제작하여 무료로 배포함으로써 잊고 있던 연중행사나 추억을 불러일으켜 화과자의 구매에 연결시키고 있다.

⑤ 유치원의 간식으로 화과자 납품

인간은 유년기에 친숙했던 문화나 맛을 잊어버리지 않고 성인이 되어서도 그것을 중요시하며 찾는 경향이 강한 것에 착안하여 유치원의 간식으로 화과자를 이용하도록 일본경단연사립유치원경영자간담회(日本經團連私立幼稚園經營者懇談會)에 협력을 요청하여 유치원에 화과자를 납품하게 되었다. 그러나 단순히 납품에만 그치지 않고 일본 전통 연중행사의 유래와 화과자의 관계 등을 유치원생에게 전달함으로써 원생들이 화과자를 친숙히 여기게 함과 동시에 일본문화의 계승에도 그 역할을 하고 있다. 따라서 원생이 가정에 돌아가서도 화과자를 섭취하게 됨과 동시에 미래의 고객확보에도 큰 역할을 할 것으로 기대하고 있다.

⑥ 화과자진흥회(和菓子振興會)의 조직

화과자협회는 화과자협회의 회원과 화과자 관련 산업체와 함께 화과자진흥회(和菓子振興會)를 조직하여 화과자협회의 모든 활동에 협력과 지원을 받고 있다.

화과자 생산에 관련된 업체는 화과자의 주원료 생산업체를 비롯하여, 식품첨가제 관련 업체, 자동화기기 업체, 유통 업체, 연구기관 등 여러 분야의 관련 업체가 함께 화과자진흥회에 참가하여 화과자의 발전과 소비확대를 위해 노력하고 있다.

[연습문제]

1. 전분의 최적의 노화조건은 무엇인가?

2. 떡의 노화를 억제하는 방법에 대하여 설명하라.

3. 식품을 동결시킬 때 급속 동결을 행해야 하는 이유는 무엇인가?

4. 동결저장법에 대하여 설명하라.

5. 빙결점에 대하여 설명하라.

6. 식품의 빙결점이 0℃ 보다 낮은 이유는 무엇인가?

7. 과냉각에 대하여 설명하라.

8. 최대 빙결정생성대에 대하여 설명하라.

9. 급속 동결과 완만 동결의 차이점에 대하여 설명하라.

10. 어떤 식품의 빙결점이 -3℃ 이고 그 품온이 -4℃ 일 때 빙결률을 구하라.

11. 냉각과 동결의 차이점에 대하여 설명하라.

12. 동결저장 중 식품의 표면과 중심부의 온도차가 생긴 경우 발생하는 물리적 변화에 대하여 설명하라.

13. 냉동화상에 대하여 설명하라.

14. 동결과 해동 중 어느 것이 더 많은 시간을 필요로 하는가?

15. 14번의 답의 이유는 무엇인가?

16. 채소를 동결시킬 때 가장 중점을 두어야 할 사항은 무엇인가?

17. 채소 및 과일의 동결방법에는 어떠한 방법들이 있는가?

18. IQF란 무엇이며 어디에 주로 이용되는가?

19. 대형생선을 동결시킬 때 사후경직이 완료된 상태에서 동결시키는 이유는 무엇인가?

20. 소형생선에 주로 이용되는 동결방법과 그 이유를 설명하라.

21. 동결에 의하여 냉동식품의 미생물은 사멸은 가능한가?

22. 식품 냉동법의 종류에 대하여 써라.

23. 냉동 중 품질 변화 방지법에 대하여 써라.

24. 급속 해동과 완만 해동 중 드립의 발생량이 적은 것은 어느 것인가?

25. 24의 이유에 대하여 써라.

26. 해동곡선에서 -1~-4℃ 에서 온도상승이 둔화되는 이유는 무엇인가?

27. 드립에 대하여 설명하라.

28. 화과자에서 화생과자와 화천과자의 특징에 대하여 써라.

29. 백옥분(白玉粉)에 대하여 설명하라.

30. 道明等에 대하여 설명하라.

8장 떡의 포장

전통떡은 저장기간이 짧아서 포장을 하지 않고 판매되어 왔다. 그러나 최근 떡의 상품화로 인해 개별포장의 필요성이 있어 습기와 산소가 차단되는 포장용기가 개발되고 있다. 이와 같이 떡제품의 포장에 대한 소비자의 욕구를 충족시키기 위해서는 포장용기에 대한 이해가 필요하다. 떡은 저장기간을 연장시키기 위하여 냉동을 시키면 저장성이 확보된다. 냉동된 떡을 전자레인지나 오븐을 이용하여 해동시키거나 데워서 판매되는 떡이 있다.

최근에는 레토르트 용기를 사용하여 무균포장한 떡이 개발되어 실온에서 보관해도 저장성이 확보되는 떡이 판매되기 시작하였다. 이러한 기존 식품의 포장에 활용되는 포장소재나 포장기술을 응용한 떡의 포장은 중요한 분야이다.

이 장에서는 식품포장의 기능, 식품포장재의 종류, 살균기술, 무균포장방법을 살펴보고 떡 포장에 활용할 경우 노화에 의해 떡의 굳어지는 현상과 해동에 의한 떡의 굳기를 비롯한 상품성에 대하여 살펴본다.

1. 식품포장의 기능

1) 식품의 유통

포장은 식품을 담아서 운반하고 소비되도록 분배하는 취급수단이 된다. 이는 식품의 유통범위를 확대시키고 유통 중 손실을 최소화하며 수송, 유통 중 물리적인 손상으로부터 제품을 보호한다.

2) 식품의 보호성과 보존성

포장은 식품에 보호성과 보존성을 주며 이를 위한 식품가공공정을 가능하게 도와준다. 포장은 외부로부터 산소, 수분, 빛을 차단하여 식품에 저장성을 주는 기능을 한다. 또 포장을 함으로써 곤충이나 오염물질로부터 보호하며 적절치 못한 취급과정에서도 식품의 위생성을 확보시켜 주기도 한다. 특히 포장이 부여하는 보호성은 현대적인 식품유통체계하에서는 필수적이며 비록 포장이 원가에서 차지하는 비중이 높고 환경문제를 유발시키더라도 식품상품으로서는 없어서는 안 될 요소로 자리잡고 있다. 다만 비용이 적게 들고 환경적으로 우수하면서 적절한 보호성을 부여하는 포장을 설계하는 것이 중요하다.

포장이 갖는 다른 측면의 보호성은 변조방지의 기능이다. 소비자가 포장식품을 구매하여 소비할 때 포장의 상태를 확인함으로써 변조되거나 내용물이 오염되었는가를 알 수 있게 함으로써 소비자와 생산자를 함께 보호하는 역할을 한다.

3) 판매촉진의 기능

많은 가공식품이 판매시장에서 성공할 수 있는지의 여부는 광고와 판매전략에 의하여 좌우된다. 최근의 식품유통은 대형 슈퍼마켓 등을 통하여 소비자가 직접 진열대의 상품을 골라 구매하게 되는 유형으로 변화하게 됨에 따라 포장의 판매촉진기능이 더욱 중요시되고 있다. 포장이 갖는 광고효과는 신문, 잡지, 텔레비전 등의 광고매체의 광고효과보다 비용이 저렴하며 우수한 것으로 평가되고 있다. 따라서 제품에 대한 표시방법과 모양을 포함한 포장의 디자인이 크게 중요성을 갖게 된다.

포장에서의 표시사항은 식품위생법 등의 여러 규정을 지켜야 하고 근거 없는 과장광고의 범위를 넘지 않아야 할 것이다.

4) 계량의 기능

포장은 계량의 기능을 가지며 포장을 통하여 식품의 규격화가 가능하게 된다. 소비자는 포장을 보고 제품의 정확한 중량과 성분을 파악할 수 있고 사실과 다를 경우 소비자고발도 할 수 있다.

2. 포장재의 종류 및 특성

1) 금속 포장재

금속 포장재는 높은 기계적 강도를 가지고 있어서 부서지기 쉬운 식품의 파손방지에 적합하며 기체, 수분 및 빛을 완벽히 차단함으로써 식품에 우수한 보호성을 제공한다.

또한 독성이 없어서 위생적으로 안전하고 식품용기 중에서는 규격화가 가장 잘되어 있다. 하지만 내용물을 외부에서 확인할 수 없는 단점이 있다.

2) 플라스틱 포장재

플라스틱 포장재는 화학 약품에 잘 견디고 유리와 같이 빛을 투과시킬 수 있으며 여러 가지 모양을 쉽게 성형할 수 있는 장점이 있다. 반면 열에 약하여 높은 온도에서는 사용하기 어렵고 충격에 약하여 깨지기 쉬우며 자연에서 분해되지 않아 환경을 오염시키는 단점이 있다.

3) 유리 포장재

유리 포장재는 견고성이 우수하고 소비자가 상품을 사기 전에 볼 수 있는 투명성이 있으며 가스에 대한 투과성이 없어서 품질보존이 우수하다. 또한 포장용기로 사용되는 대부분의 유리는 사용 후 회수되어 재활용이 된다.

반면 유리는 플라스틱, 종이, 금속 포장재에 비해 무거운 단점이 있다.

4) 종이 포장재

종이 포장재는 가격이 싸고 기계적으로 가공하기 쉽다. 고온이나 저온에서도 잘 견디므로 여러 용도의 식품포장에 이용되며 접착가공이 용이하고 재순환해서 사용할 수 있는 환경적인 이점을 가지고 있다.

    그러나 종이는 쉽게 불에 타는 결점을 가지고 있어서 플라스틱 등의 다른 포장재와 절충시켜서 사용하기도 한다.

3. 플라스틱 식품포장재료

1) 폴리에틸렌(polyethylene, PE)

    폴리에틸렌은 수분 차단성이 좋으며 내화학성 및 가격이 저렴한 장점이 있는 반면 기체투과성이 큰 특성이 있다.

    저밀도 폴리에틸렌의 경우 내한성이 커서 냉동식품 포장과 열융착성이 좋아 다른 포장재와 라미네이션 시 열접착성 포장재로 많이 사용되고 있으며, 고밀도 폴리에틸렌 필름인 경우 쇼핑백과 같은 백용에 많이 사용된다. 수축 필름으로서 저밀도, 선형저밀도 혹은 저밀도와 선형저밀도 복합의 폴리에틸렌 필름이 박스포장 혹은 냉동식품 포장용으로 사용되고 있다. 사출성형 포장재료는 고밀도 폴리에틸렌의 우유병과 같은 용기나 저밀도 폴리에틸렌의 캔 뚜껑, 병마개 등에 사용된다.

2) 에틸렌 비닐 아세테이트(ethylene vinyl acetate, EVA)

    에틸렌 비닐 아세테이트는 에틸렌과 비닐 아세테이트를 공중합하여 생산하는데 비닐 아세테이트의 양은 약 1~50% 정도 사용된다. 필름용에는 비닐 아세테이트 함량이 약 1~25% 정도 사용된다.

    비닐 아세테이트 함량이 25% 이상인 것은 주로 접착제나 왁스류의 첨가제에 사용된다. 필름용으로는 비닐 아세테이트 함량이 18% 정도인 것이 유연포장으로 가장 많이 쓰이는데 이는 필름이 저온하에서도 유연성이 있고 저온 열접착성과 색택성이 좋기 때문이다.

3) 아이오노머(ionomer)

    아이오노머는 다른 폴리머나 금속 호일에 접착력이 좋고 오일이나 기름에 오염이 되어도 접착력이 좋은 특징이 있다. 식품 포장 사용 용도로는 열접착성이 매우 좋으므로 무균 포장과 같은 카톤 포장재의 열접착층, 블리스터 포장 등이 있다.

4) 에틸렌 아크릴계

식품 포장에 쓰이는 용도로는 감자칩이나 스낵류, 치즈, 1회용 마요네즈와 케첩, 가공육 등에 사용된다.

① 에틸렌 아크릴산 : 종이나 나일론 같은 극성 재료에 접착력이 가장 좋은 반면 폴리프로필렌과 같은 비극성 재료에는 가장 약하다.

② 에틸렌 메틸아크릴산 : 극성 재료에는 접착성이 좋으며 열접착 강도가 매우 강하다.

③ 에틸렌 메틸 아크릴레이트 : 열접착성이 좋다. 비극성 재료에도 접착성이 좋다.

5) 에틸렌 비닐알코올(ethylene vinyl alcohol)

에틸렌 비닐알코올은 비극성인 에틸렌과 극성인 비닐알코올 그룹이 주쇄에 무작위 배치된 공중합체이다. 에틸렌 비닐알코올은 에틸렌이 27~48% 함유된 결정성 물질로 에틸렌이 증가할수록 산소 투과도가 증가하는 한편 수분 투과도는 저하된다.

용도로는 주로 폴리프로필렌, 폴리카보네이트, 혹은 폴리스티렌과 같이 공압출하여 컵이나 용기로 사용된다. 그 외 바비큐 소스나 케첩, 마요네즈 등과 같이 고온충전용 병으로 사용된다.

6) 폴리프로필렌(polypropylene, PP)

폴리프로필렌은 비중이 0.90~0.91로 가벼우며 무미, 무취, 무독의 안전성을 갖는다. 가공이 용이하고 우수한 방습성을 가지며 투명도, 광택도, 내열성이 좋다. 그러나 산소 투과도가 높아 차단성이 요구될 때 알루미늄 증착이나 PVDC(poly vinylidene chloride) 코팅을 하여 사용하며 표면 젖음도가 낮아 인쇄 시 코로나 처리 등 표면처리가 필요하다. 또 정전기 발생이 심하여 대전방지처리가 필요하다.

용도로는 이축연신 폴리프로필렌 필름의 경우 투명성 및 표면광택도, 기계적 강도가 좋아 각종 스낵류, 빵류, 라면류 등 각종 유연포장의 인쇄용으로 사용되며, 특히 수축을 갖도록 처리된 수축 필름은 과일이나 채소 포장에 사용되고 있다.

7) 폴리부틸렌

폴리부틸렌은 가지그룹이 에틸그룹인 것 이외에는 폴리프로필렌과 구조가 흡사하다. 상업적 제품은 98% 이상이 isotactic으로 구성되어 있으며 분자량은 대략 230,000~

750,000 정도이다.

사용 용도로는 에틸렌 비닐 아세테이트와 블렌드하여 시리얼, 베이커리, 스낵류의 HDPE/EVA(high density polyethylene / ethylene vinyl acetate) 타입의 easy open 층으로 사용된다.

8) 폴리스티렌(polystyrene, PS)

폴리스티렌 필름은 강도와 유연성을 주기 위해 연신시킨 이축연신 필름이나 스트로로 사용되며 열성형을 하여 용기로 사용되기도 한다. 이축연신된 고투명 시트는 고투명으로 블리스터 포장이나 자동판매기 투명컵, 크래커나 쿠키의 내포장용 트레이에 사용되고 있다. 발포제를 사용하여 제조한 발포성 폴리스티렌은 용기면 및 계란 용기, 육류와 생선류의 트레이로 사용된다. 패스트푸드용으로 사용되던 용기는 최근 환경 문제로 인하여 종이 용기로 대체되었다.

9) 폴리염화비닐(polyvinyl chloride, PVC)

폴리염화비닐은 가소제 농도에 따라 단단한 경질로부터 부드럽고 유연하며 잘 달라붙는 연질의 스트레치 필름까지 만들 수 있다. 가소제가 비교적 적게 들어간 경질의 폴리염화비닐은 내유성이 강하고 산과 알칼리에 강한 반면 수분 차단성은 포리 올레핀보다 약간 낮으나 가스 차단성은 높아 유지 식품의 산패 방지에 쓰인다.

가소제가 비교적 많이 들어간 스트레치 필름은 유연하고 부드러우며 광택성과 투명성이 우수하고 필름 가공 온도도 낮다. 신선육 포장엔 산소 투과도가 높아 육류의 선홍빛 유지가 좋고 채소류엔 비교적 높은 수분 투과성으로 필름 내 수분 응결 방지와 더불어 선도 유지 목적으로 사용된다.

10) 폴리 염화 비닐라덴(poly vinylidene chloride, PVDC)

폴리 염화 비닐라덴은 압출한 필름의 코팅용으로도 많이 사용되는데, 이는 수지로 필름 제조 시 가공이 손쉬우며 얇은 도포막으로도 차단성의 목적을 달성할 수 있어 많이 사용된다. 코팅용 폴리 염화 비닐라덴은 수용성 타입과 용매형 타입이 있으며 결정화도에 따라 차단성은 좋으나 열접착성이 나쁜 고차단성 종류와, 열접착은 좋으나 상대적으로 차단성이 나쁜 열접착용으로 분류할 수 있다.

용도로는 닭고기나 햄류의 수축 포장과 치즈 포장에 이용되거나 기존 사용 중인 폴리에틸렌이나 폴리염화비닐보다 용융점이 높아 전자레인지용 랩 필름, 김 및 스낵 등 보향성이 요구되는 식품 포장에 사용된다.

11) 폴리에틸렌 테레프탈레이트(polyethylene terephthalate)

이축연신된 폴리에틸렌 테레프탈레이트 필름은 기계적 강도가 높고 치수 안전성, 내수성, 내화학성, 투명성, 질김성, 차단성이 우수한 포장재이며 사용 온도 범위가 높다. 용기로는 사출 블로우 성형이나 사출 스트레치 블로우 성형 용기로 탄산음료나 액체 식품에 사용된다. 특히 탄산음료수 병은 기존의 유리병에 비해 무게가 가벼워 수송 비용이 절감되며, 질기고 깨지지 않아 고압 상태에 탄산가스가 들어 있는 기존 유리병과는 달리 깨졌을 때 폭발 위험성이 없어 유리병 대용으로 대체 사용되고 있다.

폴리에틸렌 테레프탈레이트 필름은 차단성을 더욱 증가시키기 위해 폴리 염화 비닐리덴 코팅이나 알루미늄 진공 증착을 하여 사용한다. 코팅필름은 보향성 및 산화방지를 위해 치즈나 가공육, 맛김 등에 사용되며 증착된 필름은 스낵 및 포도주의 백-인-박스에 사용된다.

4. 떡의 포장

1) 떡의 노화

바로 쪄 낸 떡은 전분이 수분을 충분히 흡수하여 팽윤해서 소화되기 쉬운 형태로 부드러운 질감을 가지나 그대로 두면 딱딱하게 굳는다. 이는 느슨한 구조로 호화된 아밀로펙틴의 사슬이 다시 규칙적으로 바르게 배열되기 시작하여 마치 생전분과 같은 결정 상태에 가깝게 되기 때문이다. 동시에 전분이 호화될 때 전분입자 밖으로 흘러나와 있던 아밀로오스도 전분입자의 틈새에서 점점 단단한 상태로 돌아가게 된다. 이와 같이 호화된 전분의 특성을 잃어 가는 현상을 노화라고 한다. 즉 밥을 오래 두면 굳어지는 것과 같은 현상을 말한다. 이와 같은 노화 현상은 수분 함유량이 30~50%, 온도 0~5℃일 때 가장 잘 일어난다.

떡의 노화 정도는 멥쌀과 찹쌀 모두 냉장이 가장 빠르고 실온, 냉동의 순서로 진행된다. 즉 냉장 상태의 온도(5℃)에서 노화가 최대한 촉진되었고 0~65℃ 사이에서 저장을 했을 경우 그리고 온도가 낮을수록 노화 속도가 증가한다. 냉동을 하였을 때 노화가 지연되는 이유는 수분이 빙결정 상태로 전분 분자 사이에 존재하는 수소결합을 방해하기 때문에 전분 분자 간의 결정화, 즉 노화의 진행이 늦어진다.

2) 노화에 관계하는 요인

떡의 노화 속도는 호화와 마찬가지로 온도, 수분함량, pH, 전분 분자의 종류 등에 크게 영향을 받는다.

(1) 온도

노화가 가장 잘 일어나는 온도는 0~5℃이며 60℃ 이상의 온도에서는 거의 노화가 일어나지 않는다. 이와 반대로 온도가 내려가 동결되어도 노화가 일어나지 않는다. 즉 고온이나 물이 어는 영하의 온도에서는 전분 분자 상호 간의 수소 결합이 힘들고 0~5℃에서는 분자 간 수소 결합이 안정되어 상호 간의 결합을 촉진시키기 때문이다. 겨울철에 떡이나 밥이 쉽게 굳게 되는 것도 기온이 노화의 최적 온도와 가깝기 때문이다.

(2) 수분함량

수분의 양은 30~60%에서 가장 노화하기 쉽다. 수분이 10% 이하거나 수분이 아주 많아도 노화가 힘들다. 수분이 적은 건조 상태에서는 전분 분자가 교착상태로 고정되고 수분이 아주 많은 상태에서는 전분 분자 상호 간의 화합이 일어나기 때문에 힘들다.

(3) 전분액의 pH

노화는 수소 결합에 의하여 전분 분자가 합쳐지는 현상이므로 수소 이온 농도에 의해 영향을 받는다.

(4) 전분의 종류

전분 종류에 따라 노화 속도가 달라지는데 아밀로오즈는 직선 분자로 입체 장해가 없기 때문에 노화되기 쉽고 아밀로펙틴은 입체 장해를 받는 분자이기 때문에 노화가 잘되지 않는다. 따라서 아밀로오즈 함량이 많을수록 노화 속도는 빠르다.

3) 노화의 방지

전분의 노화를 방지하려면 80℃ 이상으로 유지하면서 수분을 뽑아 내거나 0℃ 이하로 얼려서 급속하게 탈수시켜 수분의 함량을 15% 이하로 해 주면 된다. 이렇게 하면 전분 분자의 배열이 헝클어져 인접한 분자와 교착된 상태로 고정되기 때문에 노화하기 어렵다.

기름을 첨가하는 것도 하나의 방법이다. 기름의 경우 유화제로 작용해 수분의 이동을 막아 줄 수 있다. 따라서 화전과 같이 기름에 지져 만들어 내는 떡은 일반 떡에 비해 부드러움을 오랫동안 유지한다. 또한 설탕과 유화제를 첨가하는 것도 노화를 방지하는 한 방법이다.

노화의 방지는 허용되는 식품첨가물을 떡재료에 첨가하여 노화를 방지시키는 방법과 떡의 저장성 확보 및 노화의 방지를 위한 다양한 종류의 포장방법이 있다.

4) 떡의 포장

떡의 포장에 있어서 발생하는 많은 변패반응은 수분의 감소 및 증가와 관련된 경우가 많다. 포장 외부와의 수분의 이동이 생기면 포장 내부 식품의 물리적 변화가 생기고 향미를 변하게 하며 영양소의 파괴속도를 증가시키고 곰팡이나 박테리아의 성장이 일어나게 할 가능성이 있다.

떡은 수분을 잃으면 표면이 딱딱해져서 조직이 나빠지므로 외부환경에 비해 수분을 높게 유지하여 촉촉한 상태를 유지시켜 주어야 한다. 그러므로 어느 정도 차단성이 있는 포장을 사용하여 수분의 손실을 억제시켜 주어야 한다.

(1) 떡의 일반적인 포장

김이 나가기 전에 떡을 포장하게 되면 수분함량이 너무 많아 쉽게 상하게 된다. 30~40%의 수분함량에서는 떡이 노화되기도 쉬우므로 완전히 김을 나가게 식힌 후에 포장을 해야 한다.

또한 다양한 성형기로 다양한 떡을 재현하게 되면서 더 많은 양으로 많은 소비자들의 입맛에 맞게 만들 수 있게 되었으나, 포장의 문재로 개별포장과 유통기한을 연장할 수 있는 떡의 개발이 필요하다.

그림 8-1은 진열대 위에서 판매되는 떡의 포장을 보여준다. 많은 양의 떡을 판매할 경우 그날 소비하지 못하면 낭비가 되는 것이다. 재래식 방법으로의 떡 포장은 위생적으로도 합당하지 못하고 소비자에게 불신감만 심어 준다. 이뿐만 아니라 떡의 가치

그림 8-1. 재래식 떡 포장

또한 낮출 수 있어 떡을 선물한다는 생각을 갖지 못하게 한다.

새로운 형태의 떡 포장은 포장기기가 있지만 아직은 가격이 고가여서 작은 가게에서는 엄두도 낼 수 없다.

또한 소량으로 생산을 하더라도 부가가치를 높여 떡의 고급화를 이루어야 한다(그림 8-2). 현재 일부 냉동떡을 제외하면 개별포장이 적용되지 않고 있지만 떡의 소비자 구매욕구를 충족시키기 위하여 개별포장과 함께 소량포장을 적용할 필요도 있다. 우리가 예전에 즐기고 남에게 베풀 때 가장 먼저 생각했던 나누는 음식인 떡이 현대에서도 인심을 나누는 정표로 되기 위해서는 더 위생적이고 고급스러운 포장법을 개발해야 한다.

떡을 포장함으로써 이로운 점은 다음과 같다.

① 먼지나 해충 같은 이물질을 방지할 수 있으므로 위생적으로 품질을 관리할 수 있다.

② 떡의 노화원인은 수분이므로 포장을 함으로써 공기를 차단시키고 수분방출을 막을 수 있으므로 떡의 노화를 늦출 수 있다.

③ 외관을 아름답게 하여 부가가치를 높일 수 있다.

④ 고객의 편리성을 도모할 수 있다.

떡을 먹을 때의 불편함을 포장을 함으로써 보완할 수 있다. 고물이 떨어져 모처럼 입고 간 새 옷을 버릴 수도 있고 손에 묻는다는 생각에 떡을 먹지 않는 경우가 있다. 따라서 이런 경우 한 입에 넣을 수 있고 떨어지는 고물을 방지할 수 있게 포장을 한다면 고객 확보가 가능하다. 또한 고객이 대량으로 구입했을 때 관리하기가 간편할 수 있다.

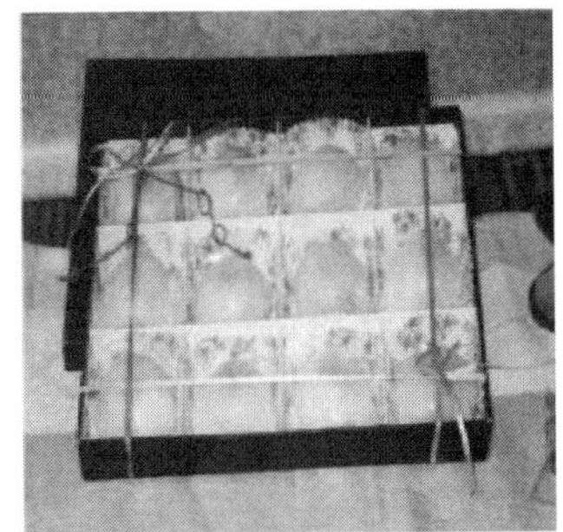
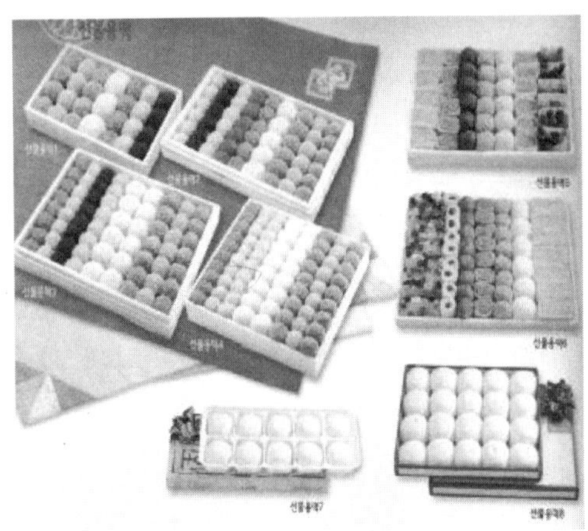

그림 8-2. 소량 포장 전통떡

(2) 냉동포장

냉동은 일반적으로 식품의 온도를 -18℃ 이하로 냉각시켜서 식품 속에 존재하는 수분과 용질의 일부를 결정화시키는 것으로 떡의 장기저장을 위해 가능한 최상의 방법이다. 수분함량이 큰 식품들은 냉동되면 그 속의 전분의 노화는 일시적으로 방지된다. 효과적인 노화방지법은 식품의 빙점 이하에서 그 수분함량을 15% 이하로 억제하는 것이라 할 수 있다. 즉 금방 쪄서 뜨거운 상태의 떡을 급랭하였다가 자연해동 할 경우 금방 만든 떡과 비슷한 부드러움을 유지할 수 있다.

동결된 떡은 일반적으로 -18℃ 정도에서 저장되며 냉동저장과정 중에도 여러 가지 품질변화가 생기므로 이에 대한 주의가 필요하다. 냉동저장과정 중 떡의 표면으로부터 수분의 승화에 의한 표면건조현상이 생기고 얼음의 결정이 커지는 재결정현상이 일어난다.

이 외에도 색소 및 비타민의 파괴, 단백질의 불용성화와 지방의 산화 등 화학적인 변화도 동반된다. 냉동포장과 보관은 이러한 변화가 최소화되도록 설계되어야 한다. 포장은 내수성이 있고 수분과 산소 등의 차단성이 양호하여야 하며 저장 및 운반과정의 압력에 견디는 기계적인 강도가 있어야 한다. 무엇보다도 냉동포장에 사용되기 위해서는 내한성이 있어야 하며 무독하고 위생적이며 식품에 어떤 맛이나 냄새도 주지 않아야 한다.

(3) 레토르트 포장

끓는 물이나 전자레인지에 식품을 데우거나 조리할 수 있도록 포장하는 것이 레토르트 포장이다. 현재 레토르트 파우치에 포장되어 판매되고 있는 식품으로는 카레, 짜장, 밥 등을 들 수 있다.

레토르트 포장재, 즉 파우치에 사용되는 포장재는 PET/AL/PP이다. 알루미늄은 빛과 가스에 대한 차단성이 좋고 PP는 열접착층으로 파우치에 사용된다. 전자레인지에서 조리할 수 있는 떡에 적용가능한 포장방법이다.

냉동떡의 경우 해동에 의해 조직감은 냉동하지 않은 떡과 유사하지만 따끈따끈한

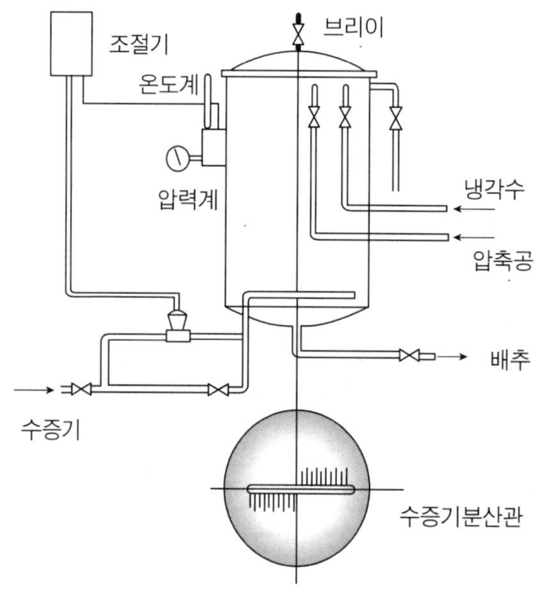

그림 8-3. 회분식 수직 레토르트

맛이 없는 것이 결점이다. 따라서 냉동떡을 레토르트 파우치로 포장하여 냉동시킬 경우, 뜨거운 물이나 전자레인지를 사용하여 단시간에 해동할 수 있어야 하고 뜨거운 떡을 맛볼 수 있어야 소비자의 기호도를 향상시킬 수 있을 것이다.

그림 8-3은 레토르트 파우치를 살균할 수 있는 회분식 레토르트(retort)로서 장방형의 레토르트 내에 장방형의 회전바스켓이 있어서 바스켓에 레토르트 파우치를 담고 회전시킬 수 있다. 떡의 경우 파우치에 담아 살균하게 되면 재호화가 일어나게 되므로 성형된 떡의 외관이 변화할 수 있다. 따라서 쌀가루를 비롯한 원료를 배합하여 파우치에 담아 레토르트에서 증자하여 호화와 살균을 동시에 할 수 있는 공정도 생각할 수 있다.

(4) 무균포장

무균포장은 식품을 고온으로 단시간에 살균하여 무균실에서 냉각한 다음, 살균된 용기에 액상식품은 충전하고, 고체식품은 용기에 담아서 무균적으로 포장하는 것이다. 살균한 식품을 무균실에서 완전히 살균된 용기에 무균적으로 포장한다. 그림 8-4는 액상의 식품을 무균적으로 포장하는 시스템으로 살균·냉각·포장공정을 거친다. 미리 무균처리한 용기를 밀봉하는 데에는 무균적인 상태로 처리하기 위하여 증기 속에서 밀봉하는 방법이 이용되기도 한다. 살균한 식품이 무균적으로 포장되었기 때문에 포장한 다음 다시 살균할 필요가 없다.

떡을 비롯한 식품의 보존성을 향상시키기 위하여 무균포장과 함께 진공포장, 가스치환포장을 병행할 경우 유통기간을 연장시킬 수 있다. 떡의 경우 저온유통시스템을 적용할 경우 굳어지는 단점은 있지만 저장기간의 연장은 가능하다.

무균화 포장의 대표적인 식품은 즉석밥인 '햇반'의 포장이다. 떡의 경우 증자과정을 거치면 미생물이 살균되므로 성형과 함께 살균된 고물을 사용한다면 무균포장의 적용이 가능하다. 국내에서도 무균포장을 적용한 떡제품이 생산되어 판매되고 있지만 대량생산은 되지 않고 있다.

무균포장을 할 경우 저장기간에 따른 떡의 미생물학적인 변질을 방지할 수 있다. 이러한 무균포장의 적용에 의해 떡의 유통기간 한계를 극복할 가능성도 있다. 앞으로 떡의 유통기간 연장을 위하여 냉동, 레토르트 포장, 무균포장 등을 적용할 필요성과 이에 대한 전문적인 연구가 필요하다.

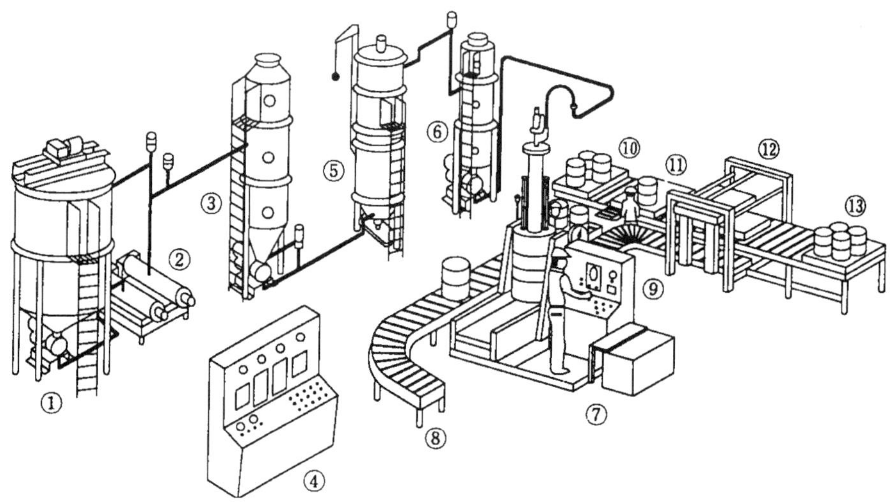

① 원료탱크 ② 표면열교환기 ③ 무균펌프를 갖춘 가압용기 ④ 공정제어장치 ⑤ 무균냉각
장치 ⑥ 가압질소탱크 ⑦ 저압무균드럼여과기 ⑧ 원료공급 컨베이어 ⑨ 어펜더 ⑩ 펠릿공
급기 ⑪ 수동 데펠릿타이저 ⑫ 반자동 펠릿타이저 ⑬ 펠릿배출기

그림 8-4. 무균포장 공정시스템

[연습문제]

1. 떡을 비롯한 식품에서 포장의 기능을 설명하라.

2. 식품에 사용되는 포장재의 종류를 설명하라. 떡과 같은 고수분함량에 사용될 수 있는 포장재는 무엇인가?

3. 떡의 포장에 종이와 플라스틱 포장재를 사용할 때 유통기간에 따른 떡의 품질변화를 설명하라.

4. 떡의 노화에 영향을 미치는 인자와 떡을 포장할 경우 노화에 의한 떡의 굳기가 지연되는 이유를 설명하라.

5. 떡을 포장했을 때 이로운 점은 무엇인가?

6. 냉동떡의 제조공정을 간단히 설명하라.

7. 빙결정생성대는 무엇이며 떡의 냉동에서 빙결정이 중요한 이유를 설명하라.

8. 레토르트 포장과 무균포장의 차이점을 설명하라.

9. 떡을 무균포장 할 때 주의해야 할 점은 무엇인가?

10. 무균포장한 떡의 품질변화에 대하여 생각해 보아라.

9장 떡의 품질관리

떡은 찌기와 치기 및 반죽(dough)과 고물 묻히기 등의 공정을 거치는데 쌀가루 반죽의 특성은 물리적 성질뿐 아니라 화학적 조성에 따라 달라지기도 한다. 떡을 가공하는 사람들은 수침한 쌀가루와 떡의 반죽을 만져 보기만 해도 완성될 떡의 품질을 짐작할 수 있다고 한다. 전통적으로는 이런 방법으로 수침한 쌀가루와 반죽의 촉감으로 물을 첨가하기도 하고 찌는 시간을 조절한다. 이러한 방법이 쌀가루나 반죽에 대한 물성학적 측정이라고 볼 수 있다.

하지만 이런 방법들은 다른 떡 가공업자나 아직 경험이 없는 기술자 또는 최근에 떡 가공회사에 취업한 대학 졸업자들에게 정확하게 전달되지 않으므로 많은 어려움이 있다. 즉, 수침한 쌀가루의 촉감은 '폭신폭신하다'의 느낌이며 찌기를 한 다음 치기를 했을 때 반죽의 물성은 '쫀득쫀득하다'의 느낌일 것이다. 이러한 정보는 경험 있는 자만이 전달할 수 있다.

따라서 이러한 정보를 보다 과학적인 방법으로 전달하기 위하여 많은 물성을 측정하는 기계를 만들게 되었다. 이러한 몇 가지 기계에는 쌀 낱알을 물에 담그는 수침시간의 예측이나 분쇄할 때 넣어야 할 물의 양과 찌는 시간 등을 결정하기 위해 고안된 것들이 있다. 이러한 기계의 원리를 이해하고 측정방법에 익숙하게 되면 여러 가지 쌀가루나 성분을 특성화하는 데 유용하다. 몇몇 기계는 반죽의 물성을 측정하기 위해 고안되었으므로 빵 반죽의 물성을 측정하는 기계가 떡 반죽의 품질관리에 응용될 수 있을 것이다.

1. 쌀가루의 페이스트 점도

쌀가루의 페이스트 점도 변화에 영향을 미치는 여러 가지 요인 중에서 기본적으로 쌀은 수침시간에 영향을 많이 받는다. 특히 증편과 치는 떡류에 이용되는 찹쌀의 수침시간에 따른 페이스트 점도 변화는 우리가 눈여겨볼 필요가 있다. 이유는 수침에 따른 페이스트 점도 변화가 떡의 품질을 결정하는 가장 기본적인 요인이 될 수 있기 때문이다.

1) 수침시간에 따른 찹쌀의 성분 변화

수침기간을 달리하여 찹쌀의 수분과 단백질함량, 회분함량을 비교한 결과는 표 9-1과 같다. 수침하지 않은 찹쌀과 수침한 찹쌀의 수분함량을 비교하였을 때 생찹쌀은 14.3%인 반면에 2일 수침한 찹쌀은 44%로 증가한다. 2일 이상에서 수분함량의 변화는 거의 나타나지 않는다. 수침 초기에 이미 수분흡수는 모두 이루어짐을 알 수 있다. 단백질과 회분함량은 수침시간이 증가할수록 감소하는 경향을 나타낸다. 단백질은 수침 10일까지 계속 감소하였지만 회분은 수침 2일까지 급격하게 감소하다가 그 후에는 서서히 감소함을 알 수 있다.

떡가공에서 수침시간은 온도에 따라 영향을 받는다. 온도가 높은 여름철에는 수침시

표 9-1. 찹쌀의 수침시간에 따른 수분 및 화학성분의 변화

수침시간(hr)	수분함량(%)	단백질함량(%)	회분함량(%)
0	14.3	8.05	0.44
2	44.0	8.68	0.23
7	43.0	7.30	0.22
10	41.0	5.73	0.20

간이 짧아도 되지만 추운 겨울철에는 수침시간이 길어야 한다. 일반적으로 상온 25℃ 에서 찹쌀과 멥쌀의 수침시간은 4~5시간 가량이며 쌀 낟알의 수분함량은 41~44% 범위로 충분하다. 만약 수침시간을 단축시키고 싶다면 수침온도를 증가시키면 된다.

2) 수침시간에 따른 pH 변화

찹쌀을 증류수에 수침할 때 수침시간이 경과할수록 pH가 점차 하강함을 알 수 있다 (그림 9-1). 수침온도 25℃ 에서 5일간 행하였을 때 pH는 5.1로 11℃ 에서 5일간 수침했을 때보다 낮았다. 따라서 수침공정에서 pH는 공기 중에 존재하는 미생물 및 미생물의 생육에 적합한 수침온도 등에 따라 변화가 있을 것으로 생각된다.

이러한 발효과정을 통해 수침시간이 경과함에 따라 수침 pH는 점차 낮아진다고 볼 수 있다. 수침공정 중 미생물에 의한 기존의 실험 결과들을 보면 찹쌀 수침액의 주 미생물은 젖산균이고 수침온도가 20℃ 에서 젖산균수가 가장 많고, 단백질 분해효소 생성균도 20℃ 에서 가장 많다.

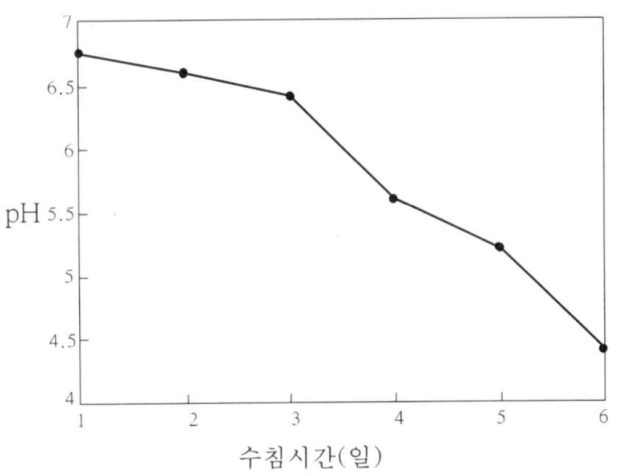

그림 9-1. 찹쌀의 수침시간에 따른 수침액의 pH 변화

3) 수침시간에 따른 찹쌀과 멥쌀의 페이스트 점도변화

수침시간을 달리한 찹쌀과 멥쌀의 페이스트 점도를 신속점도분석기(RVA)를 이용하여 분석하였다. 페이스트 점도의 최대점도, 최종점도를 수침시간에 따라 각각 비교하면 그림 9-2와 같이 찹쌀과 멥쌀의 페이스트 점도는 찹쌀의 경우 멥쌀보다 낮은 경향

을 보였다. 이것은 찹쌀과 멥쌀의 조성성분 차이, 즉 아밀로스와 아밀로펙틴의 비율 때문으로 본다.

찹쌀의 최고점도는 수침 3일까지 증가하는 경향을 보이다가 3일 이후부터는 일정하게 유지되는 것을 볼 수 있다. 최저점도와 최종점도도 최고점도와 동일한 패턴을 나타내었다.

수침과정은 공기 중에 존재하는 미생물 발효에 의한 전분 분해효소와 pH 강하에 의한 산도증가로 찹쌀 전분사슬을 분해시켜 페이스트 점도가 낮아질 수 있다. 또한 수침과정 중 찹쌀의 페이스트 점도 증가는 수침온도가 낮아 전분입자의 팽윤으로 인한 전분 분자의 annealing도 하나의 요인으로 작용하는 것을 볼 수 있다. 즉, 찹쌀의 수침 초기의 페이스트 증가는 pH가 높고 산도가 낮아 호화과정에서 전분사슬의 분해가 적은 반면 가교의 형성(cross-linking)과 annealing의 영향이 크게 작용하는 것으로 판단된다.

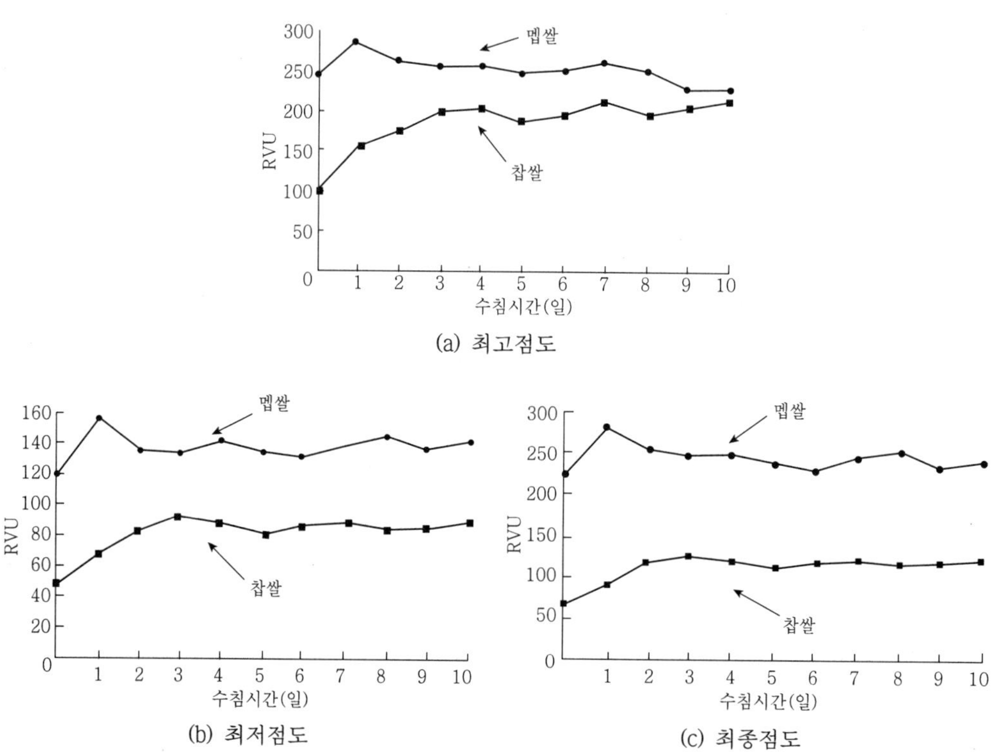

그림 9-2. 수침시간에 따른 찹쌀과 멥쌀의 페이스트 점도변화

2. 반죽의 물성

1) 반죽

찌기와 치기를 한 떡반죽(dough)은 점탄성을 갖는다. 이는 점성 흐름(viscous flow)과 탄성(elasticity) 또는 복원력(recovery)의 두 가지 뜻을 내포한다. 점성흐름은 물질이 변형력을 받았을 때 변형을 제거하여도 곧바로 복원되지 않는 것을 의미한다. 반죽이 평평한 면에 놓여 있을 때, 습도가 높아 표면에 이슬방울이 맺힌다면 반죽은 흐를 것이며, 흐름의 정도는 점성과 탄성의 균형에 달려 있다.

우리가 쉽게 접할 수 있는 탄성의 특징을 가진 물질에는 고무줄(rubber band)이 있다. 일반적인 고무줄은 확실한 탄성체이기 때문에 힘을 가했을 때 고무줄은 변형되고 변형을 일으킨 힘을 제거했을 때 고무줄은 원래의 크기와 모양으로 되돌아간다. 이런 탄성을 갖기 위하여 고무줄은 큰 분자량과 높은 가교결합(cross-linking)이 있어야 한다.

천연고무는 고분자량이지만 가교결합이 없으므로 점탄성 물질이다. 하지만 고무줄을 만들기 위한 고무는 황을 첨가하고 가열하여 화학적으로 가교결합을 하기 때문에 천연고무와 다르며 이 과정을 경화(vulcanization)라고 한다.

반죽은 천연고무와 같이 흐르는 성질을 가지고 있다. 그러나 반죽은 가교결합을 가지고 있지 않기 때문에 고무를 경화한 것처럼 완전한 탄성체는 아니다. 반죽을 일정시간 동안 잡아당겨 늘려 놓은 상태로 유지하였다가 반죽에 가해진 힘을 제거하면 반죽은 약간만 원상태로 회복되고 더 이상 탄성을 가지지 않게 된다.

경화고무와 인절미 반죽의 차이점은 고무로 구성된 큰 고분자는 공유결합으로 가교가 많이 형성되어 있는 반면, 전분은 가교를 형성하는 작용이 없는 편이다. 만약 떡반죽에 가교를 형성하는 성분을 첨가하여 떡을 만들면 탄성이 점성보다 많은 떡을 개발할 수 있다. 전분은 탄성체에서 충진제의 역할을 하지만 탄성력을 증가시키는 역할은 크지 않다.

최근 떡의 물성학적 측정(rheological measurement)에 대한 필요성이 증가하고 있고 물성을 측정하여 떡의 품질을 관리하는 방법을 현장에 적용시키기 위한 표준화된 방법과 측정기기의 개발이 요구되고 있다. 그러나 물성학적 측정의 필요성을 충족시키기 위한 새롭고 손쉽게 사용 가능한 물성측정기기(rheometer)는 미비한 실정으로 물성학적 측정이 떡의 품질관리에 미치는 유용성을 생각하면 물성측정기기에 대한 개발이 보다 적극적으로 진행되어야 할 것이다.

2) 레올러지

레올러지(rheology)란 어떤 물질에 힘이 가해졌을 때 물질이 어떻게 변형되고 어떠한 흐름이 생기며, 어떻게 파괴되는지에 대한 연구이다. 어떤 물질의 물성학적 특성은 단일 값으로 표현할 수도 있다. 예를 들면, 물의 흐름은 점도로 정의할 수 있다. 금속 스프링의 변형력은 Hooke 상수(탄성상수)로 나타내지만 대부분의 물질과 쌀반죽은 물이나 스프링과 같은 단순한 특성이나 경향이 아닌 복잡한 물성학적 경향이 있다.

만약 어떤 물질의 점도가 전단속도(shear rate)의 변화에 관계없이 일정하다면 그 물질은 뉴턴성유체(Newtonian fluid) 또는 이상적인 점도(ideal viscosity)를 가진다고 할 수 있다. 이런 물질은 단일 점도값으로 정의될 수 있다. 그러나 대부분의 계(system)에서 점도는 전단속도가 증가함에 따라 감소하는 경향을 보이는데 이러한 물질을 비뉴턴성유체(non-Newtonian fluid)라고 하며 단일 점도값으로 정의할 수 없으므로 각각 전단속도에서 점도가 표시되어야 한다. 그리고 점도는 측정 시 관계되는 시간에 의해 영향을 받는다.

많은 종류의 변형계수(modulus)들이 있는데 보통 변형계수는 물질의 단단함을 나타내고 전단력(stress)과 변형(strain)의 관계는 비례하는 경향이 있다. 이는 물질에 특정한 변형을 시키는 데 얼마만큼의 힘이 필요한가를 의미한다.

밀가루를 포함한 곡류의 물성학적 측정으로는 파리노그래프(farinograph)나 믹소그래프(mixograph)가 사용되는 것을 쉽게 볼 수 있다. 이런 기기는 반죽이 얼마나 변형되었는지를 측정할 수 있는데, 이러한 기기들은 물성학적 연구에 명확한 정의를 할 수 있게 한다. 이런 기기들의 물성학 연구에 있어서의 문제점은 측정 동안 매순간에서 응력을 정의할 수 없다는 것이다. 예를 들어 믹소그래프의 용기 속에서 반죽은 일부분만이 핀(pin)과 접촉되고, 반죽의 모양이 매우 복잡하게 예측할 수 없이 변한다. 그래서 반죽시료의 기하학을 알 수 없는 것처럼 반죽에 가해지는 응력을 결정한다는 것은 불가능하다고 볼 수 있다. 결과적으로 믹소그래프를 이용한 측정은 오직 믹소그래프에만 유효하고, 파리노그래프를 이용한 측정은 오직 파리노그래프에만 유효하다고 할 수 있다.

그러므로 떡 반죽의 물성을 측정하기 위해서는 빵반죽의 물성측정에 널리 이용되고 있는 믹소그래프나 파리노그래프를 떡 반죽의 품질관리에 이용하는 것을 연구하거나 새로운 떡반죽 물성측정기기를 고안할 필요성이 있다.

3) 동적 레올러지 측정

동적 레오미터(dynamic rheometer)는 플라스틱산업에서 매우 성공적으로 사용되어 왔고 최근 반죽의 물성학적 특성 측정에 이용되고 있다. 동적 레오미터의 종류와 기하학은 폭넓게 변화하지만 그 기본적인 원리는 실험적 기하학에 관계없이 같다. 기본적 원리는 평행판(parallel plate)과 실험의 형태(mode)로 설명될 수 있다. 한 판은 힘 변형기에 고정되어 있고 다른 한쪽은 왕복 운동을 하게 되어 있다(그림 9-3).

상판(top plate)이 움직여서 판 사이 반죽시료에 응력이 가해진다. 응력(stress)은 단위면적에 가해진 힘으로 정의되는데, 단위는 $Pa(N/m^2)$이며 보통 σ 로 표시한다. 충분한 힘이 반죽에 가해질 때 반죽은 변형된다. 이 변형은 반죽의 높이나 두께로 나눠진 변형의 정도를 말한다. 변형은 보통 γ 로 표시하고 퍼센트 단위로 측정된다. 예를 들면, 변형이 반죽 두께의 1%라면 반죽은 1% 미만의 변형을 받는다는 것을 뜻한다.

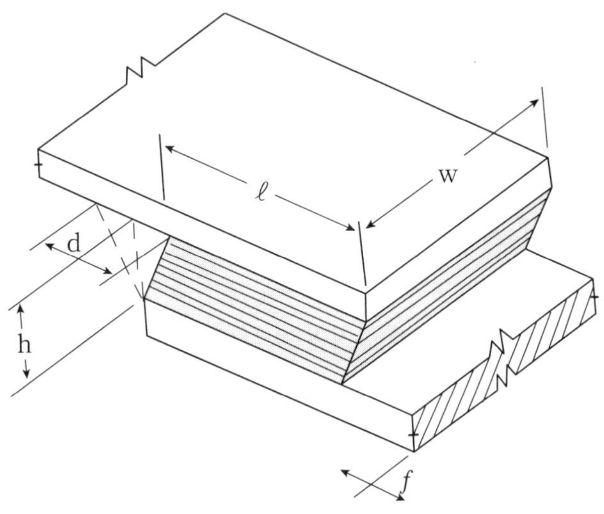

d : 변형, f : 시료로 전달되는 힘, h : 시료 두께, l : 시료의 길이, w : 시료의 폭

그림 9-3. 동적 레올러지 측정을 위한 평형한 판의 구조

그림 9-3에서 시료와 맞닿아 있는 상판은 어떤 파장[frequency, ω (radians/sec)]에서 유동적인 왕복운동과 mm의 진폭(d, amplitude)을 일으킨다. 하판(bottom plate)은 고정된 상태로 있고 힘 전달기에 부착되어 있다. 만약 판에 미끄러짐이 발생하지 않으면 변형기울기가 시료의 두께(h)를 통해 생기게 된다. 힘 전달기를 통해 시료에 가해지는 힘(f)

은 뉴턴(Newton)으로 측정된다. 힘은 시료 면적(1×w)에 가해지고 시료 두께에 일정하게 가해진다. 이와 같은 동적 레오미터의 출력을 그림 9-4에 나타내었다.

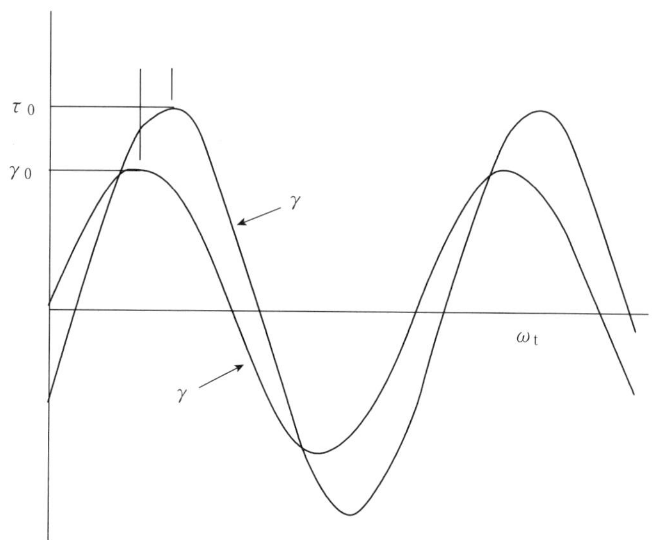

τ_0 : 전단응력 진폭, γ_0 : 전단력 진폭, ϕ : 상각도(phase angle), ω_t : 오메가. 라디안

그림 9-4. 동적 레오미터의 출력그림

사인곡선으로부터의 편차는 미끄러짐이 생겼음을 나타낸다. τ (tau)곡선은 힘 전달기의 출력이며 전단력(shear stress)을 나타낸다. γ 곡선은 가동 판으로부터 나온 출력이고 진폭(amplitude)이나 전단력의 측정치이다. 만약 시료가 완전한 탄성체라면 이 두 곡선은 같게 나올 것이며, 만약 시료가 완전한 유체라면 두 곡선은 90° 다른 모양의 상(phase)으로 나타날 것이다.

곡선 모양의 각인 phi(ψ), 라디안(radian)은 얼마나 계(system)가 상(phase)을 벗어났는지를 보여준다. 복합계수[complex modulus(G*)]는 τ_0 / γ_0 와 같다. 이름이 의미하듯이 복합계수는 저장탄성계수[storage modulus(G')]와 손실탄성계수[loss modulus(G'')]로 이루어져 있다. 저장탄성계수와 손실탄성계수는 다음 식과 같다.

$$G' = (\tau_0 / \gamma_0) \times \cos\psi \tag{9·1}$$

$$G'' = (\tau_0 / \gamma_0) \times \sin\psi \tag{9·2}$$

G′는 어떤 기간 동안의 저장되는 에너지를 말하고, G″은 손실되는 에너지를 말한다. 또 다른 용어로 tan δ 또는 tan φ가 자주 사용되는데, 이는 G″/G′의 비를 뜻한다. 이는 물질의 상대적인 탄성 또는 점성(relative elastic 또는 viscous nature)의 간단한 지표가 된다.

3. 떡 제품의 물성

1) 씹는 동작 시험기계

완성된 떡의 조직감(texture)을 측정할 수 있는 기기로서 씹는 동작을 그대로 모방한 것으로 조직감 측정기라고 불린다. 1938년 Volokevich에 의하여 처음 고안된 이래 많이 수정 보완되어 왔다. MIT Denture Tenderometer는 치아와 아귀를 그대로 모방하여 이것을 전기 모터에 의하여 움직이게 하고, 시료를 씹는 과정에서 나타나는 저항을 일그러짐 계기(strain gage)에 의하여 감지하게 한 후 이것을 다시 음극선(oscillograph)을 통하여 표시한다. 경우에 따라서는 씹는 동작을 사진으로 찍어 분석하기도 한다.

1960년대에 개발된 General Foods Texturometer에 의한 조직감 측정 방법은 비약적으로 발전하게 되었다. 이것은 그림 9-5에 나타나 있는 시료를 놓고 원심 운동하는 plunger에 의하여 압착되도록 한 장치이며, plunger는 앞뒤로 움직일 수 있어 씹는 동작을 반복할 수 있다. plunger의 힘은 시료에 수직으로 작용하지 않고 중심축을 중심으로 한 원심 동작이므로 계측량을 물리적 수치로 전환하기 어렵다.

그림 9-5. General Foods Texturometer에 의한 조직감 측정기

그러나 그림 9-6에서 보는 바와 같이 씹는 동작을 2회 반복하는 동안 시간과 힘의 작용관계를 자동기록기에 나타낼 수 있으며, 이 곡선을 분석하여 여러 가지 조직감 특성과 관계가 깊은 수치들을 얻을 수 있다. Szczesniak은 이 곡선을 이용하여 조직감 분석법(texture profile analysis, TPA)을 고안하였으며 그 방법은 다음과 같다. G. F. Texturometer의 최초의 씹는 동작에서 얻는 곡선의 높이는 그 식품의 견고성(hardness)을 나타내며, 눌렀다 뗄 때 얻어지는 아래 곡선의 넓이(A_2)는 접착성(adhesiveness)의 지표가 된다. 최초 곡선의 넓이(A_1)와 두 번째 씹는 동작에서 얻어진 곡선의 면적(A_2)의 비는 응집성(cohesiveness)과 높은 상관관계가 있는 것으로 알려져 있다.

힘-거리곡선에서 얻은 결과를 이용하여 원료와 공정변수에 따른 떡의 품질에 대한 연구와 함께 연구된 결과를 이용하여 떡 공장에서 떡의 품질관리에 활용할 수 있다. 따라서 떡품질의 향상을 위하여 지속적인 품질의 관리를 통해 품질의 변화 없이 일정하게 유지하는 것이 중요하다.

그리고 첫 번째 곡선의 시작에서 두 번째 곡선의 시작까지 이르는 데 필요한 시간(B)이 표준 점토 시료의 경우(C)보다 적어진 양은 탄력성(elasticity)의 지표로 사용된다.

기계적 특성의 이차적 요소로서 씹히는 성질(chewiness)은 굳기×응집성×탄력성의 세

$$응집성 = \frac{A_2}{A_1}$$
$$탄력성 = C - B$$
$$C = 시간계수$$

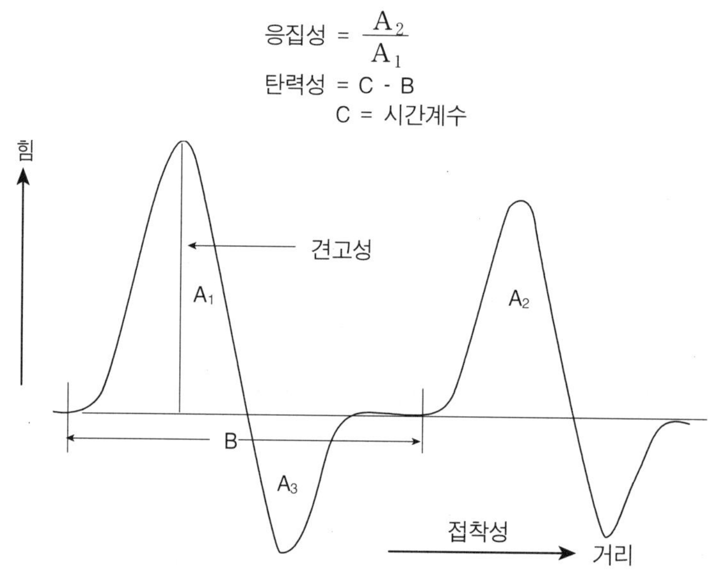

그림 9-6. General Foods Texturometer에서 얻은 힘-거리 곡선과 조직감 지표

값을 곱한 값으로 표현하며, 뭉치는 성질(gumminess)은 굳기와 응집성을 곱한 값으로 표현한다. 실제로 이들 G. F. Texturometer에서 얻은 조직감 지표들은 관능검사에서 얻어지는 조직감 요소와 높은 상관관계를 나타내고 있다.

2) 다목적 측정기

언급한 압착, 층밀림, 절단 및 씹는 동작 등에 대한 시험을 하나의 계기로 측정할 수 있는 다목적 측정기들이 최근 제작되어 그 사용이 점차 확대되어 가고 있다. 그 대표적인 예로서 Instron Universal Testing Machine(미국)과 Rheometer(일본), Texture Analyzer(영국) 등을 들 수 있다. Instron Universal Testing Machine의 기본구조는 아래위로 등속 이동하는 cross head와 밑에 고정되어 있는 기관 그리고 작용하는 힘의 크기에 따라 힘-거리곡선(force-distance curve)을 그리는 기록장치(recorder)로 구성되어 있다.

탐침과 기판의 형태를 바꾸어 끼움으로써 여러 가지 측정을 할 수 있는데, 예를 들어, 침투시험(puncture test), 인장시험(tensile test), 압착시험(compression test), 압착층밀림시험(shear press test), 완화시험(relaxation) 등을 할 수 있다. 특히 압착시험에 의하여 식품의 조직감 면모(texture profile)를 나타내는 파라미터들을 산출하는데 이들 객관적 측정치와 관능검사 결과의 상관관계에 관한 연구가 많이 진행되어 있다.

이와 같이 빵이나 전분 겔의 물성 측정에 사용되는 레오미터를 사용하여 떡의 굳기를 비롯한 응집성, 결착성 등의 성질을 측정한 값을 떡의 품질관리에 적용할 수 있다.

3) 열적 특성

떡의 열특성을 시차주사열량기(differential scanning calorimeter, DSC)와 전자레인지(microwave)를 이용하여 검토한다. 시차주사열량기를 이용한 떡의 열특성은 전분과 같은 중합체의 용융이나 결정성의 변화 같은 물리적 상태의 변화와 분자수준의 반응에서 생기는 열의 수지, 즉 흡·발열반응의 엔탈피(enthalpy)를 정량적으로 측정하여 전분의 호화와 노화과정 정도를 열역학적으로 해석하는 방법이 있다.

시료는 10 mg으로 절단하여 알루미늄시료 팬에 넣고 2시간 동안 방치하여 시료를 균일하게 한 후 10℃/min의 가열속도로 20℃에서 180℃까지 가열하여 열반응곡선을 얻은 후 호화개시온도, 최고화온도와 용융엔탈피를 결정한다. 재결정도(recrystallinity %)는 초기용융엔탈피에 대하여 1일간 재결정한 것의 용융엔탈피를 고려하여 결정한다.

재결정도 = 노화된 시료의 용융엔탈피($\triangle$Hr)/원료시료의 용융엔탈피($\triangle$Hn) × 100

전자레인지를 이용한 떡의 용융정도는 떡이 녹을 때 나타나는 용융상태를 관찰하여 떡 내부의 결합정도, 성분 간의 결합상태 등을 유추하기 위하여 실시한다. 페트리디쉬(petri dish)에 떡을 넣고 2,450 MHz의 전자파를 1분간 처리했을 때 나타나는 용융상태를 마틴직경(Martin diameter)으로 측정하여 결정한다.

떡의 용융엔탈피의 분석에 의한 노화 속도는 Avrami에 의해서 제안되었고 이로부터 노화속도가 계산된다. Avrami식은 다음과 같다.

$$\theta = \exp(-k_t^n) \tag{9·3}$$

θ : t 시간 후 남아 있는 비결정부분, k(day^{-n}) : 속도상수, n : Avrami 지수, t : 저장기간(day)

$$\theta = (E_L - E_t) / (E_L - L_0) + \exp(-k_t^n) \tag{9·4}$$

(단, L_0 : 초기상태의 노화도, E_t : t 시간 후의 노화도, E_L : 최대노화도, 상온에서 10일간 저장한 시료로부터 구함)

위의 식에서 자연로그와 상용로그를 위하여 정리하면 다음과 같다.

$$\ln(E_L - E_t) / (E_L - L_0) = -k_t^n$$
$$\log(-\ln(E_L - E_t) / (E_L - L_0)) = \log K + \log t \tag{9·5}$$

위의 식에서 식의 절편으로부터 속도상수 K를, 결정화 양상을 나타내는 Avrami 지수 n을 식의 기울기로부터 각각 구하여 떡의 노화특성을 규명한다.

4. 떡의 품질 측정

1) 색도분석

떡을 저장할 때 탈수로 인한 조직의 비틀림과 함께 표면색깔이 변하여 상품으로는 문제가 될 수 있음을 인지하고자 실제 유통제품의 상품성 개선을 위해 색도를 분석한다. 그리고 첨가량과 각종 조건을 달리한 떡을 저장하면서 경시적으로 변하는 색도를 분석하기 위해 색차계(color reader)를 이용하여 시료의 색도를 L[어둠(0) − 밝음(100)],

a[적색(60) − 녹색(-60)], b[황색(60) − 청색(-60)]값으로 나타내었고 3회 이상 반복 측정하여 평균값으로 나타낸다.

색깔의 변화를 알기 쉽게 이해하기 위하여 색깔변화율을 결정하는데 이것은 2일간의 색깔변화를 처음 값으로 나눈 것을 백분율로 나타낸다. 모든 실험은 떡 제조 후 2일을 기준으로 하여 측정하는데 그 이유는 2일이 지난 떡은 실제 상품으로서 가치가 전혀 없기 때문이다.

2) 노화도

바로 쪄 낸 떡은 전분이 수분을 충분히 흡수하여 팽윤해서 소화되기 쉬운 형태의 부드러운 질감을 가지나 그대로 두면 딱딱하게 굳는다. 이는 느슨한 구조로 호화된 아밀로펙틴의 사슬이 다시 규칙적으로 바르게 배열되기 시작하여 마치 생전분과 같은 결정 상태에 가깝게 되기 때문이다.

동시에 전분이 호화될 때 전분입자 밖으로 흘러나와 있던 아밀로오스도 전분입자의 틈새에서 점점 단단한 상태로 돌아가기 때문이다. 이와 같이 호화된 전분의 특성을 잃어 가는 현상을 일반적으로 노화라고 한다. 한마디로 요약하면 α-형에서 β-형 전분으로 변하는 것, 즉 밥을 오래 두면 굳어지는 것과 같은 현상을 말한다. 이와 같은 노화현상은 수분 함유량이 30~50%, 온도 0~3%일 때 가장 잘 일어난다.

우리나라 전통떡의 산업화를 위하여 떡의 유통과정 중의 노화현상을 규명하고 이를 억제하여 현대적 감각에 맞는 편의식품의 개발이 활발히 이루어져야 한다.

쌀가루의 입자크기가 작을수록 호화온도, 명도, 경도 및 호화 개시온도가 감소하였고, 쌀가루의 수분함량이 높을수록 그리고 떡의 저장온도가 높을수록 떡의 경화 및 노화정도가 억제되었으며, 떡 반죽의 펀칭시간이 증가할수록 경도는 증가하였다.

아밀로그래프 및 시차주사열량기(DSC)를 이용한 식품첨가제의 노화억제 효과시험 결과 glycerol monostearate, sodium alginate, casein sodium 등에서 모두 노화억제 효과가 있는 것으로 나타났다. 또한 찹쌀과 백옥분의 경우 시차주사열량기상에서 매우 낮은 엔탈피값을 나타내어 노화속도가 매우 느린 것으로 나타났으나 멥쌀에 10~20% 첨가한 경우 뚜렷한 노화억제 효과가 나타나지 않았다. 떡의 노화억제를 위해 전분 가수분해 효소를 이용한 결과 내열성이 우수한 *B. licheniformis* α-amylase의 경우 노화억제 효과가 있는 것으로 나타났다.

떡의 노화 정도는 멥쌀과 찹쌀 모두 냉장>실온>냉동의 순으로 진행된다. 냉장 상태의 온도(5℃)에서 노화가 최대한 촉진되었고, 0~60℃ 사이에서 저장을 했을 경우 온도가 낮을수록 노화속도가 증가하였다. 냉동을 하였을 때 노화가 지연되는 이유는 수분이 빙결성 상태로 전분 분자 사이에 존재하는 수소 결합을 방해하기 때문에 전분 분자 간의 결정화, 즉 노화의 진행이 늦어진다.

3) 노화에 관계하는 요인

전분의 노화 속도는 호화와 마찬가지로 온도, 수분함량, pH, 전분 분자의 종류 등에 크게 영향을 받는다.

그러므로 전분의 노화를 방지하려면 α-전분 상태를 80℃ 이상으로 유지하면서 수분을 뽑아내거나 0℃ 이하로 얼려서 급속하게 탈수시켜 수분의 함량을 15% 이하로 해주면 된다. 이렇게 하면 전분 분자의 배열이 헝클어져 인접한 분자와 교착된 상태로 고정되기 때문에 노화하기 어렵다. 또한 설탕과 유화제도 노화를 억제시켜 준다.

4) 미생물

(1) 미생물의 증식에 필요한 영양소들

미생물이 어떤 특별한 환경에서 자라기 위해서는 에너지원과 다양하고 복잡한 세포 구조를 합성하는 데 필요한 화학적 기본 물질재료가 필요하다. 세포 구성분을 만들고 세포에 대한 에너지를 생산하는 데 이용되는 천연물질인 영양소는 기본적으로 미생물에 의해 요구되는 식품물질들이며 미생물이 자라고 증식하려면 반드시 외부환경으로부터 얻어져야 한다.

충분한 영양소의 공급이 필수적이지만 이것이 미생물의 증식을 결정하는 유일한 요인은 아니다. 증식은 수많은 요인들 간의 복잡한 상호작용에 의해 결정되며 그 요인들 중 하나가 적당한 영양소의 공급이다.

미생물의 증식에 영향을 주는 다른 요소로는 온도, pH, 수분, 저해제 등이 있다.

(2) 미생물에 의한 부패

자연환경에서 식품의 미생물 부패는 복잡하지만 자연적인 재순환 과정의 시작단계에 해당되기도 한다. 부패된 식품은 미생물에 의해 분해되어 이산화탄소로부터 탄소,

질산염으로부터 질산, 무기물 등을 방출하고 이것이 다시 녹색식물의 영양원으로 이용된다. 떡에서는 미생물이 성장할 경우 맛, 냄새, 외형, 조직감의 변화를 일으켜 부패를 야기한다.

하지만 미생물에 의해 부패된 식품 중 어떤 것은 안전하다. 예를 들어, 효모를 이용해서 만든 증편은 영양적 가치가 매우 높을 뿐만 아니라 저장성도 매우 좋다. 이러한 발효식품은 통제된 부패를 거친 식품이라 할 수 있는데 우유가 시어졌을 경우 먹지 않지만 치즈로 만들어졌을 경우 바람직한 식품으로 상품화되는 것과 같다.

(3) 떡 품질에 영향을 미치는 미생물

떡은 시간이 지나면 노화되어 딱딱해지고 더 시간이 지나게 되면 곰팡이가 피게 된다. 떡에서 가장 문제가 되는 것은 주로 곰팡이이며 세균이나 효모도 품질의 저하에 영향을 미친다. 떡에 생기는 곰팡이류와 세균의 종류는 다음과 같다.

① 무코속(*Mucor*)

털곰팡이라고 불리며 자연계에 널리 분포한다. 균사가 발달하여 털이 뭉쳐 있듯이 보인다. 포자낭은 구형이며 포자낭병이 짧고 묶음이 되어 있지 않으며 하나씩 생긴다. 가근(rhizoid)이나 포복지(stolon)가 없다. *M. mucedo*와 *M. racemosus*는 떡을 비롯한 과일, 채소, 빵 등 여러 가지 식품의 부패균이다.

*M. hiemalis*는 펙틴 분해력이 강하며 *M. rouxii*는 아밀레이스 생산력이 강하다. *M. pusillus*가 생산하는 프로테이스는 응유효소로 사용된다. 여러 가지 누룩에서 분리되며 전분의 당화 능력뿐만 아니라 알코올 발효능이 있어 우리나라 약주발효에도 중요한 역할을 한다.

② 리조프스속(*Rhizopus*)

거미줄 곰팡이라고도 하며 균사의 모양은 털곰팡이와 유사하다. 포자낭은 구형이며 포자낭병이 3~5개씩 다발로 생기는 특징이 있다. 발달한 뿌리모양의 가근(rhizoid)을 형성하고 포복지도 형성한다. 그중 *R. nigricans*는 고구마 연부병의 원인균이며 빵, 떡, 곡류, 과일의 부패균이기도 하다.

③ 아스파질러스속(*Aspergillus*)

형태적인 특징은 무성생식 기관에서 분생자병의 끝이 부풀어 정낭(vesicle)을 이루는 점이다. 그 정낭 위에는 경자(sterigmata)들이 단층이나 2층 구조로 배열되어 있고 이 경자에 분생포자가 생긴다. 특히 건조식품의 부패에 중요 역할을 하며 또한 유기산 생성에 이용되는 종류도 있다. 부패에 관여하는 곰팡이류이다.

④ 페니실린속(*Penicillium*)

푸른곰팡이라고도 하며 부생자병의 끝이 여러 갈래로 갈라져 붓 같은 모습을 하고 있다. *Aspergillus*와 함께 식품 부패에 중요한 역할을 하며 쌀을 노랗게 변화시키는 *P. citrinum*, 항생제 생성에 쓰이는 *P. chrysogenum* 및 *P. notatum* 이 있다.

⑤ 세균류

빵과 떡에 자라는 세균류는 가장 대표적인 것으로 *Bacillus*가 있다. 그람양성의 호기성 간균으로 내열성 포자를 형성하기 때문에 밥이나 떡과 같이 100℃ 부근의 온도에서 가열을 한 음식의 부패의 주요 원인이 된다.

메주나 청국장 같은 발효식품의 숙성에 관여하고 아밀레이스나 프로테이스 등 효소 생산에도 쓰이고 있다. *B. stearothermoplhius*의 포자는 미생물 중 가장 높은 내열성을 보이므로 가열살균의 표적이 된다. *Bacillus* 중 곡류나 전분식품에 분포하여 가벼운 식중독을 일으키는 것은 *B. cereus*이다.

(4) 미생물 증식의 방지

① 냉동

일반적인 떡의 저장 방법 중 가장 좋은 방법은 냉동보관이다. 대부분의 경우에 -10℃에서 식품을 보관할 경우에는 미생물의 성장은 일어나지 않으므로 냉동법은 떡의 저장 시 효과적인 방법이라 할 수 있다. 하지만 식품 중에 존재하는 미생물의 숫자가 동결 과정이나 동결저장 기간 중에 감소하더라도 냉동법의 안전성을 완벽히 보장해 주지는 못한다. 또한 해동하였을 경우 미생물들이 냉동으로 인한 손상을 회복하여 여전히 감염성을 지닐 수 있으며 해동 후 식품의 온도조건이 맞게 되면 성장할 위험성도 있다. 그래서 냉동한 떡이나 다른 식품은 해동 후 바로 조리해서 먹어야 한다.

② 보존제

보존제는 부패미생물과 감염미생물을 죽이거나 억제시켜 떡의 보존기간을 연장시킨다. 예를 들어, 송편이나 꿀떡의 제조 후 참기름을 발라 주는 이유도 참기름의 보존

제 역할 때문이다.

보존료는 화학제이거나 미생물 발효산불이다. 화학식품 보존제는 너무 높지 않은 가열살균 대상물에 적용되며 품질을 향상시키는 효과도 있다. 낮은 수분활성, 낮은 당량이나 소금의 양을 적용할 대상물에 쓰이며 기호도를 높이는 효과도 있게 한다.

5. 관능검사

떡의 영양성분, 독성물질, 부패 등은 여러 가지 물리적·화학적·미생물학적 방법으로 분석할 수 있으나 선호도를 좌우하는 관능적 품질요소는 물리학적 측정이 불가능하며 소비자들에 의해 판정된다. 또한 관능적 특성은 식품의 가치와 시장성에 영향을 주어 소비자와 마지막으로 접하게 되는 가장 중요한 품질요소라 할 수 있다.

생산업자들은 소비자의 구매충동을 높이기 위하여 제품을 출시하기 전 관능검사를 실시하여 제품의 선호도를 알아보아야 한다.

일반적으로 관능검사는 주관적인 물성과 조직을 보다 정확하게 검토하기 위하여 Spearman의 순위상관계수가 0.85 이상인 관능검사요원을 선발, 측정을 일관되게 하도록 한다. 평가내용은 떡의 상품성을 고려하여 색깔(color), 맛(taste), 표면끈기(cohesiveness), 경도(hardness), 점탄성(viscoelasticity), 전반적인 기호성(overall acceptability) 등을 7점 채점법(7점 : 매우 양호, 1점 : 매우 나쁨)으로 하여 3회 평균값을 측정하여 떡의 관능특성을 서술적으로 묘사한 정량적 특성 묘사 시험법(quantitative description analysis, QDA)을 이용한다.

6. 위해요소 중점관리기술(HACCP)

떡 가공에서는 위생성과 안전성의 확보가 시급한 문제로 제기되고 있다. 예를 들어, 롤밀을 사용하여 수침한 쌀가루를 분쇄할 경우 쇳가루에 대한 문제가 제기될 수도 있다. 이는 방앗간 기계를 거쳐 나온 식품을 대상으로 자석을 이용해 쇳가루 등의 검출 여부를 쉽게 검사할 수 있다. 또한 납땜으로 이음새를 용접한 시루의 경우, 유해성이 제기된 이후 납땜시루는 사라졌다. 이와 같이 떡의 가공공정을 유심히 살펴보면 위생적으로 많은 문제점을 내포하고 있다.

이러한 문제 이외에 미생물의 오염에 대한 가공공정의 안전성 확보도 절실히 필요하다. 위해요소 중점관리기술(HACCP)은 식품의 안전성, 특히 미생물학적 안전성을 확보하기 위하여 전 세계적으로 보급되고 있으며 1995년 WHO/FAO 공동회의에서 HACCP 시스템에 대한 평가 작업을 통해 식품의 안전성을 확보할 수 있는 시스템으로 인정을 받았다. 이러한 평가와 함께 공통적으로 사용가능한 지침서를 발표하였다.

HACCP는 7가지 기본활동으로 구성되어 있으며 식품의 가공, 저장, 유통 전 과정에서 중요한 위해요소를 확인하고 오염원을 원천적으로 차단하여 식품의 안전성을 효과적으로 높이는 방법이다. 우리나라에서는 1995년부터 이 기술을 도입하여 시험 운영하였으며 장차 떡가공산업에도 적용될 전망이다.

HACCP의 7가지 기본활동을 보면 다음과 같다.

1) 위해분석 및 위험평가

위해요소를 파악하고 위험률을 평가하는 단계이며 생산품목의 제조공정도를 작성해서 품목별 원재료, 장치, 제조공정 등에 대한 위해분석을 실시한 후 적용가능한 조치를 분석한다.

2) 중요관리점 설정

파악된 위해요소별로 의사결정수를 통과시켜 결정하는 단계이며, 관리활동이 적용되어서 식품안전성 위해요소가 예방 또는 제거되거나 안전한 수준까지 감소될 수 있는 식품 생산 공정 중의 특정지점, 단계, 공정을 말한다. 즉 오염가능한 곳이나 공정을 밝혀내는 것이다.

3) 각 중요 관리점별 허용한계치 설정

허용한계치를 벗어나면 해당공정이 관리상태를 벗어난 것이며 허용한계치는 신중하게 결정해야 한다. 허용한계치란 파악된 식품안전성 위해요소를 허용가능한 수준까지 감소시키거나 예방 또는 제거할 수 있는 중요관리점에서 생물학적, 화학적 또는 물리적 위해요소를 제어해야 하는 최대 또는 최소값을 말한다.

4) 감시활동 절차 설정

감시활동이란 중요관리점이 관리상태를 유지하는지 여부를 평가하고 향후 검증활동에 사용할 수 있는 기록을 작성하기 위한 일련의 계획적인 관측 또는 계측활동을 말한다.

감시활동의 목적은 작업상황관리의 용이성을 확보하고 관리부재 또는 허용한계 이탈상태 발생여부를 파악하며 검증활동을 위한 기록을 제공한다.

5) 개선조치 방법의 설정

감시활동 결과가 허용한계치를 이탈했음을 나타냈을 경우에 취해야 하는 개선조치의 방법을 설정하는 단계이며 이러한 개선조치를 통해 위해가 일어나기 전에 공정을 바꾸고 관리, 유지를 해야 한다.

6) 검증방법의 설정

검증이란 다음 사항을 평가하기 위한 감시활동 이외의 모든 활동을 말하며 HACCP 시스템이 올바르게 운영될 수 있도록 제조업자나 관리감독기관의 검증이 필요하며 서류상 기록의 재검토와 미생물, 물리·화학적 검사 등이 포함된다.

7) 기록관리

기록은 해당업체로 하여금 문제를 일으킬 수 있는 원재료, 공정 간의 조업상황 또는 최종제품에 대한 추적관리가 가능하게 해야 하며 개선조치가 이루어지지 않으면 허용한계치 이탈 현상이 발생될 수 있는 특정 조작단계에서의 경향파악에 도움을 줄 수 있다.

[연습문제]

1. 수침시간에 따른 찹쌀성분 변화를 표로 나타내어라.

2. 수침시간에 따른 pH 변화를 나열하라.

3. 수침시간에 따른 찹쌀과 멥쌀의 페이스트 점도 변화를 나열하라.

4. 반죽의 정의와 점성과 ·탄성에 대해 설명하라.

5. 레올러지란 무엇이며 개체 변수는 어떠한 것들이 있는지 나열하라.

6. 동적 레올러지의 정의와 종류를 나열하라.

7. 떡 제품의 물성에 대한 실험 기계의 사용 방법을 설명하라.

8. 다목적 측정기에 시험할 수 있는 것은 무엇이며 어떠한 목적으로 사용되고 있는
   지 설명하라.

9. 열적 특성에 사용되는 시험기기는 어떤 것이 있는지 설명하라.

10. 떡의 품질 측정 중 색도분석이 필요한 이유는 무엇인지 설명하라.

11. 떡의 품질 측정 중 노화되기 쉬운 조건은?

12. 노화에 관계하는 요인들을 설명하라.

13. 미생물의 증식에 필요한 영양소와 영향을 주는 요소들을 설명하라.

14. 미생물 부패의 원인과 떡에서의 품질에 어떤 변화를 주는지 설명하라.

15. 미생물 증식 방지에 필요한 것들을 설명하라.

16. 관능검사 시 분석방법을 설명하라.

17. 정량적 특성 묘사 시험법을 설명하라.

18. 위해요소 중점관리(HACCP)의 정의를 설명하라.

19. HACCP의 7가지 기본활동을 나열하라.

20. 떡의 HACCP의 예를 들어 설명하라.

10장 떡가공 기계

떡 제조공정은 쌀을 세척기에 투입하여 세척한 다음, 쌀알의 내부에 수분이 충분히 침투한 후 건기지를 한다. 물기가 빠진 쌀에 소금을 첨가하여 1차 분쇄를 한 다음 수분을 첨가하고 반죽을 하여 덩어리가 진 쌀가루를 2차 분쇄로 잘 세분한 다음 시루에 차곡차곡 담아 보일러에서 공급되는 스팀을 이용하여 찌기공정을 하여 그대로 또는 성형을 하여 고물을 묻힌다.

이 장에서는 떡을 제조하는 떡의 단위공정에 필요한 기계장치에 대하여 살펴본다.

1. 떡 가공장치 및 설비

1) 세척기

전동 펌프 모터의 힘에 의해 쌀을 깨끗이 세척하는 기계로, 통에 쌀을 부으면 수압에 의해 쌀과 물을 상부 파이프에 회전시켜 쌀이 씻기며 5~7회 정도 회전되면 쌀은 걸러내고 물은 배수되며, 구조가 간편하고 단시간 내에 쌀을 세척할 수 있다.

세척기(rice washer)의 장점은 ① 다량의 쌀을 단시간에 세척할 수 있으므로 인력 및 물이 절감되고 전기료도 절감되어 경제적이며 좁은 공간에서도 사용이 간편하다. 또한 각종 이물질을 제거하고 소음과 진동이 없다. ② 조작이 편리하며 간단하여 쌀을 연속으로 투입하여 씻더라도 쌀의 연속배출 및 부분배출이 가능하다. 또한 쌀의 영양분을 파괴하지 않으며, 이물질이나 잡티 및 잔류 토분층을 균일하게 제거하므로 떡의 식감을 느낄 수 있다. 단점은 온도가 영하로 떨어질 경우 펌프가 얼게 되면 파손될 우려가 있다.

세척 이론은 단순하다. 원형그릇처럼 생긴 용기에 막대가 휘휘 젓는 간단한 형태부터 물의 수압을 이용하여 관을 빠르게 이동하면서 세척하는 기계 등이 있으며 그 종류는 다음과 같다.

소용돌이치는 원통의 중심에 파이프를 세우고 원통의 아래쪽으로부터 공기를 불어넣어 파이프에 뚫려 있는 많은 구멍으로 물을 분무시키는 사이클론 세척기, 가스통로를 작게 죄고 이 벤투리부에 물을 세차게 분무시키는 벤투리 세척기, 그 밖에 제트 세척기 등 종류가 많다.

본체규격 : 450 × 600 × 1,500 mm, 소요전력 : 220 V

그림 10-1. 세척기

2) 쌀 롤러

수침된 쌀을 롤러를 통하여 분쇄하는 기계이며 과거에는 롤러의 재질이 철(SS41)이었지만 지금은 돌(화강암), 세라믹, 스테인리스의 재질로 분쇄된 쌀가루의 질이 향상되었다. 그림 10-2는 쌀 롤러(rice roller)의 종류이고 1단식과 2단식의 기계 및 케이싱 쌀 롤러이다.

현재 사용되는 롤러는 특수 베어링식 체인으로 진동과 소음이 전혀 없고, 오일 주입이 필요 없어 반영구적으로 사용할 수 있도록 개선을 하여 품질 면에서 많은 발전을 하고 있다. 현재 일반적으로 사용되고 있는 돌 롤러의 특징과 제원은 다음과 같다.

쌀 롤러의 특징은 롤러를 자연석(화강암)으로 제작하여 분쇄 시 쇳가루나 녹물이 전혀 나오지 않고 롤러 프레임을 철판 용접하므로 정밀하고 견고하여 영구적이다. 또한 롤러 표면을 특수 연마하여 쌀가루가 부드럽고 곱게 분쇄되고 각 구동부위에 베어링을 사용하여 소음이 적고 패킹을 장치하여 오일이 유출되지 않으며 부드럽게 회전한다. 제원은 본체규격이 W640 × L520 × H815, 롤러 규격은 ∅170 × L304, 롤의 재질은 화강암, 호퍼는 스테인리스, 슈트는 스테인리스, 프레임은 철판이다.

분쇄이론은 압축 전단형 분쇄기는 두 개 또는 그 이상의 무거운 재질로 서로 마주 보고 회전하면서 원료를 물고 들어가 롤을 통과할 때 압축력을 받아 분쇄된다. 경우에 따라 두 롤의 회전속도가 달라 전단력과 압축력에 의하여 분쇄효율이 높아지도록 설계되어 있다.

분쇄기의 시간당 처리 능력은 롤의 길이와 지름 그리고 회전속도에 의하여 결정된다. 일반적인 쌀 롤러의 롤 길이와 지름은 300 mm × ∅170 mm이며 회전속도는 30 rpm 정도이다.

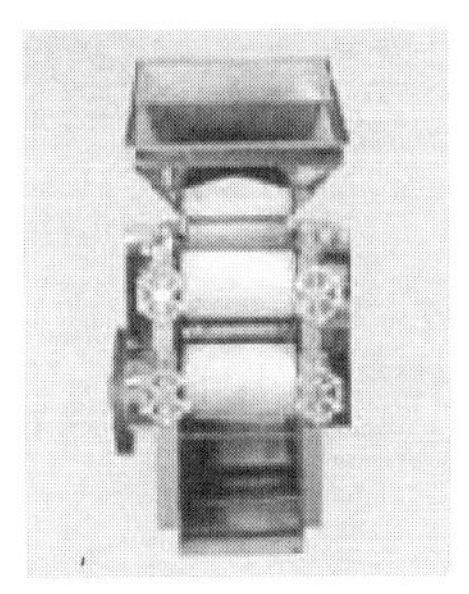

| 1단식 롤러 | 2단식 롤러 | 케이싱 1단 롤러 |

그림 10-2. 쌀 롤러 종류

3) 쌀가루 분쇄기

쌀 롤러에서 분쇄된 쌀가루를 풀어 주는 기계로서 곡물의 덩어리진 분말의 분리에 좋으며, 분쇄방식에 따라 체 분쇄기와 진공식 분쇄기가 있다. 그림 10-3은 쌀가루 분쇄기(rice flour grinder)의 종류이다.

체 분쇄기는 어떠한 일정한 크기의 가루 제품을 얻기 위해 원통형의 체를 만들거나 회전 날개를 회전시켜 체 안에서 고체입자의 자체를 중력 또는 회전에 의하여 쉽게 빠져 나갈 수 있도록 만든 기계이다.

일반적으로 사용하고 있는 체 분쇄기의 체 재료는 강철, 스테인리스, 청동, 구리, 니켈 등이 사용되고 체 단위는 메시(mesh)로 표시하며, 메시는 체망의 가로와 세로 각각 2.54 cm의 면적에 들어 있는 체눈의 수를 의미한다.

체가 운동하는 형태에 따라 선동형, 진동형, 요동형 및 회전형이 있으며 쌀가루의 분쇄에는 회전형이 보편적이다. 또한 체의 능력은 체판의 단위 면적당 단위시간에 분리할 수 있는 물질의 양으로 나타내며, 체의 능력은 원료의 유입속도에 따라 조절되고, 효율은 일정 능력하에서 체의 운전 조건에 따라 달라진다.

체 분쇄기   진공식 분쇄기
진공식 분쇄기 본체규격 : 430 × 660 × 1,000 mm, 소요전력 : 220 V

그림 10-3. 쌀가루 분쇄기 종류

4) 작업대 및 시루 세트

보일러의 관을 통하여 스팀작업대(steam die)에 시루세트(siru set)를 올려 떡을 찌는 기구로 스팀 작업대는 사용 장소에 따라 소형, 중형, 대형으로 설치 가능하며 시루는 한말시루, 반말시루, 송편시루, 세되시루, 원형시루, 떡케이크시루 등이 있다. 그림 10-4는 스팀시루 작업대 및 다목적 작업대이다.

기타 스팀 작업대 및 시루와 관련된 기구는 다음과 같다.

(1) 각종 시루 및 시루망, 실리콘패킹

　① 사각시루 : 송편형, 한말반(1½)형, 한말(1)형, 반말(1/2)형, 세되(1/3)형

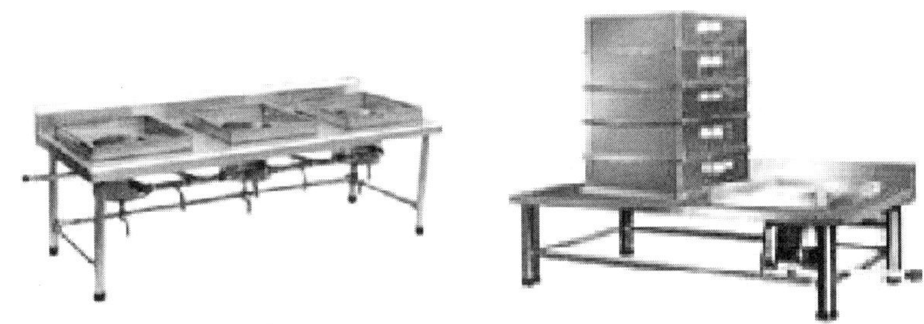

스팀 시루 작업대 규격(가로×세로×높이)
소형　　1,100 × 610 × 500 mm
대형　　1,620 × 610 × 500 mm
특대형　2,100 × 610 × 500 mm
다목적 작업대 규격(가로×세로×높이)
A형　　1,880 × 700 × 700 mm
B형　　1,880 × 800 × 700 mm
C형　　1,880 × 900 × 700 mm

그림 10-4. 스팀 시루 작업대 및 다목적 작업대

　② 원형시루 : 한말반(1½)형, 두말(2)형

　③ 케이크시루 : 3단형

　④ 시루 망 : 한말반(1½)형, 한말(1)형

　⑤ 실리콘패킹, 스펀지

(2) 떡시루 보자기(광목, 기저귀천 등)

(3) 각종 분쇄기 체

　체 종류 : 10, 20, 80, 100, 140, 160, 180, 200

(4) 각종 체 : 빵체, 백설기체, 깨체

(5) 정반 : 소형, 대형

(6) 바구니 : 깨형, 미숫가루형

5) 스팀 보일러

떡을 제조할 때 기본적이고 가장 중요한 것은 건도 높은 증기발생으로 단시간 내에 열효율을 최대로 높여 지속적인 열교환 성능을 유지하며 연료비가 절약되는 경제적인 보일러를 선택해야 한다. 보일러의 종류에는 그림 10-5와 같이 일반적인 수직형 관류 보일러(a)와 스팀 작업대 보일러(b)가 있다. 근래에는 전기 스팀 보일러도 각광을 받고 있다.

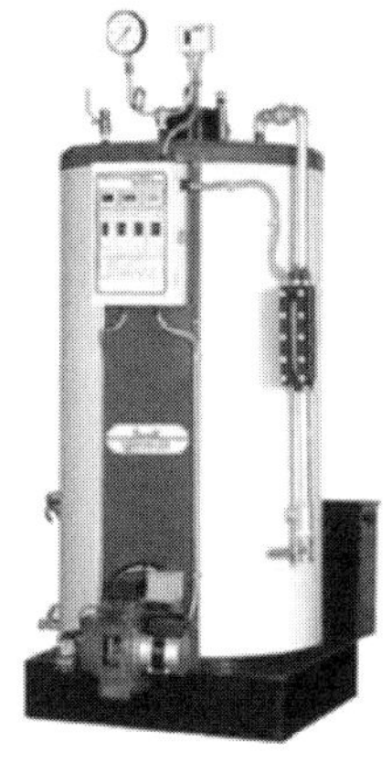

(a) 수직형 관류 보일러　　　　　(b) 스팀 작업대 보일러

수직형 관류 보일러 제원은 열량 : 64,000 kcal/h, 중격증발량 : 100kg/h,
사용압력 : 7 kg/㎠, 보유수량 : 55 L, 본체규격 : 720(W) × 720(D) × 1,420(H)

그림 10-5. 수직형 관류 보일러 및 스팀 작업대 보일러

보일러는 수증기를 만드는 본체로 연료를 연소시켜 열을 발생시키는 연소장치, 과열기, 재열기, 절탄기, 공기 예열기와 같은 부속설비, 온도계, 압력계, 수면계, 안전밸브 등과 같은 부속장치로 구성되어 있다.

현재 일반적으로 사용하는 수직형 보일러는 본체가 수직형으로 연소실은 하부에 내분식으로 되어 있다. 증기 압력은 10kg/㎠ 이하, 전열면적은 약 30㎡ 이하, 증발량은 1.5ton/h 이하의 소요량으로서 효율 60% 정도이다.

스팀 보일러의 세부 명칭은 그림 10-6과 같다.

일반적인 보일러의 주의사항은 다음과 같다.

① 사용전원은 보일러 전기사항에 준하고 출력을 반드시 확인한다.

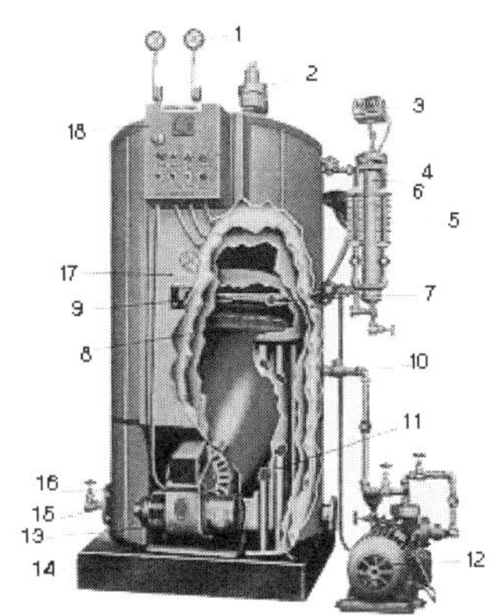

1. 압력계	2. 안전변	3. 압력조절계	4. 수주관
5. 수면계	6. 맥도넬	7. 수관	8. 보온재
9. 명판	10. 급수확인밸브	11. 연관	12. 급수펌프
13. 버너	14. 지지대	15. 퇴수구	16. 소제구
17. 컬커버	18. 자동제어판		

그림 10-6. 보일러의 구조와 세부명칭

② 배관설비의 자재는 KS 규격품을 사용한다.

③ 대기압의 영향으로 인한 역화현상을 방지하기 위하여 배기연도는 보일러 연도로부터 3.5 m 이내로 한다.

④ 보일러 용수는 연수 사용을 원칙으로 하되 그렇지 않은 경우는 정수기를 부착토록 한다(상수도 사용 시 동일 적용).

⑤ 보일러의 정화를 위하여 사용 전에 보일러 내부의 물은 충분히 빼낸 후 재급수하여 사용한다.

⑥ 안전을 위하여 안전변을 수시로 수동분출시켜 항상 적정압력에서 자동으로 분출되도록 한다(안전변 레버를 앞으로 당김).

⑦ 압력계의 고장 유무를 수시로 확인하고 고장 시에는 즉시 교환한다.

⑧ 연 1회 내부 그을음을 청소하고 효율이 감소할 때 파이프 내부를 청소한다.

⑨ 수면계는 항상 청결히 하여 수면이 잘 보이도록 한다.

⑩ 버너의 공기비를 적정 유지하고 불완전 연소로 인한 매연이 발생하지 않도록 한다.

⑪ 사용 후 전원을 끄고 펌프와 보일러 연결구 사이의 밸브를 잠그고 사용 시 전원 연결 전에 다시 열어 준다.

⑫ 동절기 동파 방지를 위하여 사용 후 급수펌프와 보일러 내부의 물을 완전히 빼
  낸다.

수직형 보일러의 장점과 단점을 각각 비교해 보면 장점은 ① 소형으로 장소가 좁아
도 설치가 가능하다. ② 벽돌의 쌓음이 필요 없다. ③ 설비비가 저렴하다. ④ 취급이
용이하며 간편하다.

단점은 ① 효율이 낮다. ② 연소실이 적어 완전연소가 불가능하다. ③ 증기부가 적
어 건증기 발생이 약하다. ④ 내부 청소와 검사가 쉽지 않다.

2. 떡 종류별 설비 명칭 및 제원

1) 떡 제병기

시루에서 쪄진 떡을 스크루에 넣어 일반적인 가래떡, 떡볶이, 절편 등을 만드는 기
계로서 호퍼 안의 스크루를 사용하여 떡을 밀어내면서 앞에 있는 성형(가래떡, 떡볶
이, 절편)틀 모양에 따라 여러 제품이 만들어진다.

그림 10-7은 일반적인 떡 제병기이다.

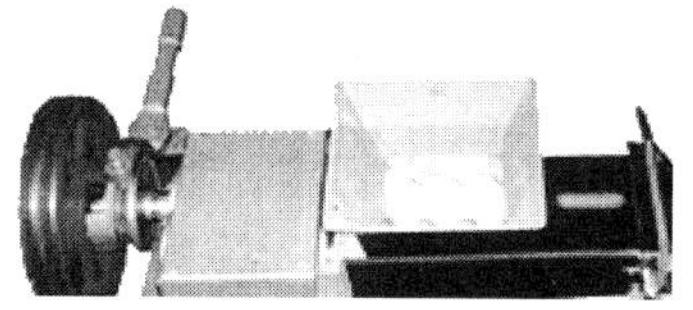

전폭 : 300 mm, 전장 : 650 mm, 전고 : 320 mm,
소요전력 : 3.75 kW(380 V, 삼상)
그림 10-7. 제병기

2) 펀칭기

시루에서 찐 떡이나 쌀 롤러에서 분쇄한 쌀가루를 반죽하는 기계로 속도는 일정하
고 빠른 시간 내에 많은 양을 반죽할 수 있는 기계이다.

그림 10-8은 알루미늄과 스테인리스 펀칭기이다. 펀칭기의 특징은 대량생산에 적합
하며 시간이 절약되고 또한 치는 떡 종류의 떡 질이 향상된다. 펀칭기에 작업할 수 있
는 떡의 종류는 인절미, 꿀떡, 개피떡, 송편 등이 있다.

스테인리스 펀칭기   알루미늄 펀칭기

전폭 : 800 mm, 전장 : 550 mm, 전고 : 600 mm, 소요전력 : 1.2 kW(220 V, 단상)

그림 10-8. 알루미늄 펀칭기 및 스테인리스 펀칭기

3) 인절미 절단기

기존에 인절미를 만들 때 뜨거운 떡을 손으로 바로 만들기 때문에 모양이 없고 불편하다. 이러한 점을 보완하기 위해 만들어진 것으로 펀칭기에서 만든 떡을 상자에 담아 식힌 후 인절미 절단기에 넣어 인절미를 만드는 기계이다(그림 10-9). 인절미의 모양에 따라 타원형 타입과 사각형 타입으로 나눌 수 있으며 조작이 간편하고 두께조정이 가능하며 기계가 소형이므로 작업을 쉽게 할 수 있어 경제적이다.

타원형 타입 인절미 절단기   사각형 타입 인절미 절단기

전폭 : 600 mm, 전장 : 300 mm, 전고 : 600 mm, 750 mm, 소요전력 : 0.55 kW(220 V, 단상)

그림 10-9. 타원형 타입 및 사각형 타입 인절미 절단기

4) 개피떡 기계(반자동, 자동)

펀칭기에서 나온 떡 반죽을 호퍼에 넣어 반자동 및 자동으로 개피떡을 만드는 기계로 떡의 반죽이 되거나 질 경우에는 성형이 잘되지 않으므로 반죽을 할 때 주의를 해야 한다.

일반적인 기계 종류는 그림 10-10과 같은 반자동 및 자동 개피떡 기계로 그 특징은 다음과 같다.

(1) 반자동 개피떡 기계

떡의 크기를 대·중·소로 자유롭게 찍을 수 있으며 속도조절이 가능하다.

(2) 자동 개피떡 기계

빠른 시일에 떡을 대량으로 만들 수 있어 대량 생산에 적합하며 경제적이다.

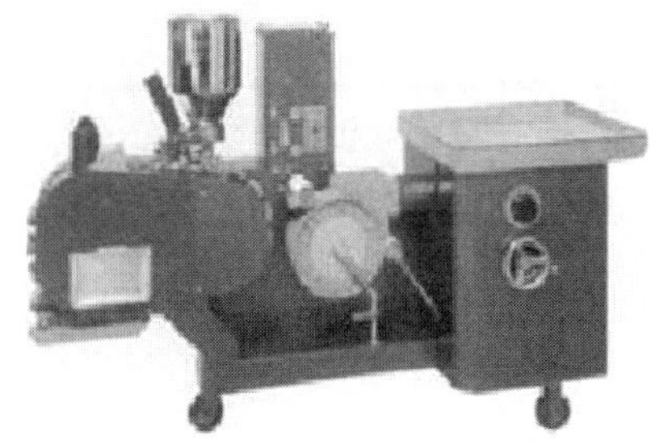

반자동 개피떡 기계   자동 개피떡 기계

반자동 개피떡 기계의 제원은 전폭 : 400 mm, 전장 : 600 mm, 전고 : 800 mm,
소요전력 : 0.8 kW(220 V, 단상)

그림 10-10. 반자동 및 자동 개피떡 기계

5) 절편 절단기

(1) 반자동 절편 절단기

제병기에서 성형되어 나온 절편을 반자동으로 잘라 주는 기계로 이용되는 떡의 종류는 절편, 떡볶이 등이다. 그림 10-11은 반자동 절편기이다.

전폭 : 650 mm, 전장 : 300 mm, 전고 : 800 mm, 소요전력 : 0.04 kW(220 V, 단상)

그림 10-11. 반자동 절편기

(2) 자동 절편 절단기

제병기에서 나온 떡을 자동으로 절편 모양으로 잘라 주는 기계로 떡의 종류는 절편이며, 떡에 꽃무늬를 찍어 주어 꽃무늬 절편기라고도 한다. 다음 그림 10-12는 자동 꽃무늬 절편기이다.

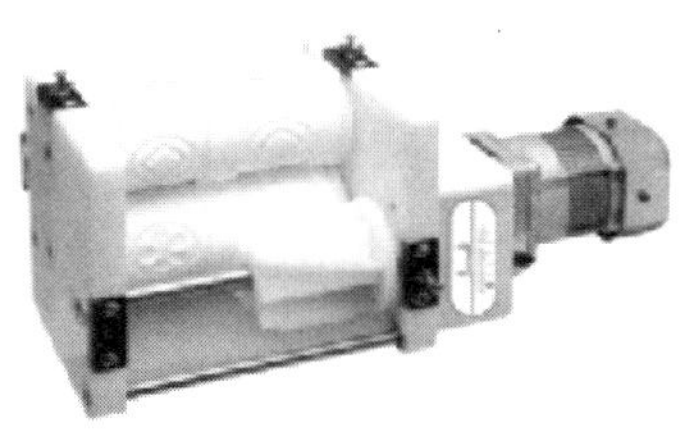

전폭 : 230 mm, 전장 : 400 mm, 전고 : 150 mm, 소요전력 : 0.04 kW(220 V, 단상)

그림 10-12. 자동 꽃무늬 절편기

6) 떡볶이(조랭이) 절단기

멥쌀로 쌀가루를 찐 떡을 제병기에 투입하여 일반적인 성형틀에 기계를 삽입하여 나온 떡을 떡볶이(조랭이) 모양으로 잘라 주는 자동 기계로 떡의 종류는 떡볶이, 조랭이 떡이다. 그림 10-13은 떡볶이(조랭이) 절단기이다.

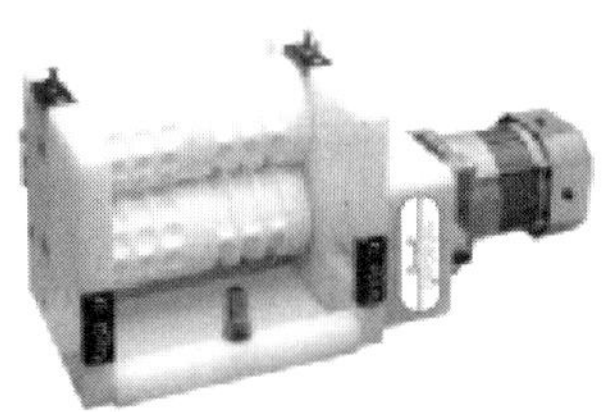

전폭 : 230 mm, 전장 : 400 mm, 전고 : 150 mm, 소요전력 : 0.04 kW(220 V, 단상)

그림 10-13. 떡볶이(조랭이) 절단기

7) 증편기

쌀가루로 2차 발효된 반죽을 증편 쟁반이나 방울증편 틀을 사용하여 증편을 찌는 기구로 내부에는 소량에서 대량생산할 수 있는 칸이 설치되어 한 번에 떡을 4말 또는 5말 정도를 찔 수 있는 실용적인 기구이다.

증편기는 보일러의 스팀 라인을 연결, 발생된 증기를 이용하여 떡을 찌는 기구로 조작이 간편하고 편리하여 작은 장소에서 쉽게 이용할 수 있는 특징이 있다. 그림 10-14는 증편기이다.

증편기의 종류 및 제원은 증편기(6호) 본체제원 : 520(W) × 850(D) × 1,250(H),
증편기(5호) 본체제원 : 520(W) × 750(D) × 1,050(H)

그림 10-14. 증편기

8) 가래떡 절단기

제병기에서 나온 가래떡을 길게 절단하여 2~3일 정도 말린 뒤 그 떡을 절단하는 기계로 절단이 매끄럽고 속도가 빠르며 떡의 두께 조절이 자유롭고 실용적이며 위험성이 없다. 현재 나오는 기계들은 식용유 사용이 불필요하며 기름때를 방지하고 청결하며 기계의 수명이 반영구적으로 내구성이 뛰어나고 특수 재질로 제작하여 작동이 유연하고 장기간 가동해도 무리가 없다. 그림 10-15는 가래떡 절단기이다.

전폭 : 600 mm, 전장 : 450 mm, 전고 : 750 mm, 소요전력 : 0.4 kW(220 V, 단상)

그림 10-15. 가래떡 절단기

9) 떡 성형기

떡의 수요가 점점 늘어나고 대량생산에 맞는 기계가 필요하게 되면서 떡 성형기가 제작되었다.

소비자 및 지역의 선호도에 따라 떡의 모양과 크기를 자동 조절할 수 있으며 숙련도에 따라 능력을 증가시킬 수 있고 기계의 분해 조립이 간편하며 누구나 손쉽게 사용할 수 있다. 떡의 종류로는 생송편, 익송편, 꿀떡, 경단, 찹쌀떡 등이다. 그림 10-16은 떡 성형기이다.

전폭 : 700 mm, 전장 : 780 mm, 전고 : 1,560 mm, 소요전력 : 0.7 kW(220 V, 단상)

그림 10-16. 떡 성형기

3. 기타 설비

1) 볶음솥

부재료(콩, 참깨, 검정깨 등)를 볶는 기계로 떡의 겉고물 또는 속고물을 만들 때 사용한다.

볶는 온도에 따라 맛의 차이가 나므로 숙련된 기술이 필요하다. 현재는 자동 볶음솥 제품이 나오므로 기술력을 요하지는 않지만 나름대로 기술이 있어야 한다.

간단한 자동 볶음솥의 특징을 설명하면 인버터(inverter)를 이용해 단상 220 V 전원으로 삼상 220 V 동력모터(A/C 기어비 20 : 1)를 시간 및 속도(고속, 저속)를 변화시킴으로써 곡물 볶음을 좋게 한다.

모터를 보호하는 과부하 차단기를 설치하고 열 발생을 차단하기 위해서 보온처리를 하였으며, 곡물 볶음상태를 음성으로 알려 주는 기능이 있다. 또한 컨트롤 박스 내부가 간편하게 설계되어 있어 누구나 작동에서 수리까지 용이하게 사용할 수 있다. 그림 10-17은 자동 볶음솥이다.

크기 : 높이 1,500 mm, 폭 : 750 mm, 중량 : 180 kg, 전력소모 : 0.5 kW (220 V), 처리능력 : 15분/1말

그림 10-17. 자동 볶음솥

표 10-1. 각종 기계 점검사항 및 대책

번호	기계명칭	점 검 사 항	비고
1	쌀 롤러	1. 기계 작동 시 롤러 핸들이 꼭 조여 있는지 확인 2. 핸들 조작 시 롤러 간격 점검(간격이 틀어지면 깨짐) 3. 쌀 롤러 호퍼의 이물질 여부 확인 4. 롤러 간격이 너무 넓으면 기어가 물리지 않고 홀로 돌기 때문에 주의를 요한다(특히 쑥, 호박 등). 5. 반죽이 질 때는 롤러 간격을 넓힌다. 　현재 롤러 안에는 마찰력을 식힐 수 있는 쿨링시스템이 있는 제품도 시판 중이다. * 롤러 간격이 없을 경우 마찰력에 의하여 쌀가루가 익는다. * 핸들 클러치판에 그리스를 발라 준다(소음이 준다). * 롤러 분쇄 작업 후 받침판 칼날은 필히 청소(여름철에 곰팡이 생김)	
2	떡 제병기	1. 제병기 안에 스크루가 올바르게 되었는지 확인(스크루 한쪽을 표시하여 사용-색, 칼집모양) 2. 제병기 판에 물 빠짐 구멍을 뚫어 준다.	
3	쌀가루 분쇄기	1. 쌀가루 분쇄 전 공회전을 하여 잔류가루를 청소한 후 사용 2. 여름철에는 쌀가루 분쇄기를 열어 환기를 시켜야 한다(곰팡이 발생). 3. 쌀가루 분쇄 시 보자기를 청소 후 사용	
4	스팀작업 대 및 시루 세트	1. 스팀작업대 : 배관 및 밸브 조작 시 잔류 물 제거 2. 시루 : 청소 시 잔류 증기로 찐 다음 세척, 시루 밑 부분을 실리콘 패킹으로 제작(과거에는 스펀지로 사용)	
5	보일러	1. 예비용 버너 구입(긴급시 필요) : 추석, 구정 등 2. 배관청소 : 0.5 kgf/cm^2 일 때 드레인 밸브를 열고 완전 물을 빼 준다(한 달에 약 1~2회). * 지하수 : 일주일에 한 번 / 상수도 : 한 달에 1~2회 * 압력이 5 kgf/cm^{2}이면 떡이 익지 않는다(건증기). 　4 kgf/cm^2 이하가 적당 * 배관이 녹 발생원인 - 배관 수면계가 고수일 경우 또는 플러그가 고장일 경우 → 수위 점검은 필수 3. 그을음 현상 : 사용하는 기름이 다를 경우(경유, 등유. 연통설치가 잘못될 경우 - 역류 현상 → 계절(봄, 겨울 등) → 옥상 위까지 설치 - 버너 가스 간격이 잘못될 경우 - 연통 옆에 팬이 있으면 문제가 발생(예 : 선풍기) - 보일러 연소 시 하얀 그을음이 발생 → 보일러 터짐 * 보일러 종류 : 50, 80, 100, 150, 200 kg/h 등 * 보일러 관은 스테인리스로 작업해야 한다.	
6	펀칭기	1. 펀칭기 내부 청소 : 회전 날개 밑부분 청소(찌꺼기) 2. 펀칭할 때 손 조심 3. 펀칭할 때 소리가 나면 베어링 또는 회전판 밑부분 점검	

[연습문제]

1. 쌀 세척기의 장점을 나열하라.

2. 쌀 롤러의 종류와 특징을 써라.

3. 쌀가루 분쇄기의 체 단위와 역할은?

4. 스팀작업대 및 시루의 종류를 나열하라.

5. 스팀보일러의 종류와 일반적인 부속장치의 이름을 쓰고 그림으로 그려 보아라.

6. 일반적인 보일러의 주의 사항을 나열하라.

7. 보일러의 장단점을 써라.

8. 떡 제병기에 사용되는 떡의 종류를 나열하라.

9. 펀칭기의 역할과 반죽할 수 있는 떡의 종류를 나열하라.

10. 인절미 절단기의 장점을 써라.

11. 개피떡 기계의 종류와 특징을 써라.

12. 절편 절단기 종류와 장점을 써라.

13. 떡볶이(조랭이) 절단기에 사용되는 떡의 특징을 써라.

14. 증편기에 사용되는 떡의 종류와 역할을 써라.

15. 가래떡 절단기의 사용 용도는 무엇인지 써라.

16. 떡 성형기의 떡의 종류와 특징을 써라.

17. 볶음솥의 사용 용도를 써라.

18. 보일러 고장 시 점검사항을 나열하라.

19. 쌀 롤러 점검사항을 세 가지 이상 나열하라.

20. 펀칭기 점검사항을 나열하라.

11장 떡의 영양

떡은 쌀이 주원료이므로 밀가루가 주원료인 빵보다 영양적인 측면에서 우수한 식품이라고 할 수 있다. 떡은 쌀에 부족한 영양소를 고물이나 송편 속에 다양한 재료를 사용하여 보완하는 기능이 있다.

1. 쌀의 영양성분

쌀의 영양분과 건강을 고려할 때 쌀은 탄수화물이 81.6% 함유된 식품이라고 생각하기 쉽지만 단백질 6.4%, 지방 0.5%, 조섬유 0.3% 등 다양한 영양분으로 구성된다. 밀가루보다 영양소가 적기는 해도 쌀의 양분이 더 우수한 데다 몸 안에서 흡수율도 뛰어나며 알레르기를 일으키는 성분도 거의 없다. 따라서 식물성 식품 가운데 쌀은 가장 우수한 것으로 평가받고 있다.

쌀의 탄수화물은 몸 속에서 소화돼 포도당으로 바뀌는데, 포도당은 활동에 필요한 주요 에너지원이다. 지방과 단백질도 에너지를 공급하지만, 특히 뇌는 포도당 에너지만 사용하기 때문에 성장기엔 아침밥을 꼭 챙겨 먹는 것이 좋다.

또한 쌀은 식이섬유의 주요 공급원이기도 하다. 섬유소는 에너지를 거의 내지 않고 포만감을 주며, 음식물의 장내 통과시간을 단축시켜 변비와 비만을 예방한다. 장에서 콜레스테롤의 흡수를 억제해 동맥경화 등 심장질환도 막아 준다. 펙틴 등 수용성 식이섬유는 식사 뒤 혈당량 상승과 인슐린 분비를 억제해 당뇨 예방에도 효과가 있다.

쌀에는 단백질이 비교적 적은 데 비해 필수아미노산인 라이신 함량이 옥수수, 조, 밀보다 두 배 정도 높다. 또한 쌀 단백질은 몸 안에서 이용효율이 높고 혈중콜레스테롤과 중성지방을 감소시킨다.

쌀의 지방분은 비교적 적고, 주로 불포화지방산이어서 성인병 위험이 낮다. 무기질은 인, 칼륨, 칼슘, 나트륨, 철분이 들어 있고, 면역 비타민인 비타민 B_1과 B_2 등 비타민 B 복합체도 풍부하다.

2. 재료배합과 영양

떡은 말하자면 '별식'이다. 명절이나 잔치와 같은 특별한 때에는 떡이 음식의 왕이지만 언제나 밥처럼 일상식으로 떡을 먹는 것은 아니다. 그러면서 일년에 여러 차례의 명절과 생일 그리고 제사나 잔치 때 꼭 떡을 만들어, 부족한 영양소를 보충하고 맛으로 즐기는 합리적인 식품으로 발달시킨 것이다. 떡을 만들 때의 재료 배합은 매우 합리적인 특징을 갖는다.

가장 보편적이고 토속성이 짙다는 무시루떡을 예로 들면, 주재료인 멥쌀에 부족한 비타민 B_1과 단백질을 고물인 팥이 보충해 주고 있으며, 역시 멥쌀에서는 찾기 어려운 비타민 C를 부재료인 무가 보충해 주고 있다. 팥에 많이 함유되어 있는 비타민 B_1은 체내에 흡수된 단백질을 연소시키는 작용을 하고, 무에도 디아스데이스와 에스터레이스 같은 소화 효소가 들어 있어 무시루떡의 주재료인 멥쌀의 소화를 도와준다. 이렇게 무시루떡은 영양적으로 효과를 볼 수 있는 최상의 재료로 배합된 셈이다. 쑥떡, 콩가루, 인절미, 콩설기 등도 재료배합의 합리성이 두드러진 떡으로 꼽힌다.

쑥떡은 멥쌀가루에 어린 쑥을 섞음으로써 떡이 한층 졸깃졸깃하여 미각을 돋운다. 나아가 영양 면에서 보면 쑥에는 다량의 단백질과 비타민 A와 C가 들어 있어 쌀에 부족한 영양소를 보충하여 영양상의 조화를 이룬다. 콩가루 인절미와 콩설기도 콩에 함유된 우수한 양질의 단백질과 지방이 찹쌀이나 멥쌀의 구성 성분과 합류되어 영양상의 조화를 꾀해 준다.

3. 떡의 영양성분

70년대 이후 정기적으로 발표된 학술지 및 전문서적에서 떡에 관련된 연구자료를 자료 수가 가장 많은 순으로 분류하면 백설기, 절편, 인절미, 증편 순이다. 네 가지 중요 떡의 열량, 단백질, 지방, 탄수화물과 무기질 및 비타민의 양을 산출하여 비교한 영양성분은 표 11-1과 같다.

표 11-1. 주요 떡류의 영양성분(100g당)

성분 \ 품명	백설기	절편	인절미	증편
수분(%)	43.00	50.30	47.40	56.00
에너지(kcal)	234.00	220.00	217.00	177.00
단백질(g)	3.50	4.40	4.90	3.90
지방(g)	0.80	0.80	1.70	0.90
비섬유질(g)	51.80	43.70	44.50	37.50
섬유질(g)	0.10	0.10	0.30	0.30
회분질(g)	0.80	0.70	1.20	0.80
칼슘(mg)	6.00	15.00	19.00	6.00
인(mg)	36.00	40.00	50.00	37.00
철(mg)	0.50	0.50	1.40	0.50
나트륨(mg)	234.00	185.00	374.00	243.00
칼륨(mg)	39.00	25.00	88.00	27.00
아연(mg)	3.03	0.37	0.52	0.37
비타민 A(R.E.)	0.00	0.00	0.00	0.00
레티놀(μg)	0.00	0.00	0.00	0.00
카로틴(μg)	0.00	0.00	0.00	0.00
비타민 B_1(mg)	0.01	0.03	0.07	0.06
비타민 B_2(mg)	0.01	0.01	0.03	0.03
비타민 B_6(mg)	0.30	0.30	0.30	0.30
니코틴(mg)	0.50	0.80	0.70	0.60
아스코르브산(mg)	0.00	0.00	0.00	0.00
엽산(μg)	0.70	0.70	0.70	0.70
콜레스테롤(mg)	0.00	0.00	0.00	0.00

4. 떡의 기능성

우리 음식은 예부터 약식동원의 조리법으로 발달해 왔다. 떡도 예외는 아니어서 건강 유지에 특히 도움을 주는 떡이 적잖게 개발되어 전해지고 있는데, 이것을 흔히 '약떡'이라 부른다. 약떡의 종류는 매우 많다. 대표적인 예를 들면, '구선왕도고'라는 떡은 멥쌀가루에 연육, 산약, 백복령, 의이인, 맥아, 백변두, 능인, 시상 등의 한약재를 섞어, 가루가 촉촉하도록 끓인 설탕물과 꿀을 내려 찐 떡이다. 구선왕도고와 비슷한 방법으로 만든 '복령조화고'라는 약떡도 있다.

복령조화고는 구선왕도고에 들어가는 한약재 가운데 백복령, 연육, 산약이 들어가고, 그 밖에 검인이 들어간다. 검인은 가시연밥을 말하는데, 정기를 보하고 귀와 눈을 밝게 하며 허리나 무릎이 아픈 데에도 효험이 있는 것으로 알려져 있다. 약떡에는 또 백합떡이 있다. 백합떡은 백합의 비늘줄기를 물에 씻어 말린 다음 멥쌀가루에 섞어 찐 떡이다. 또는 백합의 비늘줄기를 짓찧어 물에 가라앉혀 웃물을 따라 버리고 앙금을 말려 가루로 만든 뒤 밀가루를 섞어 떡을 만들기도 한다. 이 떡의 재료인 백합의 비늘줄기는 산에서 나는 나리의 비늘줄기를 가을이나 봄에 캐서 말려 두었다가 쓰는데, 기혈에 매우 유익하다.

이 밖에 향토떡으로 전해지는 약떡도 있다. 제주도의 쑥떡과 전라도의 구기자화전·구기자약떡 등이 그 대표적인 것들이다. 제주도의 쑥떡은 그곳 방언으로 '속떡'이라고도 부르며 멥쌀가루, 메밀가루, 보릿가루, 고구마가루에 각각 쑥을 넣어 만든다. 이 떡은 특히 쑥이 많이 나는 3~4월에 많이 만드는데 위장에 좋다고 한다. 전라도의 구기자화전은 구기자 잎으로 모양을 내어 만든 화전이다. 구기자화전을 만들어 먹으면 구기자 잎에 많은 루틴을 섭취할 수 있다. 이 루틴은 모세혈관의 작용을 촉진하여 뇌출혈을 예방할 수 있고, 고혈압 및 일반 허약자에게도 효험이 있다.

구기자약떡은 찹쌀과 멥쌀을 가루로 빻을 때 구기자를 함께 넣고 빻아 찐 떡이다. 이 떡의 재료인 구기자는 가을에 열매를 따서 말려 두었다가 이용한다. 구기자를 넣어 만든 떡을 약떡이라고 부르는 것은 이것을 먹음으로써 간을 보호하고 동맥경화증을 예방할 수 있고 혈당량을 낮출 수 있어 당뇨병에도 좋기 때문이다. 이렇듯 몸에 이로운 약재를 이용하여 일찍부터 떡을 만들어 평상시에 먹어 왔다는 것은 선조들의 대단한 지혜인데, 이는 우리 떡 문화의 한 특징을 말해 주는 것이다.

5. 기능성 성분의 배합비

떡은 쌀이 주원료이므로 전분이 주를 이루고 있으므로 에너지원이다. 영양가의 조화를 이루기 위하여 떡 속에는 호두, 땅콩 등의 견과류와 참깨, 팥, 녹두, 콩 등 다양한 부원료가 첨가된다. 인절미의 경우 볶은 콩가루 고물을 사용하여 단백질원을 보강하였다.

기능성식품의 종류를 분석한 다음 떡의 부원료로 사용가능한 기능성식품의 선정이 떡 제조에서 중요한 요소이다. 표 11-2는 호박 쌀케이크, 쑥절편, 구름떡, 뽕잎절편의 원료배합비를 나타낸 것으로 구름떡의 경우 다양한 부원료가 첨가되었다.

표 11-2. 주요 떡류의 원료 배합비(단위 g)

성분(g) \ 품명	호박 쌀케이크	쑥절편	구름떡	뽕잎증편
쌀가루(쌀)	70.22 (55.00)	89.38 (70.00)	65.75 (50.00)	62.56 (49.00)
설 탕	7.02	-	8.00	9.38
소 금	0.35	0.63	0.65	0.50
물	14.04	17.87	9.86	18.76
호 박	21.06	-	-	-
대 추	-	-	3.00	-
붉은 콩	-	-	3.00	-
밤	-	-	3.00	-
호 두	-	-	3.00	-
완두콩	-	-	3.00	-
검은콩	-	-	3.00	-
검정 솔기	-	-	6.00	-
계피 가루	-	-	0.80	-
쑥	-	23.47	-	-
참기름	-	0.89	-	-
뽕 잎	-	-	-	1.25
탁 주	-	-	-	18.76
합 계	112.69	132.24	109.26	111.21

또한 이러한 떡을 백미와 현미를 주원료로 하여 제조하였을 때 영양성분을 표 11-3에 나타내었다. 기능성 부원료로 호박, 쑥, 뽕잎이 백설기, 절편 및 증편에 첨가되었으며 구름떡에는 밤, 잣 대추 등의 약재료가 첨가되기도 한다.

표 11-3. 백미와 현미원료에 따른 떡류의 영양성분비(100g당 영양가)

성분 \ 품명	호박 쌀케이크		쑥절편		구름떡		뽕잎증편	
	백미	현미	백미	현미	백미	현미	백미	현미
에너지(kcal)	276.07	276.62	273.07	273.77	329.08	322.08	217.90	218.39
단백질(g)	9.29	9.51	9.64	9.92	12.64	12.59	7.14	7.34
지방(g)	1.48	2.58	3.07	4.47	9.60	10.80	1.24	2.22
비섬유질(g)	62.81	61.22	56.34	54.31	56.47	53.32	47.88	46.46
섬유질(g)	1.08	2.73	0.50	2.60	1.42	1.47	0.85	2.32
회분질 (g)	1.86	2.30	1.17	1.73	1.76	2.06	0.75	1.15
칼슘(mg)	54.45	52.25	27.28	24.48	106.53	112.03	43.89	41.93
인(mg)	56.80	170.65	67.93	212.83	163.28	201.78	32.03	133.46
철(mg)	2.36	3.41	1.96	3.29	3.84	3.39	1.93	2.86
나트륨(mg)	138.03	138.03	240.85	240.85	259.95	260.95	192.29	192.29
칼륨(mg)	537.17	578.97	164.53	217.73	261.39	274.89	97.69	134.93
아연(mg)	0.97	1.33	1.16	1.62	1.72	1.90	0.72	1.04
비타민A(R.E)	10.32	10.32	0.00	0.00	2.05	2.05	51.62	51.62
레티놀(μg)	0.00	0.00	0.00	0.00	0.00	0.00	0.00	0.00
베타카로틴(μg)	62.34	62.34	0.00	0.00	2.93	2.93	0.00	0.00
비타민 B_1(mg)	0.11	0.23	0.10	0.26	0.15	0.25	0.06	0.17
비타민 B_2(mg)	0.07	0.09	0.03	0.05	0.08	0.07	0.03	0.05
비타민 B_6(mg)	0.32	0.59	0.10	0.45	0.24	0.50	0.15	0.39
니코틴(mg)	1.95	2.23	1.42	1.77	2.79	4.99	0.99	1.23
아스코빅산(mg)	0.00	0.00	0.00	0.00	0.82	0.82	0.59	0.59
엽산(μg)	22.36	26.76	18.68	24.28	21.09	27.69	6.05	9.97
비타민 E(mg)	4.22	5.32	0.49	1.89	1.01	2.04	0.01	0.99
콜레스테롤(mg)	0.00	0.00	0.00	0.00	0.13	0.13	0.00	0.00

[연습문제]

1. 떡의 주원료인 쌀의 영양가를 알아보자.

2. 현미와 백미를 사용하여 제조한 떡의 영양적인 차이점과 떡의 굳어지는 속도에 대하여 설명하여라.

3. 백설기, 인절미와 증편의 영양적인 특성은 무엇인가?

4. 기능성 떡을 제조할 때 고려하여야 할 사항과 중요한 기능성 떡을 나열하라.

5. 떡의 품질에서 영양적인 측면에서 고려해야 할 사항은 무엇인가?

6. 녹차를 첨가한 찰떡과 뽕잎절편의 영양적인 특징과 효능을 설명하라.

7. 떡을 선호하지 않는 어린이를 위한 기능성 부원료에 대하여 생각해 보자.

12장 떡의 디자인

떡 하면 가장 먼저 떠오르는 것은 어릴 적 낯선 곳에 처음 이사를 가서 엄마와 이웃들에게 인사를 하며 돌리던 붉은 팥 시루떡이 생각난다. 새집에 액운을 없앤다는 의미도 있었겠지만 처음 대하는 낯선 이웃과 친해지기 위한 선조들의 지혜가 있었다. 우리는 늘 떡을 가까이 대하면서 살았고 제사가 있거나 잔치가 있거나 해서 어른들이 다녀오실 때는 늘 손에 떡을 들고 온다. 이처럼 우리가 가장 쉽게 이웃에게 베풀 수 있고 선물할 수 있는 음식 중의 하나가 떡이다.

이런 좋은 먹거리를 우리는 화려한 제과·제빵에 비해 하찮게 생각한다. 떡을 디자인한다는 말은 처음 들어 보는 말일 것이다. "보기 좋은 떡이 먹기도 좋다"는 말이 있다. 이 말의 의미처럼 떡을 더 먹음직스럽고 아름다우면서도 대량생산이 가능할 수 있고 부가가치를 높일 수 있는 음식으로 만들어야 한다.

그러기에 떡에도 디자인이 필요하고 아름다운 포장이 필요한 것이다. 디자인이란 의복이나 생활기구에만 소용되는 것이 아니라 음식에도 필요하다.

1. 떡 디자인이란?

디자인이란 창조 활동으로 주어진 목적을 실질적인 형태, 즉 구체적인 모양을 지니는 표현을 통해 나타내는 것이다. 그 결과는 실체로서 나타나기도 하고 때로는 실제적인 행위 자체이기도 하다. 쉽게 말해서 문제를 풀어 가는 과정과 그 결과가 디자인이다. 다만 그 과정상 조형적으로, 즉 형태의 짜임새에 대해 생각하고, 이러한 결과를 구체적인 모양으로 만들 따름이다. 디자인은 창의적인 아이디어를 찾아낸 후 구체적으로 형상화하는 과정을 의미한다.

한편 디자인은 조형적인 측면 외에 문제 해결이란 측면에도 관여한다. 어떠한 과정에서 불거진 문제를 파악하고 이에 대한 해법을 도출하는 한편 그 구체적인 결과물을 제안하는 것, 예를 들면, 늘 보던 시루떡을 맛과 모양이 색다른 떡 케이크로 디자인할 수 있는 것이다.

창의적인 생각을 새로운 생명으로 탄생시키는 것이 디자인이다.

2. 떡 종류에 따른 디자인

1) 떡 케이크류

(1) 떡 케이크 '황홀'

'황홀'은 단호박과 녹두고물로 만든 부드러운 떡 케이크로 웃어른의 생신 축하 떡으로 그만이다. 또한 유자액즙을 첨가하여 향이 독특하다. 데코레이션은 당근 정과를

그림 12-1. 떡케이크 '황홀'

이용하여 아랫단에 우아함을 살려 주고, 유자향을 첨가하기 위해 윗단에 유자정로 꽃을 놓았다.

당근 정과를 만드는 방법은 다음과 같다.

당근은 굵기가 일정한 것으로 선택하여 얇게 슬라이스한 다음 설탕 1컵과 물 1컵을 끓이다가 슬라이스한 당근을 넣어서 투명해지면 물엿 2큰술을 넣고 마무리한다. 다 된 당근 정과를 채반에 넣어 하루쯤 꾸들꾸들하게 말려 준 다음 장미꽃으로 만들어 두고 사용한다.

(2) 커피케이크

떡 하면 일반적인 떡만 생각하는 젊은 세대들에게 잘 맞는 떡으로 커피향과 버터가 떡의 질감을 잘 살려 준다. 데코레이션 역시 코코넛, 아몬드, 너트를 이용하여 건강을 강조한 것이다.

데코레이션 재료에는 흰 팥 찐 것, 코코아 가루, 아몬드, 너트, 코코넛, 슈가파우더를 준비한다. 견과류는 달군 프라이팬에 볶다가 불을 끄고 물엿을 넣어 준다. 다 된 떡 케이크 위에 흰 팥과 코코아 가루를 섞어 케이크 위에 직접 체로 내려 준다. 그리고 그 위에 모양 있게 견과류를 올리고 슈가파우더를 뿌려 준다.

그림 12-2. 커피케이크

(3) 흑과 백의 조화

참깨를 고물로 이용하면 떡이 더 고소하고 소화도 잘된다. 데코레이션에 들어간 꽃은 배꽃으로 찹쌀과 멥쌀을 배합하여 꽃을 만들었으며 찹쌀의 투명함이 꽃을 더욱 우아하게 해 준다.

찹쌀과 멥쌀을 1 : 4로 배합하여 떡을 찌듯이 쪄서 여러 번 반죽을 하여 꽃모양을 빚는다. 꽃을 놓을 때는 물의 흐름처럼 넝쿨이 뭉쳐 있다가 양옆으로 자연스럽게 흐르듯 마무리한다.

그림 12-3. 흑과 백의 조화

(4) 아이들을 위한 초코케이크

대추고와 초콜릿 치즈를 섞어 만든 케이크로 누구나 부담 없이 즐길 수 있는 케이크다.

대나무 찜기에 사각 몰딩을 놓고 사각으로서의 세련됨을 강조한다. 위의 고물은 흰 팥고물에 코코아 가루를 섞어 체로 내린 다음 위에 마름모꼴모양 틀을 놓고 슈가파우더를 뿌린다.

그림 12-4. 초코케이크

(5) 콩찰케이크

일반적으로 시중에 나오는 떡 케이크는 메떡을 주로 하고 있다. 소비자들의 입맛은 다양하다. 찰떡을 원하는 경우 콩을 많이 사용하면 더 품위가 있다. 위의 장식은 절편용 멥쌀을 사용하여 만든 장미꽃이다. 멥쌀에 백년초와 쑥으로 물을 들여 백년초 반죽을 돌돌 말아 장미를 만들고 잎사귀는 쑥반죽으로 만든다.

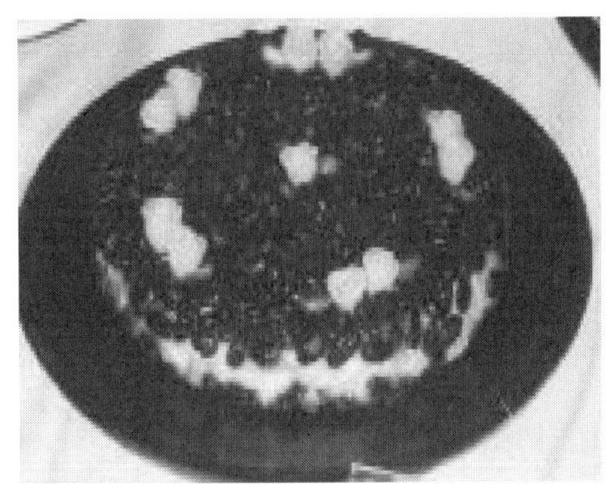

그림 12-5. 콩찰케이크

(6) 녹두를 이용한 떡 케이크

쌀가루와 찹쌀가루를 혼합하여 떡의 부드러움을 살렸고 쑥을 넣어 향기롭다. 고물로 사용한 녹두는 물에 불려 거피를 하여 롤러로 굵게 내린 것이며 데코레이션을 할 경우 녹두의 굵은 입자가 먹음직스럽게 보인다.

그림 12-6. 녹두 떡 케이크

편으로 썬 아몬드로 꽃모양을 만들어 소담스럽고 어르신이나 웃어른들께 선물하기에 좋은 떡 케이크이다.

2) 절편류

(1) 꽃절편

절편은 누구나 다 할 줄 알겠지만 꽃절편은 모르는 분들이 많다. 꽃절편은 손으로 해야 하기 때문에 일반 절편보다는 물을 많이 주어야 한다. 쑥, 백년초, 치자, 감가루 등을 쌀가루에 혼합하여 쪄서 손으로 밀어 흰색에 초록과 치자, 백년초로 물들인 것을 섞어 밀어 주면 여러 가지 색이 모인 알록달록한 색이 어우러져 그 위에 떡살을 찍으면 예쁜 절편, 손으로 끊으면 꼬리절편이 된다. 여기서 색을 넣을 때는 주가 되는 한 가지를 많은 양으로 잡고 윗색은 적은 양을 사용한다.

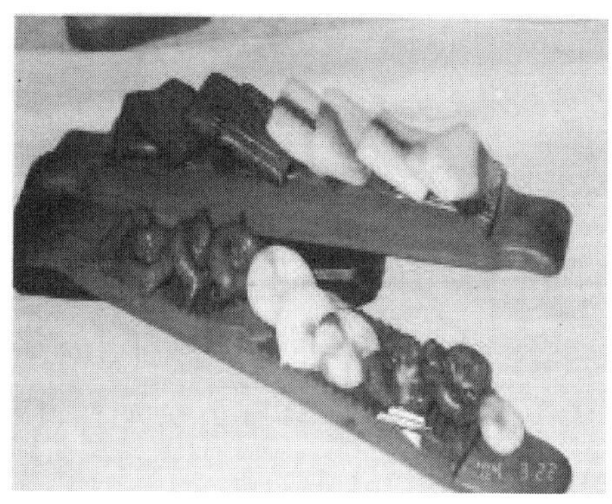

그림 12-7. 꽃절편 및 꼬리절편

(2) 꽃송편

꽃송편은 이바지 떡이나 선물용 떡으로 만든다. 잔손이 많이 가서 만들기가 번거롭지만 그것이 장점이 될 수도 있다. 남들이 하지 않는 것, 그래서 더 고가를 받을 수 있는 것이다. 일반송편과 같은 방법으로 만들되 물량을 조금 더 줘서 만들어 위에 꽃모양을 만들어 올린다. 조개송편, 꽃송편, 국화송편 등이 있다.

(3) 검은깨 찰떡

검은깨 찰떡 역시 순 찹쌀로만 만든 케이크다. 검은깨를 곱게 빻아 설탕과 버무려

그림 12-8. 꽃송편

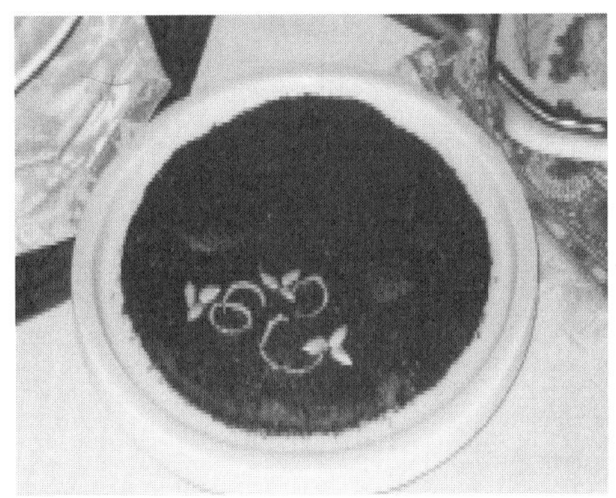

그림 12-9. 검은깨 찰떡

대나무 찜기를 이용하여 찐다. 위의 장식은 대추와 호박씨로 우리나라 전통 문양인 넝쿨을 이용하여 꾸민 것이다. 우리나라 전통 문양은 넝쿨무늬가 많다. 그것은 생명에 기가 나온다는 생각을 가지고 있기 때문이다.

(4) 녹두편과 팥시루떡

팥시루나 녹두편은 우리가 가장 일반적으로 이용하는 떡이나 어떻게 담고 어떻게 포장하느냐에 따라서 부가가치를 높일 수 있다. 팥시루나 녹두편은 한김 나간 후 일인분씩 잘라서 플라스틱 포장지(PP)로 포장을 한 후 한지 박스를 이용하여 바둑 모양으로 담는다. 특히 냉동실에 보관하면 식사대용으로 좋다.

그림 12-10. 녹두편과 팥시루떡

(5) 쇠머리 찰떡

썰어 놓은 단면이 쇠고기 편육과 비슷하다 하여 쇠머리 찰떡이라고 불린다. 충청도 지역에서는 여러 가지 견과류와 콩, 호박고지 등을 넣어 모듬백이라 한다. 모든 것을 다 넣었다는 뜻이다. 쇠머리 찰떡을 찔 때 푸른콩을 많이 사용하는 것이 단면을 잘랐을 때 아름답다. 떡을 담는 박스는 한지 박스를 이용하는 것이 떡도 더 돋보일 수 있고 고급스럽다.

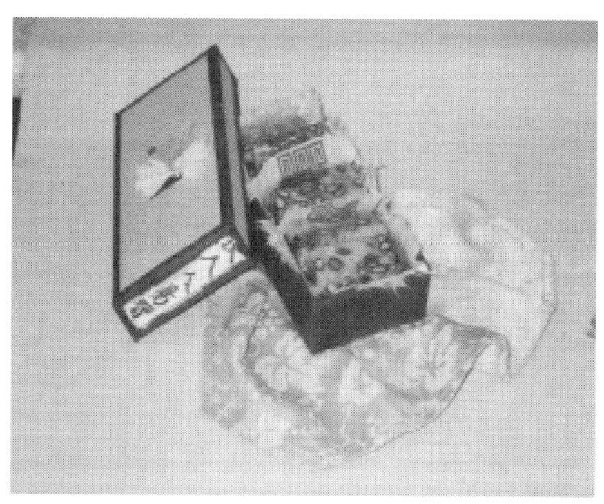

그림 12-11. 쇠머리 찰떡

3) 다양한 소재로 디자인된 설기류

우리의 먹거리에는 각자 다양한 자기 자신의 색이 있다. 강낭콩, 검은콩, 호박, 대추

를 이용하여 각자가 지니고 있는 색상과 영양을 살려 일인분씩 포장을 한다. 이 외에
도 흑미, 흑임자, 호박씨(호박씨는 가루를 내어 색을 내면 비취색이 남) 등이 사용된다.

그림 12-12. 여러 가지 설기떡

4) 지지는 떡

(1) 부꾸미

우리가 흔히 알고 있는 부꾸미란 수수로 만든 것이나 오방색을 들여 정성스럽게 꽃
을 놓아 지진 떡이 떡을 위에서 장식한다 하여 웃기떡이라 하기도 한다. 부꾸미는 찹
쌀을 익반죽하여 팥앙금을 넣고 프라이팬에 지지면서 대추나 잣, 호박씨, 쑥갓으로 수
를 놓듯이 꽃을 놓는다.

그림 12-13. 부꾸미

3. 포장

누구나 포장은 할 수 있지만 고마운 분께 선물을 한다는 것은 전하는 사람의 마음이 담겨 있어야 된다. 한지 포장은 특히 떡과 잘 어울려 떡의 상품가치를 높일 수 있다. 우선 한지의 선택은 강열한 색보다는 은은한 것이 좋다. 위에 묶어 주는 리본 역시 한지무늬 색과 통일된 것으로 선택하면 단순한 포장을 하더라도 세련된 느낌을 준다.

1) 한지 포장

한지 포장은 다양한 모양의 포장방법이 있지만 어떤 방법으로 포장을 하느냐에 따라 받는 이의 마음을 표현할 수 있다. 포장하는 방법을 보면 다음과 같다.

① 직사각형의 상자를 재단된 포장지 위에 놓고 상자 위를 덮는다. 상자의 한쪽 옆면을 따라 포장지를 안쪽으로 밀어 넣는다.

② 이때 상자의 면에 맞추어 반듯하게 접는다. 위아래로 나누어진 포장지 중 위쪽 포장지로 모서리에 직각으로 맞추어 상자의 윗면을 덮는다.

③ 반대편도 같은 방법으로 접은 다음 서로 접은 포장지의 끝부분이 상자의 중앙에서 만나도록 한다. 겹치는 여유분의 포장지를 중심에서 양쪽으로 눌러 접어 포장지 위로 접는다.

그림 12-14. 한지포장

④ 바닥에 남아 있는 포장지를 같은 방법으로 당겨 위로 올린다. 위로 덮은 포장지는 접힌 선의 모서리에 맞추어 바깥쪽으로 눌러 표시한다.

⑤ 접힌 선에 맞추어 모양이 예쁘게 안쪽으로 접어 준다.

⑥ 서로의 선이 똑바로 되게 맞추고 아랫부분을 먼저 당겨 올리고 윗부분은 시접을 접어 양면테이프로 마무리한다.

2) 보자기 포장

지금은 촌스럽고 물건을 싸서 들고 다니는 것이 꺼려지는 건 사실이나 보자기는 원래 복(보자기 복)이라고 불려, 福과 같은 음으로 물건을 싸 두면 복을 불러온다고 전해져 왔다. 보자기의 멋은 부드러우면서 여유롭고 풍요로운 느낌이 느껴지는 우리의 자랑스러운 전통의 포장법이다.

(1) 나비문양

정성이 돋보이는 나비문양은 웃어른께 공손한 마음을 그대로 표현한 매듭이다. 나비문양은 예전에 책보 싸는 모양으로 싸면 된다. 보자기를 펼치고 초입에 물건을 놓고 물건에 보자기를 말아서 끝부분을 접어 넣고 양옆의 시접을 모아서 묶어 준 다음 끝으로 나온 시접을 예쁘게 매만져 준다.

그림 12-15. 나비 매듭 보자기 포장

(2) 바람개비

바람개비 포장은 매듭부분을 바람개비 모양으로 디자인하는 포장방법으로 포장방법을 보면 다음과 같다.

① 보자기 중심에 상자를 놓고 끝을 잡아 교차시킨다.

② 교차된 중심을 눌러 주면서 옆에 위치한 한 끝을 당겨 잡는다.

③ 교차된 중심이 흔들리지 않게 한 번 매듭을 하고, 매어진 한끝으로 고리를 만들어 남은 한끝을 빼낸 다음 당겨 준다.

④ 이때 남아 있는 교차된 한끝과 또 다른 끝을 잡아당겨 위치를 잡는다.

⑤ 다시 반복하여 같은 매듭을 만들어 준다.

그림 12-16. 바람개비 매듭 보자기 포장

(3) 보자기 꽃묶음

보자기 꽃묶음 디자인 방법을 보면 다음과 같다.

① 보자기 중심에 상자를 놓고 양끝을 접어 중심에 맞추어 잡은 다음 반대쪽 끝이 중심에서 만나도록 같이 접어 올린다.

② 한쪽 끝에서부터 주름을 잡아 올린다.

③ 남은 모서리 끝도 끝에서부터 주름을 잡아 올린다.

④ 고무밴드로 고정시킬 수 있도록 밴드를 겹쳐 잡는다.

⑤ 고무밴드로 단단히 고정시킨 다음 남아 있는 두 끝을 상자의 모서리에서 깨끗이 접히도록 하여 교차시킨다.

⑥ 한 바퀴 돌려 잡는다.

⑦ 고정이 되도록 단단히 묶어 준다.

⑧ 주름을 자연스럽게 펼쳐 주면서 매만져 준다.

그림 12-17. 꽃 매듭 보자기 포장

[연습문제]

1. 떡의 상품성을 향상시키기 위한 디자인, 데코레이션, 포장에 대하여 알아보고 용어의 차이점을 설명하라.

2. 떡 케이크를 데코레이션하기 위하여 필요한 색소, 향기, 모양을 연출하기 위한 전통적인 식품의 소재를 찾아 적용방안을 적어라.

3. 떡 케이크와 밀가루 소재 케이크의 디자인과 데코레이션의 차이점에 대하여 생각해보아라.

4. 절편류와 송편류의 데코레이션과 포장에 대하여 알아보자.

5. 쇠머리 찰떡과 설기류의 내부포장에서 고려해야 할 차이점에 대하여 설명하라.

6. 일반종이 포장지와 비교하여 한지포장지의 차이점과 장점은 무엇인가?

7. 보자기 포장의 나비 매듭과 바람개비 매듭의 포장방법을 설명하라.

8. 현대감각에 따른 보자기 포장의 개선방향에 대하여 설명하라.

9. 보자기 포장을 전통식품이 아닌 빵이나 케이크류에 적용할 경우, 동양과 서양의 소비자가 생각하는 선호도의 차이점과 일반포장과 차별화할 수 있는 방안에 대하여 토론해 보자.

13장　떡과 빵의 비교

떡은 쌀을 주식으로 하는 동양에서 고대부터 전해 내려오는 먹거리인 반면에 빵은 서구에서 주로 밀을 사용하여 만든 것으로 다양한 종류가 있다. 오늘날 빵은 동서양을 막론하고 식품점에서 구할 수 있지만 떡은 떡의 종주국인 국내에서도 쉽게 접하기가 어렵다.

이러한 관점에서 떡과 빵의 차이점을 이해하여 떡의 우수성에 대하여 살펴본다.

1. 역사와 종류

1) 빵의 역사와 종류

빵이란 기본적으로 밀가루에 설탕, 물, 소금 등을 첨가하여 반죽을 만들어 이를 이스트로 발효시킨 후 오븐에 찐 것을 말한다. 빵은 종류가 풍부하여 밀가루 대신 호밀, 옥수수, 메밀가루 등을 사용하여 제조하기도 한다.

빵의 역사는 약 6,000년 전 인류생활이 수렵생활에서 농경생활로 넘어가면서 곡식을 반죽하여 돌에다 구운 것이 기원으로서 처음에는 무발효 빵이었으나 기원전 2,000년에 이집트인들이 처음으로 이스트를 넣은 본격적인 발효 빵을 굽기 시작한 것이 오늘날의 발효 빵의 시초이다. 이리하여 그리스를 거쳐 로마시대에 들어오면서 제빵 기술이 본격적으로 발전하였으며 말총으로 만든 체를 이용하여 고운 밀가루를 구하고

당분과 이스트의 작용으로 발효를 일으켜 부드럽고 질 좋은 빵을 만들 수 있었다. 또한 기독교가 유럽 전체로 빠르게 전파됨에 따라 제빵 기술도 유럽 각지로 퍼져 없어서는 안 되는 주식이 되었다.

빵의 종류는 기본적으로 배합량과 부재료의 종류에 따라 식빵, 단과자빵, 특수빵, 조리빵 등으로 나눈다.

식빵류는 주로 식사대용으로 이용하는 빵으로 우유식빵, 옥수수식빵, 건포도식빵, 보리식빵 등이 있다. 단과자빵류는 설탕, 버터, 계란의 비율이 높은 빵을 말하며 스위트롤, 데니시패스트리, 단팥빵, 크림빵, 소보루빵, 시나몬빵 등이 있다.

특수빵류는 너트브레드, 프럼브레드, 오트밀브레드, 콤비콘브레드와 같이 특수한 재료를 이용하여 만든 식빵, 건강빵, 특수빵 등을 말하며 프랑스빵과 같이 밀가루, 이스트, 소금, 물만으로 만들어서 껍질은 딱딱하고 속은 부드러운 것이 특징이다.

마지막으로 조리빵은 여러 가지 재료를 사용하여 구운 빵을 말하며 대표적으로 샌드위치, 햄버거, 피자 등이 있다.

2) 떡의 역사와 종류

떡은 관혼상제의 의식 때에는 물론 철에 따른 명절, 출산에 따르는 아기의 백일이나 돌 또는 생일·회갑, 그 밖의 잔치에서 빼놓을 수 없는 음식이며, 떡의 역사는 삼국이 성립되기 이전인 부족국가 시대부터 만들어 먹은 것으로 추정하고 있다.

떡은 찹쌀, 멥쌀, 콩, 팥 등 다양한 곡식가루를 반죽하여 찌거나 삶아 익힌 것으로 시루떡, 인절미, 경단, 백설기, 화전 등 그 종류도 수십 가지에 이른다. 떡은 재료, 용도, 지역에 따라 분류하지만 일반적으로 제조공정에 따라 크게 찌는 떡, 치는 떡, 지지는 떡, 삶는 떡으로 구분한다.

2. 재료

1) 빵에 쓰이는 재료

(1) 곡류

① 밀가루

100 g당 약 354 kcal의 열량을 내는 밀가루는 쌀보다 열량이 높으며 단백질의 양은

거의 2배 정도 된다. 지방은 쌀에 비해 7배, 비타민 B_1은 쌀보다 3배 정도 많으며 칼슘과 인, 철분 등도 훨씬 많이 들어 있다. 다른 곡물에 비해 밀가루에는 특이한 단백질인 글루텐이 있어 반죽을 할 수 있는 것이 특징이다. 단백질의 함유량이 많고 산도가 낮은 것이 양질의 밀가루이다. 글루텐의 함량과 당화력, 산도에 의해서 밀가루의 질을 구분한다. 밀가루의 종류는 글루텐의 함량에 따라 강력분과 중력분, 박력분으로 나눌 수 있다. 글루텐을 형성하는 단백질이 많은 강력분은 제빵용으로 사용되고, 중력분은 국수류, 박력분은 쿠키와 케이크 등에 이용된다. 밀가루는 열량과 단백질, 그 밖에 영양분이 많기 때문에 습기가 있으면 쉽게 부패하므로 장기간 저장이 어려운 단점이 있다. 사용하기 전에는 반드시 체에 두세 번 내려 덩어리 없이 보송보송한 가루의 상태로 쓴다.

a. 강력분

달콤한 차와 함께 먹으려면 강력분으로 빵을 만들어 먹는 것이 좋다. 강력분으로는 패스트리와 빵을 만들 수 있으며, 단백질이 11%나 들어 있어 밀가루 중에 가장 영양가가 높고 크림색을 띤다. 주로 이스트로 발효를 하며 손으로 쥐었다가 펴면 형태가 금방 사라지는 것이 특징이다.

b. 박력분

많은 지방과 달걀이 들어간 케이크와 과자에 가장 많이 이용하고 있는 박력분은 글루텐의 함유가 낮기 때문에 바삭바삭한 과자나 파삭한 빵, 스펀지케이크, 치즈케이크, 기름진 비스킷에 가장 적합하다. 밀가루 중 단백질의 양이 8% 정도로 가장 적으며 흰색을 띤다. 발효할 때는 베이킹파우더를 사용하고 손으로 쥐었다 펴면 형태가 그대로 남아 있다.

c. 중력분

가장 질이 좋은 중력분은 다목적으로 사용되는데, 특히 국수와 파이를 만들 때 많이 사용한다. 강력분과 중력분을 섞어서 사용할 때는 2:3 비율로 적당히 섞는다.

② 호밀가루

약간 신맛이 나는 곡식으로 미국 사람들은 밀가루로 만든 빵보다 이 호밀로 만든 빵을 더 좋아한다는 얘기도 있다. 이 호밀은 결은 오트밀보다는 곱지만 이스트를 넣어도 잘 부풀지가 않으므로 밀가루와 섞어 사용한다.

③ 옥수수가루

옥수수가루는 손바닥으로 눌렀을 때 특이한 바삭거림이 느껴지며 흰색을 띠고 있다. 옥수수는 80℃ 이상의 물과 함께 섞으면 젤라틴과 같이 된다. 농축된 재료인 옥수수가루는 커스터드와 블라망스 그리고 터키인이 좋아하는 당과 같은 음식에 잘 어울리고 또한 과일을 이용한 파이, 광택이 나는 다과용 빵에 사용된다.

④ 보릿가루

밀가루보다 비타민과 무기질, 섬유질이 많아 잡곡바게트 등의 건강빵을 만들 때 주로 이용된다. 제분할 때 보리껍질을 다 벗기지 않아서 빵맛이 좀 거친 편이다.

(2) 유제품

① 우유

우유는 87%의 수분을 함유하고 있는 수분조절 재료이며 지방함량이 완전크림, 반크림, 탈지우유에 따라 달라지는 기름진 재료이다. 단백질과 무기질이 풍부한 우유는 발육기, 성장기 아이들에게 매우 중요한 식품으로 손꼽을 수 있다. 보통 단 우유는 연유라고 하고 달지 않은 것을 농축 우유라고 부른다. 건조된 우유는 저장이 편리하고 경제적인 것이 특징이다. 빵이나 쿠키를 만들 때 물과 함께 우유를 넣어 반죽하는 것이 좋다.

② 분유

우유를 건조시켜 만든 전지분유는 탈지분유와 조제분유 등으로 나눌 수 있다. 가공하는 과정에서 단백질과 비타민 등이 일부 손실되기 때문에 우유보다는 영양가가 떨어진다. 전지분유는 물만 부으면 우유와 다를 바 없지만 탈지분유는 지방을 제거했기 때문에 장기간 보관할 수 있는 장점이 있다. 쿠키 반죽을 할 때 우유 대신 분유를 넣으면 수분의 양이 적어 반죽이 질어지지 않고 바삭한 쿠키를 만들 수 있다. 우유 대신 분유를 사용할 때는 반죽에 사용되는 수분의 전체 양을 잘 파악한 다음 분유에 물을 섞어 준다.

③ 생크림

우유의 지방분만을 분리하여 만든 것으로 5~10℃의 저온에서 거품이 잘 생기며, 지나치게 저으면 거품이 매끄럽게 되지 않는다. 거품을 만들 때는 온도에 민감한 스테인리스 볼을 냉장고에 넣어 차갑게 한 다음 만들거나 얼음을 그릇에 담고 그 위에 볼을 놓고 만들면 쉽게 거품을 낼 수가 있다.

④ 치즈

치즈는 우유의 단백질과 지방을 레닌이라는 효소로 응고시킨 후 젖산균으로 발효시켜서 만들어지는 고급 발효 유제품이다. 세계적으로 가장 유명한 치즈는 영국에서 처음 만들어지기 시작한 것으로 수분 함량이 36% 정도로 고형분의 반은 지방이고 반은 우유 단백질이다. 맛이 순하고 여러 식품과 어울린다. 프랑스의 로크포르치즈, 이탈리아의 파메산치즈, 모짜렐라치즈 등이 있다. 치즈는 빵이나 과자에 넣어 독특한 풍미를 주고 지방이 적고 단백질이 많아 신선한 영양식으로 유명하다. 일반적으로 치즈는 냉장고의 바닥에 저장해야 한다. 저장 시에는 밀폐된 용기에 넣어 저장하여 수분이 손실되는 것을 방지하고 2~3일 내에 다 먹을 수 있게 소량을 구입한다. 치즈는 1주일 이상 저장하면 표면에 곰팡이가 생기게 되므로 주의한다.

(3) 유지류

① 버터

버터는 80% 정도가 유지방으로, 나머지는 수분 및 유성분 등으로 되어 있으며, 18℃ 이하로 저장하는 것이 가장 좋다. 버터는 4종류로 나눌 수 있는데 생크림으로 만든 생크림버터, 크림을 발효시켜 만든 발효크림버터, 소금을 넣지 않은 무염버터와 염분을 2% 정도 가미한 가염버터가 있다. 대부분 요리에 사용하는 버터는 가염버터이며 발효크림버터, 무염버터는 풍미가 좋고 크리밍이 잘되어 빵이나 과자에 많이 이용된다. 버터는 조직이 부드럽고 치밀하며 색이 균일하고 빵에 잘 발라져야 사용하기 편하다. 크리밍하는 과정에서 거품기로 버터를 많이 저어 주면 공기가 들어가 케이크가 잘 부풀어 오른다. 버터는 냄새를 흡입하므로 보관할 때 공기가 닿지 않도록 잘 싸서 냉동실에 두면 몇 달간이라도 보관할 수 있다.

② 마가린

버터 대용품인 마가린은 굳어진 기름과 농화된 우유, 색소와 소금 등으로 구성되어 있다. 제과용 마가린은 퍼프 패스트리를 만드는 데 사용되는데 융점이 높아 만든 후에 입 안에 기름기가 낄 수 있기 때문에 용도에 맞게 사용하고 쿠키나 빵에 사용할 때는 소금이 첨가되지 않은 크림용 마가린을 사용한다. 가정에서 사용하는 마가린은 풍미가 좋고 입에서 잘 녹으며 영업용은 주로 제빵·제과에 사용하는데 융점이 5~6℃ 가량 높다.

(4) 팽창제

① 이스트

이스트, 즉 '빵의 씨'라고 불리는 효모는 유럽에서는 신부가 시집갈 때 가지고 가는 필수품이었다. 신선한 이스트는 사과 향기가 나고 18℃ 이하에서 보관 사용하는 것이 가장 좋다. 생이스트와 드라이이스트의 두 종류로 나뉘며 맛은 생이스트가 좋지만 저장 기간이 너무 짧아 주로 보관이 편리한 드라이이스트를 사용한다. 부풀리는 힘은 드라이이스트가 생이스트보다 두 배 정도 크다. 효모는 둥글거나 타원형의 모양을 이루고 있으며 맥주효모, 포도주효모, 빵효모 등 종류도 다양하다. 이스트에는 양질의 단백질이 50%나 들어 있어 빈혈 치료에 탁월한 효능을 인정받는다. 필수아미노산인 라이신, 트립토판, 페닐알라닌, 메치오닌 등 사람들에게 필요한 영양소를 풍부하게 가지고 있어 젊음을 유지하는 필수요소로 주목받고 있다. 생이스트는 소금이나 설탕 등과 직접 혼합되어서는 안 된다. 이스트가 발효되기 전에 상하면 건조해지고 부서지며 온도가 올라가 반죽이 제대로 발효를 할 수 없기 때문이다. 빵효모는 당류를 이용하여 반죽할 때 탄산가스를 발생시키기도 하며 동시에 알코올을 발생시켜 반죽을 부풀려 빵의 부피를 늘리고 독특한 풍미와 먹음직스러운 양질의 빵을 만드는 데 도움을 준다. 효모의 증식은 2~25시간 사이에 두 배로 늘어나지만 최고의 활동온도, 충분한 공기온도 등의 조건이 맞아야 한다. 효모의 최고 활동온도는 38℃이다.

② 베이킹파우더

베이킹파우더는 베이킹산과 중산나트륨을 2:1로 섞어서 만든 것으로 좋은 베이킹파우더는 정확한 양을 사용했을 때 케이크의 뒷맛이나 냄새가 나지 않는다. 베이킹파우더를 반죽에 과다하게 넣으면 케이크의 껍질이 검게 되고 알칼리성 맛이 나게 된다. 만드는 케이크나 쿠키에 따라 밀가루 전체 양의 3~5% 정도 베이킹파우더를 배합하면 안전하다. 여러 가지 형태의 비스킷과 패스트리 그리고 슈크림을 만드는 데 적당하다. 물기가 있으면 효력을 잃어버리는 베이킹파우더는 쉽게 부풀어 오르게 하기 때문에 단백질이 적은 박력분과 함께 쿠키나 거품으로 부풀리는 케이크를 만들 때 사용한다.

2) 떡에 쓰이는 재료

(1) 곡류

① 쌀

떡의 주재료인 쌀은 성분에 따라 크게 찹쌀과 멥쌀로 나누며 품종은 약 7,000여 종 정도가 있다. 쌀의 효능 중에 현미는 각종 비타민과 미네랄이 풍부해서 체내의 유해 물질과 노폐물을 분해, 배출하는 작용으로 변비, 위장병 등을 개선하는 데 도움이 된다. 그리고 찹쌀은 위와 비장을 따뜻하게 하고 설사를 그치게 해서 속이 냉하거나 위장기능이 약한 사람들에게 좋다.

② 보리

비타민 B_1, B_2가 풍부하고 섬유질이 많아 장을 튼튼하게 하며 알칼리성 식품으로 체내 산성체질을 중성화시키는 작용을 한다.

③ 메밀

비위를 튼튼하게 하고 습기를 없애며 해독작용이 좋다. 몸이 허약해서 식욕이 떨어졌을 때 메밀을 먹으면 기운을 회복할 수 있다고 한다.

④ 수수

장에 좋은 곡물로 성질이 따뜻하고 장기능을 조절하여 설사를 멈추게 한다.

(2) 두류

① 검정콩

위장의 열을 내리고 신장 내의 여러 장애를 다스려 소변을 깨끗이 하는 작용을 한다. 특히 검정콩에는 불포화지방산이 많아 고혈압과 동맥경화의 원인인 콜레스트롤의 침착을 막아 준다.

② 붉은팥

팥에는 염증을 없애 주며 주독을 풀어 주는 등 여러 가지 효능이 있다. 팥에는 비타민 B_1이 아주 많이 들어 있어 특히 신경을 많이 쓰는 근로자나 수험생 등에게 더욱 좋은 식품이며, 삶은 팥은 심한 변비해소에 효과가 좋을 뿐만 아니라 신장병과 당뇨병에도 유용하다.

3. 공정

1) 빵의 제조공정

(1) 원료의 배합

배합은 밀가루와 물, 이스트 등의 재료를 혼합하고 반죽해 하나의 반죽으로 만드는 것이며, 재료들을 고르게 혼합하고 밀가루에 물을 충분히 흡수시켜 결합시키는 작업이다. 반죽온도를 결정하는 요소에는 재료의 온도, 공장의 실내온도 등이 있지만 가장 쉽게 조절할 수 있는 것이 물의 온도다. 보통 빵의 반죽 온도는 24~28℃ 범위가 적당한데 반죽 온도가 낮으면 발효나 효소의 활동이 나빠져 반죽의 적정한 숙성이 진행되지 않는다.

밀가루를 먼저 한 번 체로 치는데, 이것은 불순물을 없애고 가루에 공기를 넣기 때문이다. 배합하는 물의 온도는 여름에는 20℃ 내외, 겨울이면 35℃ 내외, 봄가을에는 30~35℃를 쓰는데 효모는 더운물에 소량의 설탕과 함께 녹여서 25~30℃로 발효시켜 둔다. 나머지 설탕도 더운물에 녹이고, 소금·지방 등도 더운물에 녹여서 쓴다.

(2) 섞기와 이기기

원료를 섞을 때에는 먼저 밀가루와 예비 발효시킨 용액과 나머지 설탕 용액을 반죽통에 넣고 빨리 섞은 뒤, yeast food의 용액과 소금물, 지방 용액을 넣고 충분히 이긴다. 손으로 이길 때에는 머리 크기만큼 잘라서 여러 번 접어 가며 이겨서 균일하게 한다. 이겨서 만든 것은 윤기가 있고 28~30℃가 되는 것이 좋다.

(3) 발효와 가스빼기

발효는 제빵에서 중요한 공정인데 반죽에 있는 효모를 정상적으로 작용시켜 반죽이 부풀어 오르는 데 필요한 이산화탄소를 만들게 하고, 효모의 작용으로 여러 가지 원료에 생화학적 변화를 일으키게 하여 빵의 향기와 풍미를 주는 것이 발효의 목적이다. 따라서 반죽을 발효통에 넣고 추진보자기를 씌운 다음 보온기 등을 써서 27℃ 정도의 온도와 80~90%의 습도를 유지하여 부피가 약 2.5배 될 때까지 1~1.5시간 정도 둔다. 그리고 나서 주먹으로 여러 번 눌러서 가스빼기를 한 뒤 가장자리에서 안으로 오므려 표면을 매끈하게 하고 다시 보자기를 덮어서 두 번째 발효를 시킨다. 발효가 알맞게 되었을 때 손 또는 주먹으로 반죽을 눌러 가스빼기를 한다. 가스빼기를 하는 목적은 발효에 의해서 축적된 이산화탄소를 내보내는 한편 남은 이산화탄소를 고루 퍼지게 하고 신선한 공기를 주어 효모의 활동을 왕성하게 함으로써 반죽 안팎의 온도를 고르게 하며, 또 여러 원료를 이동하게 함으로써 효모가 새로운 설탕이나 그 밖의 영양분과 접촉하여 생활이 갱신되도록 하는 등의 효과를 주기 위함이다. 가스빼기가 잘못되면 빵의 품질이 크게 떨어진다.

(4) 나누기와 모양 만들기

이 공정은 경우에 따라 여러 가지 방식이 있으나 일반적으로 발효가 끝난 반죽을 작업대에 꺼내 놓고 칼로 나눈 다음 손바닥으로 넓적하게 눌러서 반으로 접고 두 손으로 잡아당겨 약 세 배의 길이로 늘여 세 겹으로 접는다. 이것을 손바닥으로 슬쩍 눌러서 넓적하게 한 뒤, 폭을 두 겹으로 접는다. 접은 끝을 손가락으로 눌러 잇고서, 두 손으로 굴려 매끈하게 하여 빵틀에 넣고 보자기를 덮어서 보온기에 넣는다. 그리고 38℃의 온도와 80~90%의 습도를 유지하며 빵틀에 가득할 때까지 약 한 시간 동안 둔다. 이 공정은 숙련에 의하여 잘 조작하여야 한다.

(5) 굽기와 식히기

제빵의 마지막 공정이다. 일정한 시간 재우기를 한 반죽을 200~240℃로 유지되는 빵가마 또는 오븐에 넣어 약 20분 동안 굽는다. 구워지는 과정은 다음과 같다. 즉 반죽이 계속하여 부풀어 오르다가 황갈색으로 구워지기 시작하여 차차 중심부까지 익어서 완성되는 것이다. 완전히 구워지면 오븐에서 꺼낸 다음 빵틀에서 꺼내어 보자기로 덮고 실온이 되도록 식힌다.

2) 떡의 제조공정

떡의 가공공정은 일반적으로 찌는 떡, 치는 떡, 지지는 떡, 삶는 떡에 따라 공정이 다르다. 가공공정에 관한 세부적인 내용은 제4장 떡 가공공정에서 자세히 다루고 있다.

(1) 찌는 떡의 가공공정

수침 - 물 빼기 - 소금 넣기 - 1차 분쇄 - 물 넣기 - 2차 분쇄 - 찌기 - 식히기 - 포장

(2) 치는 떡의 가공공정

수침 - 물 빼기 - 소금 넣기 - 분쇄 - 찌기 - 물 넣기 - 펀칭 - 성형하기 - 포장

(3) 지지는 떡의 가공공정

수침 - 물 빼기 - 소금 넣기 - 분쇄 - 익반죽 - 지지기 - 장식 - 담기 - 포장

(4) 삶는 떡의 가공공정

수침 - 물 빼기 - 소금 넣기 - 분쇄 - 익반죽 - 삶기 - 건지기 - 고물 묻히기 - 포장

4. 영양

빵과 떡의 종류별 열량을 표 13-1과 표 13-2에 각각 보여 준다.

표 13-1. 종류별 빵의 열량

(단위 : kcal)

핫도그 1개(100 g)	247.00	토스트 1쪽(20 g)	67.00
쵸코파이(100 g)	436.00	파운드케이크 1쪽(70 g)	230.00
와플(100 g)	257.00	곰보빵(100 g)	376.00
링도넛 1개(25 g)	100.00	팥빵 1개(200 g)	220.00
모카빵 1개(100 g)	305.00	프렌치토스트 1쪽(30 g)	100.00
버터빵 1개(103 g)	267.00	피자 1쪽(100 g)	250.00
보리빵 1개(100 g)	245.00	하드롤빵 1쪽(15 g)	40.00
샌드위치, 햄과 치즈(100 g)	244.00	핫케이크 1쪽(70 g)	245.00
생크림케이크 1쪽(100 g)	340.00	햄버거 1개(100 g)	400.00
소보르 1개(60 g)	280.00	호빵 1개(60 g)	200.00
슈크림 1개	250.00	사과파이(100 g)	239.00
식빵 1쪽(35 g)	100.00	야채바게트 1개(100 g)	233.00
식빵(잼) 1쪽	140.00	야채빵 1개(100 g)	271.00
식빵(버터) 1쪽	120.00	참치샌드위치 1쪽	255.00
애플파이 1개	247.00	찹쌀도넛 1개(69 g)	180.00
케이크 1쪽(90 g)	240.00	카스텔라 1개(100 g)	317.00

표 13-2. 종류별 떡의 열량

(단위 : kcal)

개피떡(100 g)	210.00	절편(100 g)	220.00
경단(100 g)	240.00	증편(100 g)	177.00
꿀떡(100 g)	215.00	찹쌀떡(100 g)	236.00
쑥 개피떡(100 g)	208.00	호떡 1개(45 g)	100.00
찰시루 떡(100 g)	248.00	쑥설기(100 g)	253.00
무지개떡 1쪽(25 g)	60.00	가래떡(100 g)	239.00
바람떡 1개(30 g)	70.00	시루떡 1쪽(130 g)	264.00
백설기(100 g)	234.00	약식(100 g)	259.00
송편(100 g)	215.00	인절미(100 g)	217.00

[연습문제]

1. 떡과 빵의 차이점을 영양적인 측면에서 설명하여라.

2. 떡과 빵의 가공공정을 비교하여라.

3. 떡의 주원료인 쌀가루와 빵의 주원료인 밀가루을 사용하여 반죽이 형성되는 기
   작을 설명하여라.

4. 증편과 빵의 제조공정을 비교하고 차이점은 무엇인가?

5. 밀가루에 물을 붓고 힘을 가하면 반죽이 되지만 쌀가루는 반죽이 되지 않는 이유
   는 무엇인가?

6. 찌는 떡과 빵의 제조에서 중요한 단위공정을 설명하여라.

7. 떡과 빵의 부원료를 각각 적어라.

14장 전통적 시장분석

떡시장은 현재 급속도로 성장하고 있어 창업을 준비하는 사람도 많이 있다. 기존의 떡 가공업자는 떡 가공기술은 우수하지만 시장의 분석에 의한 공장과 가게의 위치선정 등의 분석력이 미비한 편이다. 본 장에서는 떡 가공업태의 일반현황, 시장의 분석을 통한 마케팅전략과 마케팅믹스를 수립하는 데 필요한 사항과 판매를 촉진시킬 수 있는 방안을 살펴본다.

1. 업태의 일반현황

현대적인 감각의 인테리어와 영업방식의 떡집이 창업 아이템으로 떠오르고 있다. 떡은 어른들이 좋아하는 음식이라는 인식과는 달리 떡을 만드는 사람도, 먹는 사람도 젊어지고 있는 추세다. 명절에만 구경하던 옛날 음식이었던 떡이 요즘은 젊은이들 간식거리로 인기다.

그러나 떡집창업은 쉬운 일이 아니다. 설비비나 기계구입비, 점포구입비 등 만만찮은 자금을 필요로 하기 때문이다. 또한 떡집을 여러 곳 방문하여 실태를 파악한 결과 대부분의 떡집이 영세성을 면치 못한 상태로 영업을 하고 있고, 고객 접근이 현실적이지 못한 상태에서 포장해 놓고 판매하는 수준이며, 주문을 받아서 해 주는 정도로 운영하고 있다.

특히 최근에 들어 경제 성장의 저하와 치열한 경쟁 그리고 소비자 욕구의 변화로 말미암아 떡 산업의 환경은 더욱 악화되었다. 이러한 상황에서 소비자 만족을 통한 이윤의 획득이라는 마케팅의 대명제가 다시 부각되었고, 시장에서의 치열한 경쟁은 생존을 위한 경쟁적 우위의 확보를 각 떡집의 최우선적 과제로 만들었다.

요즘 개업한 떡집들은 재래식 방법 대신 최신 설비로 다양한 떡을 만들어 판다. 복잡하고 눅눅한 환경의 기존 떡집과 단정하고 청결한 환경의 제과·제빵점을 비교할 때 어두운 떡방앗간 이미지만 탈피한다면 폭넓은 대중성을 가질 수 있는 전통 먹거리로 인기를 누릴 수 있을 것이다.

떡집 운영방법으로는 세 가지를 들 수 있는데 첫째, 기술자를 고용하지 않고 본인이 직접 공장이나 방앗간에서 기술을 배워 손수 떡을 만들어 파는 방법, 둘째, 초기에 자본을 끌어들여 공장을 세워서 단일 품목을 개발하여 영업하는 방법, 셋째는 체인점에 가맹하여 떡을 공급받아 개별 포장하여 개별로 판매하는 방법이다.

위의 세 가지 방법 중 첫 번째 방법으로 직접 떡을 만들고 판매까지 하게 되면 초기 물품비와 기계시설비가 들어가게 되고 인건비 또한 만만치 않으며 매일 수많은 종류의 떡을 만드는 고된 일에 시달려야 한다.

두 번째는 자금이 많이 들고 영업수완이 뛰어나야 하는 어려운 점이 있다. 따라서 일반인이 창업하기에는 맨 마지막 방법인 체인점에 가맹하여 창업하는 경우가 좋으며 자신이 떡기술을 가졌다면 한두 가지 특화상품을 개발하고 그 외의 것들은 떡공장에서 조달받는 형태를 취해도 좋다.

체인점에 가맹할 경우 떡 만드는 기술뿐만 아니라 인력, 경영, 관리까지 지도하기 때문에 초보자라도 크게 어려움이 없다. 체인본부에서 매일 아침 떡을 배송받으며 현대식 시설로 깔끔하게 용량별로 포장된 떡을 판매하기 때문에 비교적 영업도 수월하다. 독립점포 창업의 경우 떡을 제과점처럼 공장에서 매일 공급받아 파는 것도 가능하다.

2. 전략수립

전략이란 각 점포가 외부환경의 기회와 위협에 대해 자기 내부의 자원과 기술을 적응시켜 경쟁적 우위를 개발하거나 적극적으로 자기점포에 유리하도록 환경을 변화시키는 활동이라 정의된다.

1) 원가우위전략

전반적인 비용상의 우위를 목표로 하여 여러 가지 기능상의 정책들을 통하여 특정 시장에서 원가우위를 달성하는 것으로, 원가우위를 달성하는 방법은 ① 규모의 경제 성을 누릴 수 있는 설비에 투자 ② 경험의 축적을 통하여 원가절감을 추구 ③ 원가와 총경비를 철저히 통제하며 이익을 내기 어려운 거래를 회피하고 연구개발이나 서비스, 판매요원, 광고 등의 분야에서 원가를 최소화하는 방법이 있다.

2) 차별화전략

점포가 제공하는 제품이나 서비스를 차별화함으로써 경쟁제품이나 서비스에 비해서 구매자에게 독특하다고 인식될 수 있는 그 무엇을 창조하는 전략이다.

3) 집중화전략

특정시장, 즉 특정 구매자집단이나 제품의 일부분 또는 특정지역을 집중적으로 공략하는 것으로 특정시장에 대하여 원가우위전략 또는 차별화전략을 사용하는 것이다.

3. 상황분석

성공적인 마케팅 계획을 수립하기 위해 가장 먼저 해야 할 일은 현재 자기제품이 처한 환경과 상황에 대한 분석이다. 점포의 마케팅 활동에 영향을 미칠 수 있는 환경 요인들로는 그림 14-1과 같이 거시환경적 요인, 제품과 관련된 시장, 경쟁자, 자기의 능력, 구매자의 특성 등이 포함될 수 있다. 그러므로 점포에서는 구체적인 마케팅 활동계획의 수립에 앞서 이들 요인들 모두에 대한 분석이 선행되어야 한다. 이러한 것들은 기본적으로 점포의 마케팅활동의 성과를 향상시킬 수 있는 장기적인 기회를 파악하고 분석하는 것이라 볼 수 있다. 거시적 환경요인에는 인구통계학적 요인, 사회경제적 요인, 기술환경 요인 등이 고려되어야 한다. 또한 시장분석에서는 자기제품 시장의 매력도가 어느 정도인지를 측정, 분석하게 된다.

경쟁 및 자기분석에서는 자기제품의 현재경쟁자 및 잠재적 경쟁자를 확인하고, 이들 경쟁자의 수, 규모, 시장점유율, 상대적인 제품의 품질 등을 파악함으로써 현재의 경쟁상황을 분석하고, 자기의 능력과 강·약점을 경쟁자와 비교·검토해 보아야 한다.

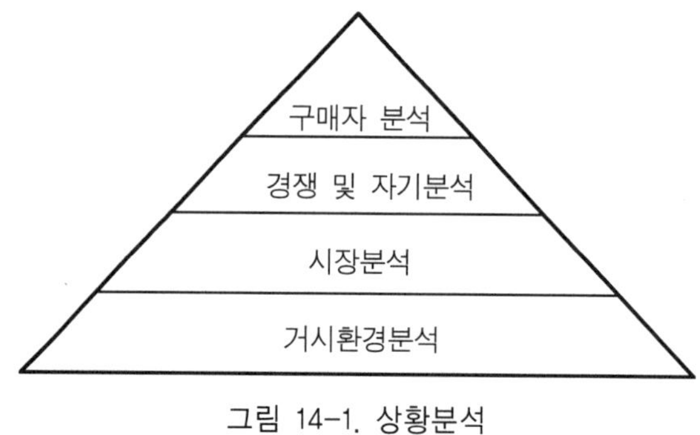

그림 14-1. 상황분석

구매자분석은 시장 내 현 구매자들과 잠재구매자들의 구매행동에 관련된 사항을 분석하는 것으로서 구매자들의 의사결정상의 특징을 분석하게 된다.

4. 세분시장 마케팅 전략 수립

현재 자기제품이 처해 있는 상황에 대한 분석이 끝나고 나면 어떤 시장, 혹은 어떤 계층을 표적으로 해서 자기의 마케팅활동을 전개할 것인가를 결정해야 한다. 이는 그림 14-2와 같은 세분시장 마케팅 전략 과정이다.

나누어진 각 세분시장의 특징을 분석하고 어떤 시장에 어떤 제품이 적합한가를 평가해 볼 수 있다. 즉, 어떤 제품·시장 분야가 자기의 목표와 전력에 가장 잘 부합되는가를 결정하는 것이다. 그 결과 각 점포들은 세분된 시장들 중 자기가 가장 효율적으로 활동할 수 있는 표적시장을 선택하게 된다.

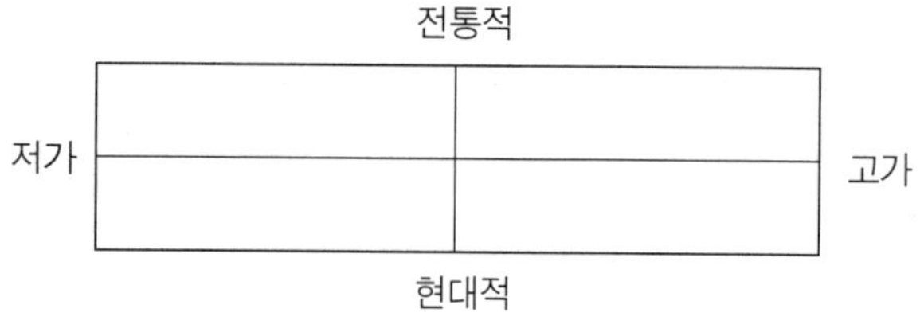

그림 14-2. 표적시장

5. 마케팅믹스의 수립

시장세분화 및 표적시장의 선정이 이루어짐으로써 세분시장 마케팅 전략의 윤곽이 잡히고 나면 이제부터 실제 시장에서 타제품과 효율적으로 경쟁하기 위한 구체적 마케팅 활동 도구를 마련해야 한다. 이는 표적시장에서 자기의 마케팅 목표를 달성하기 위해 필요한 실제 수단을 강구하여 마케팅믹스를 결정하는 것이라 볼 수 있다. 마케팅믹스란 표적시장에서 마케팅목표의 달성을 위해 사용하는 보다 실질적인 마케팅 도구들을 의미한다. 마케팅믹스는 그림 14-3과 같이 통상 4P로 일컬어지는 제품(product), 가격(price), 유통(place), 촉진(promotion)으로 구성되며 이를 효과적으로 조합하는 것이 가장 중요한 과제이다.

제 품	가 격
유 통	촉 진

그림 14-3. 마케팅믹스

6. 유통

유통이란 특정제품이나 서비스가 소비 또는 사용될 수 있도록 하는 과정과 관련되는 일체의 상호의존적인 조직으로 제품이나 서비스를 생산자로부터 최종소비자에게로 전달하는 도구를 제공함으로써 마케팅 전략에서 중요한 역할을 수행하고 있다.

1) 상권의 이해

상거래 행위가 이루어지는 곳은 다 상권이라고 볼 수 있다.

즉 APT 상권, 주택가 상권, 역세권 상권, 시장형 상권, 종합 복합상가 상권, 특별한 전문상가 상권(용산 전자상가) 등 많은 상권이 있다. 쉽게 말해서 상권은 대부분의 고객이 흡인되는 지리적 범위로서 상거래 행위가 이루어지는 곳으로 정의할 수 있다.

상권은 1차 상권(A급 상권), 2차 상권(B급 상권), 3차 상권(C급 상권)으로 구분할 수 있다. 1차 상권은 상점고객의 60~70%를 포함하는 상권범위, 2차 상권은 상점고객의

15~25%를 포함하는 상권범위, 3차 상권은 1, 2차 상권 외의 지역을 말하며 고객이 매우 분산되어 있고 5~10%를 포함하는 지역을 말한다.

2) 상권 설정 기준

상권 설정 기준은 어느 업종이나 마찬가지이다. 대체로 인구적 요인과 점포의 구성 형태 또는 지리적 여건에 따라서 대상권이 형성되고 있다. 대상권의 내부를 들여다보면 도시의 규모, 상점가의 위치, 길이, 폭, 도로와의 교차관계, 점포수, 업종구성, 중심 점포와의 관계 등으로 인하여 시간에 따라 점차 변하는 것을 알 수 있다.

떡집 창업 시 어느 후보지 점포를 물색하였다면 상기에 열거한 대부분의 요인을 참고삼아 어느 상·하 한계선을 설정하고 집중분석하여 입점에 만전을 기하여야 한다.

3) 상권의 특징

역세권, 버스정류장, 밀집주택가, 대학가상권, 아파트단지 내의 상가 등 다양한 위치 조건을 가지고 있다 해도 상권은 다음과 같은 특징을 갖고 있다.
① 동일한 목적을 가지고 있는 사람들이 모이는 지역
② 동일한 직업의 사람들이 모이는 지역
③ 동일한 수준의 사람들이 모이는 지역
④ 동일한 연령이나 취미를 가지고 있는 사람들이 모이는 지역
결국 상권은 동일한 소비형태를 나타내는 사람들이 모이는 지역적 특징을 가지고 있다.

4) 입지 선정과 입점 위치 표적경쟁점 조사

입지 선정 과정에서 가장 고민되는 것이 기존의 경쟁 업종이나 경쟁 점포를 이길 수 있을까 하는 문제이다.

자신이 창업하려는 상권 내에 경쟁 점포가 들어서 있다고 미리 걱정할 필요는 없다. 경쟁 점포를 파악하기 전, 자신이 입점하려고 하는 상권의 전체적인 현황 업종을 알아야 한다.

또, 어떤 업종을 중심으로 상권이 발달하고 있는지를 조사해야 한다.

일반적으로 1차 상권이라고 하면 반경 500 m~1 km 안에 있는 점포들을 말한다. 상

권을 정했다면, 선정한 상권 내의 모든 점포를 표시할 수 있는 지도를 구하고 그 지도에 상권 내의 모든 업소명과 점포크기, 상품구성 정도까지 한눈에 파악할 수 있게 표시한다. 경쟁 상점이 있다면 지도에 표시한 다음 상품의 구성과 가격대를 파악한다. 나아가 경쟁이 될 만한 두세 곳을 표적 경쟁 점포로 선정하여 더 자세히 파악한다.

조사할 항목은 업종에 따라 다소 차이가 있을 수 있지만 크게 세 가지로 나누어 볼 수 있다.

(1) 기초 데이터를 수집

상점의 크기, 상점에서 취급하고 있는 상품과 상품별 가격대, 인테리어 밖에서 보았을 때 얼마나 잘 보이는지, 손님이 많은지 적은지, 소비자가 서비스에 만족해 하는지, 그 점포에 대한 소비자의 반응과 인지도는 어떠한지 등을 살펴본다.

(2) 눈으로 볼 수 없는 정보를 파악

주인이나 종업원과 물건을 흥정하면서 장사가 잘되는지, 주인이나 종업원이 손님을 대할 때 친절한지, 신규고객과 단골고객에 대한 서비스는 어떠한지를 잘 관찰하는 것이다.

(3) 종합분석

어떻게 하면 경쟁업체보다 소비자 또는 고객들의 욕구와 취향을 잘 파악할 수 있는지, 상품공급과 인테리어, 홍보, 고객서비스 측면에서 차별화가 가능하고 경쟁에서 우위에 설 수 있는지 등을 판단해 보아야 한다.

이러한 조건들을 분석한 뒤 충분히 승산이 있다고 판단되면 과감하게 창업을 시도하면 된다.

입지 분석을 하다 보면 그들이 고정관념 속에 하는 이야기들이 대부분 그곳에 또 떡집이 생기면 고객을 나누어 먹는 상태로 경쟁이 되기 때문에 난색을 표하는 예를 가끔 볼 수 있는데, 이것은 기존 점포 본연의 이해타산적인 생각 때문일 경우가 많다. 따라서 잠재고객을 실고객으로 확보한다는 생각으로 공동협조체제를 갖는 것이 더 바람직스럽다고 할 것이다.

5) 구체적인 항목별 입지 분석방법

막상 창업을 하려고 입지조사를 다니다 보면 여기가 거기 같고, 거기가 여기 같아

판단이 잘 서지 않는 경우가 많다. 따라서 입점위치를 고를 때는 뭔가 기준이 있어야
한다. 특히나 떡집 같은 경우 일반음식점이나 대리점 같은 기준으로 판단하여 생각할
수는 없다. 물론 공통적인 부분도 많지만 지역적 구비조건 요소들을 항상 염두에 둔
판단이어야 하겠다.

(1) 고객 동향 및 유동인구 조사

선정한 입점위치의 주변의 형세, 사회학적 특성 등을 파악하고 유동인구수, 업종분
포현황, 주거형태, 세대수, 소비형태, 개략경제수준, 지역적 외식빈도, 교육수준 등을
소상히 파악하여 이들에 대한 접근가능지역을 선택한다. 이 경우 평일과 주말에 따라
다르고 단 주말도 토요일과 공휴일이 다르다. 또 날씨에 따라 다르기도 하기 때문에
이 점도 고려해야 한다.

(2) 입점위치에서 각 방향의 통행량을 조사

큰 도로라면 길건너까지의 유동인구조사와 차량 통행량까지 조사하는 것은 기본이
다. 점포 앞의 유동인구만을 조사했다고 끝나는 일은 아니다. 그 지역 주민들의 소득
수준, 소비수준, 세대별·성비별 조사 등을 상세히 하고 아울러 점포 후보지를 고객들
이 얼마나 이용할지 예상 잠재력도 파악해 보는 것이 좋다.

(3) 고객 접근이 용이한가 조사

고객들의 접근이 편리해야 한다. 즉 차량의 접근성과 도보 접근성을 어느 정도 확보
하고 있어야 한다.

(4) 해당지역의 주요 집객시설 조사

입점할 지역의 특성, 즉 주거지역인지 상업지역인지, 유흥가인지 시장가인지를 조
사하고 부속기능으로서 주변의 주요 집객시설 조사, 즉 공공시설(관공서, 학교, 병원
등)과 상업시설(유통시설, 업무시설, 숙박업소, 문화시설, 레포츠시설 등) 조사를 병행
한다.

(5) 선정한 입점위치 주변 업종 분포현황 조사

주변 업종 분포현황을 조사해 보면, 주변 점포들이 본인 업종과 직·간접적으로 경
쟁관계가 되기도 하고, 본 업종에 도움만 되기도 하는 업종 점포도 많다.

특히, 경쟁 점포가 있다면 경쟁 업소의 시설과 판매전략, 목표시장, 예상매출, 수익

성, 고객관리 등을 비교적 소상히 파악하여 그 문제점을 조사하고 분석하여 대응전략을 세우는 것이 중요하다. 기존 업소와 고객유입, 고객관리, 판매방법, 서비스 등 모든 부분에 있어서 차별화할 수 있는 차별화전략을 구상하여 색다른 특성으로 선보여 잠재고객에게 관심을 끄는 것이 중요한 성공 포인트이다.

(6) 입점위치 주변의 각종 정보조사

주변의 시가지형성, 도시개발 계획상황, 주변 상가증축, 신축 등 상권이 변동할 요인들, 기타 상가 번영회나 해당지역 상인회 등에서 개발계획 활성화 방안 등의 정보를 각 채널을 통하여 수집, 분석하고 판단기준으로 삼아야 한다.

특히, 주변개발계획은 주거시설, 유통시설, 교통시설 등의 계획들을 조사한다.

7. 판촉계획

판촉계획 실행은 제법 만만찮은 비용이 드는 대신, 제대로 계획을 세워 실행한다면 큰 이익을 가져다 주고 창업 후 사업에 성공하느냐 실패하느냐 할 정도로 대단히 민감한 사안이기도 하며 가장 효과적인 수단이기도 하다.

그렇다면 점포사업에서 판촉방법은 무엇일까? 어떻게 계획하고 실행해야 되는 걸까? 창업자들 대부분이 가장 고민하고 신경이 쓰이는 부분이다. 그러면서도 특별한 계획 없이 남들 하는 대로 대동소이한 판촉계획을 세워 실행하는 경우를 종종 볼 수 있다. 예를 들면, 전단지 작성 배포나 간단한 선물제공 또는 주변에 개업떡을 만들어 돌리거나 하는 정도다. 그렇게 하기보다는 자신의 업종과 입지사업의 성격에 맞는 판촉방법을 개발하여 새롭게 변형된 판촉방법을 적용해야 최대의 효과를 얻을 수 있을 것이다.

소점포사업에서 활용 가능한 일반적인 판촉방법을 몇 가지만 소개하면 다음과 같다.

1) 샘플 떡 제공

떡집의 이미지 제고 및 홍보차원에서 주위 고객들의 구매욕구를 자극하여 인지도를 제고시킬 목적으로 사용한다.

2) 경품 제공

고객확대 및 고정고객 확보를 위한 목적으로 많이 사용하며 고객에게 사은품을 제공하는 방식이다. 사은품 제공은 구입자 일부에게 제공하는 현상 경품방법과 구입자 전원에게 제공하는 기념품 제공 방식이 있다.

일정액 이상을 구매하는 고객에게 그에 상응하는 사은품을 증정하는 방식이 많이 사용되고 있으며, 일정 구매액 단위로 스티커를 제공해 일정 매수 이상의 스티커를 모으는 고객에게 경품을 제공하는 방식도 사용된다.

3) 가격 할인

고객의 구매를 촉진시키며, 신규고객을 확보하기 위해 사용하는 방식이다.

비수기 및 불경기가 지속될 때, 전략적으로 경쟁점을 이기고자 할 때 이 방법을 쓰며, 1회에 5~10일 정도 하는 것이 효과적이다.

4) 회원 제도

고객을 조직화하여 고정고객을 만들기 위해 사용하는 방법이다. 매사에 즐거운 일, 좋은 일이 각 가정, 각 상가에 생기면 이런 경우 대부분 떡을 만들어 돌리고 나누어 먹는 일이 관례다.

회원제도를 만들어 대소경사에 저렴한 가격으로 제공하고 본업의 이미지를 잘 관리하면 좋은 판촉방법이 될 수 있다.

5) 전단지 배포

떡 만드는 과정이나 본 떡집의 창업이념 등이 소개된 사진을 넣어 경영방법이나 신조를 강력히 피력하면서 고객을 위한 점포라는 것을 강조하고, 떡의 주요 종류 및 가격대를 소개한다.

배포방법은 직접 가두 또는 호호방문 배포하는 방법과 신문에 넣는 방법이 있다. 이때에는 2차 상권 반경 1~2 km까지를 대상으로 배포한다.

6) 지역 봉사활동 참여

지역의 고객과 밀착해 점포의 이미지를 상승시키기 위한 목적으로 각종 지역행사에 참여하거나 행사를 지원하며, 지역의 불우단체를 방문한다. 이 방법은 장기적으로 점포의 이미지를 제고시켜 지역의 고정고객을 많이 확보할 수 있는 최대장점이 있다.

상기에 열거한 방법 외에도 다양한 판촉 방법이 있으며, 자기자신에게 가장 적합한 방법을 결정하고 효과적으로 진행하기 위해서는 행사에 맞는 적절한 방법이어야 한다. 특히, 이러한 판촉업무를 개업 초기에만 행하고 이러저러한 사정에 의해서 유야무야되어 버리는 경우가 많은데 지속적으로 판촉활동을 해야 한다.

아울러, 판촉 활동 시 주의해야 할 몇 가지를 지적하면 다음과 같다.

① 판촉은 서비스 차원보다는 점포에 대한 고객 접근도, 이용도, 친밀도를 중시하여 행하고 타 점포보다 이색화해야 한다.

② 판촉은 영업점이 가시화되어 활성화될 때 더욱더 강화해야 한다.

③ 판촉은 연간 판촉행사 달력을 만들어 계획적으로 해야 한다.

④ 판촉활동에는 만만찮은 비용이 지출되므로 염두에 두어야 한다.

그리고 판촉업무 내용을 정리하면 대체로 다음과 같다.

옥외간판, DM 발송, POP 광고, 이미지광고, 신문잡지광고, 매체광고, 교통광고, 이벤트행사, 전단지, 포스터활용, 현수막, 떡시식회 등이 있으며 이외에도 여러 가지 방법이 있으나 대체로 보면 상기에 열거한 방법이 현재 행하는 창업 시 판촉내용이다.

이에 준하여 자기업소의 여건에 맞는 방법으로 개성을 살려서 하는 것이 중요하다. 참고로 판촉활동의 단계별 체크포인트 양식과 연간 판촉추진행사 달력을 예로 제시하였다.

표 14-1. 판매 촉진 활동의 단계별 체크포인트

구 분	준 비 사 항	체 크 포 인 트
1단계 : 　상황분석 및 　자료수집	계절상황, 고객요구 지역의 행사 상황 경쟁점의 판촉계획	·고객이 가장 원하는 것을 조사 ·판촉시기 및 행사방법
2단계 : 　판매 촉진 　계획 수립	목표 설정 행사기간 설정 목표고객 설정 판매촉진 방법 결정 판매촉진 고지수단 결정 종업원별 직무 할당 예산 수립	·목표설정은 세분화해 일일 단위로 객수, 품목 　별, 객단가, 매출액목표 설정 ·판매촉진 방법 : 과거 경험을 바탕으로 획기적 　인 방법 강구 ·소요예산 : 세분화해 정확히 수립 ·효과성을 기준으로 행사기간을 결정
3단계 : 　준비	전단 등 고지물 제작 상품 확보 판촉물 구입 POP 부착, 가격표준비 고지물 배포	·행사 내용이 정확히 고객에게 전달될 수 있는 　고지 수단 결정
4단계 : 　행사시행 　및 정비	고객 반응 점검 행사 참여도 조사 점포 청결 유지 추가 고지 여부 검토 일별계획대비 목표관리 판매촉진상품의 재고확보	·행사장은 판매촉진행사 분위기를 연출할 수 있 　도록 동적인 분위기 마련 ·일일고객 반응조사를 통해 행사내용을 보완 ·일일목표 점검으로 잔여행사일 목표조정
5단계 : 　결과분석	매출 결과 집계 효과 분석 문제점도출 및 개선책강구 고객 리스트 정리	·정확한 행사 손익 분석 ·다음번의 행사진행을 위한 금번행사의 문제점 　및 개선사항을 문서화해 기록유지

표 14-2. 연간 판매촉진행사 달력

월	행 사 명	기 간	판촉아이템	행사방법	판촉포인트
1	신년 판촉 행사	1. 1 ~ 1.	선물세트류	사은품 증정	신년을 맞이하여 이익촉구 판촉보다 점포의 이미지를 높이는 행사진행
2	설날/ 발렌타인데이	2. 8 ~ 2. 14	선물세트/ 초콜릿, 캔디	가격 10% 할인	2월은 가장 장사가 안되는 때로 가격할인 행사를 통해 고객을 유인
3	입학/졸업/ 화이트데이	2. 20 ~ 3. 14	–		입학 등 새로운 세계로 진입하는 고객을 위한 감사세일 행사 진행
4	식목일/ 고객사은 행사	–	–		꽃씨나눠주기 캠페인 등으로 다시 한 번 점포의 이미지를 상승시키는 사은행사 진행
5	어버이/ 어린이/ 스승의 날	5. 5 ~ 5. 15	–		가정의 날 행사가 많은 시기인 만큼 가정상품에 대한 행사와, 여행을 시작하는 때이므로 여행관련 상품행사진행
6	장마 대비용품	–	–		장마가 시작되는 시기로 장마대비용품과 더위로 짜증난 고객의 마음을 달랠 수 있는 행사진행
7	여름방학	–	–		여름방학 및 휴가가 시작되는 시기이므로 바캉스용품 기획행사 진행
8	휴가, 바캉스	–	–		휴가철로 매상이 감소하는 시기이므로 바캉스용품 기획행사진행
9	추석	–	선물세트류		추석을 대비한 선물세트 행사진행
10	운동회	–	–		휴일이 많은 시기로 각종행사 및 야유회를 대비한 용품진행 여름용품에 대한 재고정리 행사 진행
11	겨울맞이 행사	–	–		겨울용품 입하 행사 진행 겨울무드 조성
12	크리스마스/ 송년	12. 20 ~ 12. 31	선물세트류		마지막으로 금년의 매출을 만회하기 위한 절호의 시기(상품판촉 + 고객사은을 겸한 행사를 진행)

[연습문제]

1. 전략을 정의하고 점포수준의 전략을 세 가지로 구분하여 설명하라.

2. 자기점포의 매출이 매년 줄고 있다고 가정하고 앞으로의 계획을 수립하기 위한 주변상황분석을 작성하라.

3. 강남지역에 점포를 개설한다고 가정하고 표적시장을 선정하라.

4. 마케팅믹스의 네 가지 구성요소는 무엇인가?

5. 자기점포의 연간 판매촉진행사 달력을 작성하라.

15 장 떡가공업 창업

한식, 일식, 분식, 중화식과 같은 먹거리 업종의 먹거리 점포가 늘어난 이유는 먹는 장사는 밑져야 본전이라는 속설만 믿고 너도나도 생업형 창업을 하였기 때문이다. 반면 같은 먹거리 업종이면서도 떡집의 경우는 좀 다르다. 떡집은 일반 사람들이 기술 노하우 업종으로 인식하고 특별한 사람만이 할 수 있다고 판단하여 오히려 소폭 증가하는 추세를 보이고 있다.

떡집 창업이 쉬운 일은 아니다. 설비비나 기계구입비, 점포구입비 등이 만만찮은 자금을 필요로 하기 때문에 대부분의 떡집이 영세성을 면치 못한 상태로 영업을 하고 있고, 고객 접근이 현실적이지 못한 상태에서 포장해 놓고 판매하는 수준이며, 주문을 받아서 해 주는 정도로 운영하고 있다.

이러한 문제점을 해결하고 떡이 일반 소비자에게 접근하기 위하여 매장이나 만드는 장소를 현대 감각에 맞춰 인테리어를 하고, 제과점이나 유명 햄버거, 피자집처럼 신세대를 겨냥한 차별화한 전략전술로 창업한다면 좋은 결과가 예상된다. 따라서 본 장에서는 떡집의 창업 준비에 필요한 창업절차와 점검해야 할 사항을 살펴본다.

1. 창업준비 절차와 점검사항

1) 창업계획서의 작성

표 15-1. 창업계획서의 점검항목

창 업 계 획 서					
사업부분	사업의 목적 사업의 배경 업종선정이유		리스트	문제점	
				대처방안	
	경 쟁 상 황	독점성	이익계획	추정매출액 필요경비예측 예상이익 %	
		우위성			
	장래성(전망)			필요 경비 (예상)	인건비
업종	식품 서비스의 특징	독점성			임대료, 권리금
		우위성			지불이자
영업전략	규모와 특징 표적 고객 판매가격과 예비가격 판매 전략 고객 개척방법과 비용 광고 방법과 비용				기 타
					합 계
			자금계획	자기자금	
				차입금	금 액
					차입처
				창업자금(합계)	
구매전략	구매 거래처	독점성		필요 자금	점포관련자료
		우위성			설비, 설치, 비품
	유 통 경 로	독점성			물품구입관련
		우위성			기 타

　창업의 가장 중요한 요소로서 소규모 창업은 처음부터 끝까지 예비창업자 자신의 머리로 계획하고 발로 뛰어다니며 직접 스스로 점검해야 한다. 창업을 결심하였다면 제일 먼저 창업계획서를 작성하여 하나하나 체크하고 점검하고 분석해 나가야 한다.

　계획서라는 것은 말로 하는 것보다 꼼꼼하고 정확하게 분석할 수 있는 데이터를 갖게 되는 것이며, 창업진행 절차도 간소화되어 불필요한 낭비(시간, 돈, 기타)를 줄여 주기도 할 뿐만 아니라 본 실질 사업계획서 작성 시에도 많은 도움이 된다. 따라서 창업

계획서를 작성하여 실행하는 것이 좋다. 참고로 개략적인 점검항목을 도표에 기술하면 표 15-1과 같다.

2) 자금 계획의 수립

표 15-2. 필요자금 예비 항목별 산출 계획서

고정비용	주관리비	점 포 취득비	보 증 금	원
			권 리 금	원
			월 세	원
		인건비		원
		기계설비위득비		원
		내 · 외장(인테리어)비		원
		집기 · 비품		원
		개점행사비		원
		기타제세비(공과금)		원
	부관리비	정 책 비	각종광고 · 홍보	원
			기타이벤트	원
		운 영 비	내부관리비	원
			항 목 별	원
			항 목 별	원
			항 목 별	원
변동비용	기타 물품대금			원
	간접 인건비			원
	운 전 자 금			원
	교 제 비			원
	교 통 비			원
	기타 예비비			원
	기 타 (항 목)			원

　　창업자가 조달가능한 자금 계획을 세분화해서 체크하고 확보가능한 자금과 비교하여 규모를 조절하는 것이 성공의 필요조건 중 하나이다. 이 중 실제 조사를 통하여 구체적인 금액을 확인하면서 창업의 현실을 감지해야 한다.

　　확보가능한 자금 계획을 세우게 되면 투자비 규모에 입지선정, 기계시설규모, 초기 인건비, 기타 예비비 등의 순으로 대분류 속에 항목별로 구분하여 예비금액을 책정하고 분류하여 작성한 필요자금 예비 항목별 산출 계획서(표 15-2)를 실질 사업계획서 수립 시 참고 활용한다.

3) 동업종의 시장조사와 정보 파악

떡집 창업 업종이 현재 어떤 사이클을 형성하고 있는지 정확하게 파악하는 것이 무엇보다 가장 중요하다.

관련 업계의 자료를 충분히 검토분석해 보고, 관련단체의 조언 또는 필요사항 자문, 기타 그들이 요구하는 사항도 참고하여 파악해야 하며, 전문적인 창업 컨설턴트와 상담하여 정보를 입수하는 방법도 있다. 요즘에는 전국 각 지방 중소기업청 산하 소상공인지원센터의 전문 상담사와 상담하여, 센터 내 비치된 정보를 입수하는 것도 한 방법일 수 있다.

특히나 본 업종의 기존영업을 하고 있는 선주자 업주들의 경험담을 듣고 현 상황에 대해서 파악하여 두는 것을 잊지 말아야 한다. 여러 경로를 이용하여 광범위한 정보를 입수하여 분석하여야 한다.

4) 사업계획서 작성 및 분석

창업계획서 분석 내용과 자금 계획 내용, 기타 동업의 각종 시장조사를 통하여 확보한 정보를 토대로 실질적인 사업계획서를 작성하고 창업 절차를 실행하여야 한다.

사업계획서 작성 시 필요한 사항을 간략하게 기술하면 다음과 같다.

(1) 사업 타당성 분석

 ① 사업 아이템의 적합도 분석(창업자 자신과 떡집과의 적합성)

 ② 시장성 및 판매전망 분석

 ③ 수익성 및 성장성 분석

 ④ 기술적 배경 및 노하우 분석(떡을 만드는 과정)

 ⑤ 기타 사업 타당성 분석

＊참고로 떡 시장성의 판단기준은 다음과 같다.

 ① 창업하고자 하는 아이템의 시장규모(예상 후보 지역별)

 ② 예상시장(예상 후보 지역별)

 ③ 투자비 대 월간 예상매출(예상 후보 지역별)

④ 미래 매출 확대가능성(예상 후보 지역별)

⑤ 예상 라이프 사이클

(2) 상권설정과 입점위치의 상권분석

개업 예상 후보지를 2~3군데 선정, 입점 위치를 중심으로 가상상권을 설정하고 면밀한 상권 분석에 들어간다.

(3) 사업계획 준비 사항

항목별로 구분하여 면밀히 체크한다.

(4) 물건지(건물, 점포) 파악

점포형태, 점포면적, 층별 위치, 점포비용, 기타 사항을 파악함과 동시에 공부서류조사를 병행한다. 공부서류조사 항목으로는 건물 등기부등본, 건축물 관리대장, 도시계획확인원, 건축허가서 등을 파악하고 기타 건물하자나 용도변경, 계약조건 등을 꼼꼼하게 파악하여야 한다.

(5) 공사 및 기계설치 시설부분

타 업종 창업과는 달리 떡집 창업의 경우 떡가루를 내는 기계 외에 보일러, 쌀 롤러, 제병기, 증숙기, 떡 성형기, 기타 기계를 설치하여야 하는 만큼 이 부분도 상세히 파악한다. 효과적인 방법으로 작업장(떡 만드는 곳), 매장, 인테리어, 냉·난방공사도, 평면도를 잘 그려 공사해야 원가 절감요인이 분석된다.

(6) 인·허가 준비

영업허가, 사업자등록, 기타 카드가맹 등을 사전에 준비하여야 한다.

(7) 종업원 관계(유경험자 채용)

광고, 홍보, 이벤트, 준비물 등을 사업계획서 비고란에 꼼꼼히 기록하였다가 차질 없이 준비하도록 한다.

(8) 초도 물량준비

원재료, 부재료, 연료 등을 사전 준비하여 파악 분석해야 한다. 특히 떡집의 경우는 원·부재료가 거의 곡물로 형성되어 있기 때문에 구입 선정에 각별한 신경을 써야 한다.

2. 인허가 절차와 시설기준

1) 인허가 절차

영업허가를 받기 위해서는 법에 정하고 있는 관계 규정 중 업종별 시설기준에 적합한 시설을 갖추어야 하며, 먼저 식품공업협회에서 실시하는 교육을 이수하여 교육필증을 가지고 일정한 구비서류를 갖추어 관할구청 위생과에 제출해야 한다.

허가를 득한 후에는 관할 세무서에 가서 사업자등록증을 신청하면 인허가 절차는 끝난다.

2) 인허가 신청 시 구비서류

표 15-3. 인허가 신청 시 구비서류

1	교육필증	1부
2	건축물 관리대장등본	1부
3	도시계획 확인원	1부
4	본적 조회, 신원조회 의뢰서	1부
5	보건증	
6	허가 신청서	1부
7	시설물 배치도 (평면도)	1부
8	제조가공하고자 하는 식품의 제조방법설명서	1부
9	먹는 물 수질검사서 (지하수일 경우)	1부
10	액화 석유가스 사용신고서 (해당자)	1부
11	유선, 도선, 사업면허증 (해당자)	1부
12	소방 방화 시설 완비 증명서	
13	사 진	2매
14	도 장	

① 공업협회 교육 시 교육이수신청서 1부를 작성하고 준비물은 주민등록증, 도장, 회비 30,000원(2일 교육)이다.

② 영업허가 시 관할 시, 군, 구청 위생과에 제출한다.

③ 사업자등록을 신청할 때 필요한 제출서류는 표 15-4와 같으며 관할 세무서 민원실에 제출한다.

표 15-4. 사업자등록 신청 시 제출서류

1	허가증 사본	1부
2	주민등록 등본	2통
3	사업자 신청서	1부
4	임대차 계약서	1부

④ 기타 면허세 및 채권매입 : 식품 가공업 영업을 하고자 하는 자는 서울 및 광역시
지역은 도시철도 채권, 기타 지역은 국민주택 채권을 매입하도록 하고 있다. 떡
집 영업은 면허세 18,000원, 채권매입 50,000원이다.

⑤ 기본 기계시설은 표 15-5와 같다.

표 15-5. 기본 시설

1	보일러	1대
2	쌀 롤러	1대
3	제빙기	1대
4	증숙기	1대
5	떡 성형기	1대(필요 없을 경우 없어도 무관)
	시설물 배치도는 상기 시설물 배치도를 말함.	

3) 영업허가 신청 및 처리절차

위에서 설명한 모든 절차를 사전에 준비하였다가 최소한 개업일 전까지는 허가증
및 사업자등록증을 발급받아 개업에 지장이 없도록 해야 한다. 한 가지 유의할 것은
식품공업협회 교육은 매일 실시되는 것이 아니니 교육일을 확인하여 두고, 창업 후에
도 연간 1회씩 교육을 받는다는 것을 숙지하여야 한다.

4) 사업자등록 신청 등

관할 시, 군, 구청에 영업허가를 신청 및 처리하는 절차는 다음과 같다.

(1) 사업자등록증 신청 및 허가

개인이 신규로 사업을 하고자 할 때는 사업장별로 사업장 소재 관할허가 관청의 장

에게 영업허가를 받은 후, 사업을 시작한 날로부터 20일 안에 구비서류를 갖추어 관할 세무서장(민원봉사실)에게 사업자등록을 신청해야 한다. 사업자등록 신청을 하면 등록번호가 부여되는데 이 번호는 모든 상거래에 있어서 그 사업주체를 표시하며 거래 시마다 사용되는 고유번호이다.

사업소가 소정 기일 내에 사업등록을 하지 않을 경우 미등록 가산세가 부과되고 납부세액 계산 시에 매출세액으로부터 매입세액을 공제받지 못하는 불이익이 있다.

또한, 구입 시 부담한 부가가치세는 환급받지 못한다.

(2) 사업자의 유형별 등록

① 과세 사업자 : 부가가치세법에 의한 사업자등록

② 면세 사업자 : 소득세법에 의한 사업자등록

③ 과세, 면세 겸업 사업자 : 부가가치세법에 의한 사업자 등록만 하면 된다.

(3) 사업자등록의 정정신고

사업자등록이 끝나고 나서 등록사항 중에 다음과 같은 변동사항이 발생되면 지체 없이 관할세무서에 제출, 정정신고를 해야 한다.

① 상호를 변경하는 때

② 사업자의 주소 또는 거소를 이전하는 때

③ 법인의 대표자를 변경하는 때

④ 사업의 종류에 변동이 있을 때

⑤ 상속으로 인하여 사업자의 명의가 변경되는 때

⑥ 사업장을 이전하는 때

사업장을 이전하는 때에는 이전 후의 사업장 관할 세무서에 이전 사실을 신고하여야 한다.

(4) 휴업·폐업하는 경우의 세무종결

사업을 휴업·폐업하게 되는 경우에는 지체 없이 관할 세무서장에게 휴업·폐업·폐쇄신고서를 제출해야 한다.

사업을 시작할 때 사업자등록 신청을 하는 등 각종 신청 신고를 하였듯이 사업을 그만두는 경우에도 그 종결 절차를 거쳐야 하며, 세무종결 절차를 밟지 않으면 커다란 재산상의 손해를 볼 수 있다.

따라서 사업자가 사업을 쉬거나 그만두는 경우에는 지체 없이 휴업·폐업신고서 1부를 작성하여 사업자등록증과 함께 사업장 관할 세무서에 제출해야 한다.

(5) 식품위생법

식품위생법은 식품으로 인한 위생상의 위해를 방지하고 식품영양의 질적 향상을 도모함으로써 국민보건의 증진에 이바지함을 목적으로 한다. 영업을 하고자 하는 자는 이 법령에서 정하고 있는 '업종별 시설기준'에 적합한 시설을 갖추도록 하고 있으며, 허가 관청은 영업시설에 적합하지 않을 때는 기간을 정해 시설의 개수를 명할 수 있으며, 건축물의 소유자와 영업자가 다른 경우에도 위생 시설의 개수를 건축물의 소유자에게 명할 수 있다.

그리고 식품접객 영업자는 전염성 질병에 걸렸다고 인정되는 자와 도박 또는 풍기를 문란하게 하는 행위를 하거나 기타 규정된 위반을 하는 자 이외에는 영업시설 이용을 제한하지 못하도록 하고 있다.

① 업종별 시설 기준

영업장의 시설 기준, 급수시설의 시설 기준, 조명시설의 시설 기준, 조리장의 시설 기준, 화장실의 시설 기준 등이 있다.

② 위생 교육

식품접객업의 허가를 받고자 하는 자 등 법령에서 규정하고 있는 영업자와 종업원은 식품위생과 개인위생, 식품위생 시책 등에 관한 위생교육을 받아야 하며, 영업자는 특별한 사유가 없는 한 위생교육을 받지 않은 자를 영업에 종사시키지 못하도록 하고 있다.

또한, 국민보건위생의 중요성을 감안하여 제조조리기능사에 대한 보수 교육을 실시하도록 하고 있다.

③ 건강진단

위 법령에서는 식품을 채취하거나 제조, 가공과 조리, 운반 또는 판매하는 데 직접 종사하는 자를 건강진단 대상자로 하여 정기적인 건강진단을 받도록 하고 있다.

또한, 건강진단 결과 타인에게 위해를 끼칠 우려가 있는 질병을 가진 자와 건강진단을 받지 않은 자에 대해서는 영업에 종사하지 못하도록 하고 있다.

건강진단의 검진항목과 검진주기, 의료기관 등에 대해서는 '위생분야 종사자 등의 건강진단 규칙'에서 별도로 규정하고 있다.

식품위생은 식품으로 인한 모든 건강 장애 요인을 제거함으로써 식품의 안정성, 건전성 및 완전성을 기하고자 하는 것이므로 식품 영업에 종사하고자 하는 자 및 종사자는 그 종사 기간에 관계없이 반드시 건강진단을 받아야 한다.

3. 상권 설정과 입지선정 및 상권분석

상권의 설정과 입지선정, 상권의 분석은 제14장 전통떡 시장분석을 참고하고 구체적인 항목별 입지 분석방법, 고객 동향 및 유동인구, 고객의 접근 용이성을 고려하여야 한다. 즉 차량의 통행방향, 차량의 접근성, 즉 도로 폭, 도로 성격, 좌회전, U턴 여부, 차량 진입조건, 주차시설 등을 파악해야 한다. 도보 접근성 역시 중요한데 이는 쾌적성, 안전성 확보여부 등이다.

1) 해당지역의 주요 집객시설 조사

해당지역의 주요 집객시설 조사양식은 표 15-6과 같은 항목을 고려할 수 있다. 입점할 지역의 특성, 즉 주거지역, 상업지역, 유흥가, 시장가를 조사하고 부속기능으로서 주변의 주요 집객시설 조사를 병행한다.

주변 주요 집객시설은 관공서, 학교, 병원 등 공공시설과 유통시설, 업무빌딩, 숙박업소, 문화시설, 레포츠시설 등 상업시설 등이 있다.

2) 입점위치 주변의 급지별 보증금, 권리금 등 조사

후보 입점위치 주변을 상·중·하급지로 구분하여 급지마다 1층, 지하, 2층 등의 점포보증금, 권리금, 월임대료 등의 시세를 파악하여 후보지와 비교 분석하고, 위치는 좋지만 제반조건의 임대료나 권리금이 너무 높을 경우 예상매출액, 수익성 등을 분석하여 선택하여야 한다. 특히 권리금 같은 경우는 분석법을 동원하여 파악하고, 기준계약기간 내 15~18개월 만에 수익성이 있는가와 환수가능한가를 예측해야 한다.

3) 후보 점포 조사

창업자는 누구나 상기에 언급한 모든 항목별 사항 등을 반드시 본인 자신이 현장을

표 15-6. 집객시설 조사양식

구 분	300 m 내		500 m 내	
	시 설 명	상 주 인 구	시 설 명	상 주 인 구
관 공 서				
	소 계			
학 교				
	소 계			
병 원				
	소 계			
업 무 빌 딩				
	소 계			
문화 · 레저 시 설				
	소 계			
숙 박 업 소				
	소 계			
총 계				

발로 뛰면서 업무를 진행하고 파악해야 한다.

대충 현장을 둘러보거나 현지 부동산중개인의 달콤한 감언이설에 귀를 기울여서는 안 된다. 중개인의 말만 믿고 점포를 선정하거나 이곳저곳 돌아다니다 보니 지쳐서 졸속으로 점포를 결정해 버릴 수 있다. 좀 지나치게 까다롭게 고른다 할 정도로 하여도 결정하고 나면 또 문제점이 발생하고 미처 생각하지 못한 부분이 생각날 수 있다. 조사의 목적은 필요한 결론을 얻기 위함이다. 즉, 조사의 가치는 결론으로 나타난다는 것이다. 대충대충 조사해서 결론을 얻게 되면 실수를 범할 수 있고, 그 실수는 애초에 조사를 하지 않은 것이나 다름이 없다.

조사목적을 반드시 이해하고 성공적인 조사를 해야 한다. 그러기 위해서는 누누이 설명하지만 본인 자신이 발로 뛰어다니며 꼼꼼히 기록하고 분석해야 되며, 그 자료가 후보지 선정에만 필요한 것이 아니라 차기 경영전략은 물론 사업계획서 작성 시 각종 분석자료의 기초가 됨을 인식해야 한다.

4) 후보 점포 현장조사

후보 점포 현장조사는 표 15-7을 참조하여 해야 하며 공부서류 조사표는 표 15-8과 같다.

표 15-7. 후보 점포 현장 조사양식

구 분	내 용
입지성	점포용도조건, 점포규모조건, 점포형태조건, 점포배치구조, 지형조건, 지표성, 인지성
교통의 접근성	역세권과의 관계, 도로망구조, 보행자의 동선구조, 차량접근환경, 도로접근환경, 신호등과의 관계, 주차장여건
상권의 양분성	통행자수, 배후거주자수, 배후상주자수, 핵심수요자수
상권의 질	주택구조, 생활수준, 고급내구제 보급률, 상주권내 업체특성, 상주집단의 질적수준, 통행자집단의 질적수준
유동인구 및 인구유발시설	유동인구의 성별·연령대, 유동인구의 직업, 유동인구의 내점동기 등, 주변인구유발시설현황
경합성	상권의 경합성, 직접·간접경합점수, 경합점의 MD, 경합점의 H/W, 경합점의 영업력, 경합점의 상권법위, 경합점의 고객층특성, 경합점의 운영자·종사자
주병의 업종구조	판매서비스업 분포, 점포의 층별 분포, 업종의 층별 분포, 브랜드의 분포구조, 업종의 위계구조
입점조건	계약기간, 거래가, 임대료수준, 임대형태, 권리금
장래성	주거환경의 변화가능성, 교통·접근성의 변화가능성, 상업시설의 변화가능성, 경쟁환경의 변화가능성, 기타요인의 변화가능성

표 15-8. 공부서류 조사표

토지, 건물 등기부등본	건축물 관리대장	도시 계획 확인원
· 계획자 확인 · 근저당 채무확인 · 건축허가서 확인(신건축물)	· 건축물 노후연한 · 사용용도 · 건축허가도면	· 용도지역, 지구확인

4. 창업일정 및 개업준비 절차

업종 선택에서 영업개시까지의 총소요기간을 예상하여 창업추진과정에서 검토해야 할 항목을 선정한다. 구체적인 일정 계획표의 예는 표 15-9와 같다.

표 15-9. 개업 일정 계획(예)

구 분 \ 기 간	업종선택 이전준비 단계	1~10일	11~20일	21~30일	31~40일	41~50일	51~60일	61~70일	71~80일	81~90일
업 종 탐 색										
타 당 성 분 석										
업 종 선 택										
시 장 조 사										
사 업 성 분 석										
자 금 확 보										
예비창업후보지선정										
사 업 계 획 서 작 성										
사 업 장 선 정										
영업 허가사항 검토										
조 직, 인 원 구 성										
점 포 전 세 계 약										
실 내 외 인 테 리 어										
비품, 주방설비구입										
광고, 홍보 계획수립										
판 매 계 획										
종 업 원 교 육										
판 촉 전 략 수 립										
창 업 행 사 준 비										
광 고, 홍 보 실 행										
개 점										

5. 창업 시 유의사항 및 사업전략 포인트

① 각 업무의 우선순위를 정하고 가장 중요한 업무부터 처리한다.

창업자가 창업을 계획하고 정보파악, 계획입안, 기타 분석자료로 업무를 진행하다 보면, 자신이 혼자 모든 문제를 처리하는 데 혼돈을 일으켜 중구난방식이 되고 졸속 처리하기 쉽다. 따라서 중요도의 우선순위를 정하여 꼼꼼하게 기록하고 처리해야 한다.

② 떡을 만들고 배합하는 전 과정을 사전에 능숙히 알아 두고 기술습득을 철저히 한다.

떡집의 운영현황 분석을 위한 업체 중 현재 지역에서 독보적으로 정평이 있는 떡집을 비롯한 여러 떡집의 경영주 내지 공장장들과 상담하여 현상을 분석한 결과 대두되는 문제는 떡원료의 배합과 제조기술이므로 최소한 3개월 정도는 교육을 받으며 노하우를 익혀야 한다.

③ 기계 구입 시 사전에 기계성능, 가격 등을 알아 둔다.

기타 업종의 창업과는 달리 떡집 창업의 경우 기본 기계설비가 관계법에 명시되어 있다. 같은 기계라도 제조사에 따라 가격과 성능이 다르다. 처음 창업하는 사람은 기계에 대하여 잘 모르기 때문에 타인에게 위탁하여 구입하는 경우가 많은데, 잘못 위탁하면 싸구려 기계를 구입할 수 있고 브로커에게 속을 수도 있으므로 유의해야 한다.

④ 원·부재료 구입에 특히 유의한다.

국산 곡류로 떡을 만들었을 경우와 수입 곡류로 떡을 만들었을 경우 맛에서부터 많은 차이가 나므로 신토불이 우리 곡물을 사용하여 떡을 만들 것을 권한다.

⑤ 입지 선정에 특히 유의해야 한다.

모든 업종이 입지선정에 많은 신경을 쓰지만, 특히나 떡의 경우는 더욱 그렇다. 가능하면 주택 밀집상가가 좋고 아파트라면 최하 1,000세대 이상의 시장을 끼고 있거나, 시장 안이라면 더 좋다. 안정적 상권 파악 및 입지선정을 하는 일이 무엇보다 중요하다.

⑥ 점포 계약 시에 유의해야 할 점을 숙지해야 한다.

다소 비싸더라도 위치가 좋고 고객이 많은 곳을 선택하나, 목은 좋은데 보증금·권리금·월세가 비싸거나 건물에 법률적 하자가 없는지 필히 공부서류를 확인하여야 한다.

건물의 용도는 어떠한지, 건물주의 인격이나 신용상태는 어떠한지를 참고로 알아두어야 된다. 점포를 고르다 보면 전문 브로커들의 감언이설에 속기 쉽다.

a. 기계시설 공사나 매장 인테리어 공사 등도 반드시 창업자가 발로 뛰면서 눈으로 확인하는 철저함을 보여, 바가지를 쓰지 않도록 유의해야 한다.

b. 기타 제반 여건변화에 주관적인 판단을 해야 하고, 남의 말에 너무 귀가 여려서 혼돈을 자초하는 일이 없도록 해야 한다.

c. 초기에는 종업원 문제도 가능하면 떡집에 대해서 아는 사람을 고용하고, 종업원에 대한 관리 문제도 허술함이 없도록 하여 창업 후 실패하는 일이 없도록 한다.

d. 경쟁점이나 유사 경쟁대상 점포가 있다면, 충분히 파악분석 후 창업에 대처한다. 경쟁점 현황조사서를 작성하고 상권분석서를 활용하면서, 최대한 차별화할 수 있는 특색을 부각하여 고정고객 창출에 역점을 둘 것을 다시 한번 강조한다.

⑦ 끝으로 성공 노하우 몇 가지를 기술하면 다음과 같이 요약할 수 있다.

a. 사업의 성공을 좌우하는 점포입지 및 상권분석을 철저히 한다.

b. 기존의 다른 점포와는 다르게 고객을 최대한 편안하고 안락한 분위기로 정중히 모신다.

c. 철저한 원가 개념을 도입하여 분석 대처하며, 맛과 질 모든 면에서 타 점포와 절대적으로 차별화한다.

d. 판촉활동 및 운영방식을 철저히 차별화된 영업관리 방식으로 채택하여 관리한다.

e. 매월 1회씩 특별 이벤트활동을 통하여 고객 유치에 전력을 기울인다.

f. 꾸준하게 점포의 전문화된 관리 또는 한국 최고의(떡에 대한 것이라면) 프로가 되겠다는 프로정신에 입각하여 개발 개선에 최선을 다한다.

g. 매사에 No. 1 주의, 즉 전략, 전술, 성실, 능력, 고객관리에서 넘버원의 최고주의로 차별화한다.

h. 마케팅의 4대 범죄인 무능하고, 무책임하고, 무기력하고, 무관심한 행동과 정신을 배제한다.

[연습문제]

1. 대도시, 중소도시, 읍 단위, 면 단위에서 떡가공업소를 창업할 때 창업계획서를 작성하고, 중점적으로 점검해야 할 사항을 알아보자.

2. 베이커리매장과 떡매장의 인테리어와 비품설치에 필요한 예산을 산출하라.

3. 떡가공공장과 떡판매업을 준비할 때 필요한 인허가 절차와 시설기준에 대하여 알아보자.

4. 떡가공공장의 입지선정에서 고려해야 할 사항을 설명하라.

5. 떡판매장 창업 시에 점검해야 할 항목을 적고 추진 로드맵을 작성하라.

6. 베이커리매장과 인접한 곳에 떡매장을 개업할 경우, 중점을 두고 준비하고 판매원을 교육해야 할 사항을 알아보자.

7. 창업 시 유의사항과 점검해야 할 사항을 알아보자.

16장 식품위생법

떡을 포함한 식품에 있어서 위생성과 안전성은 중요한 것이다. 떡에 관한 별도의 규정은 없으므로 떡에 관련된 식품위생법령을 발췌한 내용으로 식품위생법, 제품의 포장방법 및 포장재의 재질의 기준에 관한 규칙, 자가품질검사 등 떡을 제조·판매하거나 창업을 준비하는 데 필요한 사항이다.

1. 식품위생법

1) 기준과 규격

가. 식품 및 식품 첨가물(법 제7조 제1항)

① 판매를 목적으로 하는 식품 및 식품 첨가물에 대하여 식품의약안전청장이 국민 보건상 필요하다고 인정하는 때에 고시

② 제조·가공·사용·조리 및 보존 방법에 관한 기준과 성분에 관한 규격

나. 기구 또는 용기·포장(법 제9조 11항)

① 판매를 목적으로 하거나 영업상 사용하는 기구 또는 용기·포장에 대하여 식품의약안전청장이 국민 보건상 필요하다고 인정하는 때에 고시

② 제조 방법에 대한 기준과 기구, 용기·포장 및 그 원재료에 관한 규격

다. 한시적 기준규격(법 제7조 제2항 및 제9조 제2항)

① 기준 규격이 고시되지 아니한 식품 등에 대하여는 그 제조·가공업자로 하여금 기준·규격을 제출하게 하여 식품위생검사기관의 검토를 거쳐 그 기준과 규격을 한시적으로 인정

② 대상 식품 등 : 화학적 합성품이 아닌 식품첨가물과 식품 및 첨가물에 사용되는 기구 또는 용기 포장

※ 수출품의 기준·규격은 수입자의 기준·규격에 적합하여야 함(법 제7조 제4항 및 제9조 제4항)

2) 표시

가. 관련규정(법 제10조)

① 판매를 목적으로 하는 식품 또는 식품첨가물과 기준 또는 규격이 정하여진 기구 또는 용기·포장에 대하여 식품의약안전청장이 기준을 정하여 고시

② 시행규칙 제5조 관련 표시기준과 식품공정 중 표시에 관한 사항을 통폐합하여 별도의 '식품 등의 표시기준'으로 제정고시(식품의약안전청고시 제1998-96호, 98. 10. 7 시행)

나. 표시대상

(1) 식품 및 식품첨가물

① 영 제7조 제1호의 규정에 의한 식품제조·가공업 및 제2호의 규정에 의한 즉석판매·제조·가공업의 허가를 받거나 신고를 하여 제조·가공하는 식품. 다만, 식용얼음의 경우 5킬로그램 이하의 소포장 제품에 한함

② 영 제7조 제3호의 식품첨가물제조업의 허가를 받아 제조하는 식품첨가물

③ 영 제7조 제5호의 가목의 규정에 의한 식품소분업으로 신고를 하여 소분하는 식품 또는 식품첨가물

④ 방사선으로 조사처리하는 식품

⑤ 수입식품 및 수입 식품첨가물

⑥ ① 내지 ⑤ 외의 용기·포장에 넣어진 식품 또는 수입된 자연상태의 농·임·축·수산물 및 과일류로서 용기·포장에 넣어진 것

(2) 기구 또는 용기·포장(수입제품을 포함)

① 법 제9조 제1항 및 제2항의 규정에 의하여 기준 및 규격이 정하여진 기구 또는 용기·포장

② 옹기류

다. 표시사항

① 제품명(기구 또는 용기·포장은 제외)

② 식품의 유형(식품첨가물, 기구 또는 용기·포장은 제외)

③ 영업허가(신고) 기관명 및 영업허가(신고)번호

④ 업소명 및 소재지

⑤ 제조년월일(따로 정하는 식품에 한함)

⑥ 유통기한(식품첨가물과 기구 또는 용기·포장은 제외)

⑦ 내용량(기구 또는 용기·포장은 제외)

⑧ 성분 또는 원재료(기구 또는 용기·포장은 재질로 표시) 및 함량(특성성분을 제품명 또는 제품명의 일부로 사용하는 경우에 한함)

⑨ 영양성분(따로 정하는 식품)

⑩ 기타 식품 등의 세부표시기준에서 정하는 사항

라. 표시방법

① 표시사항은 소비자가 쉽게 알아볼 수 있도록 일정장소에 일괄표시. 다만, 제품명, 업소명 및 소재지, 영업허가(신고)기관명 및 영업허가(신고)번호, 영양성분 및 세부표시사항은 제외

② 표시사항은 최소판매상위별 용기·포장에 표시. 다만, 위생상 위해발생 우려가 적은 내 포장된 건과류 및 캔디류는 최소유통단위별 용기·포장에 표시가능

③ 일괄 표시하여야 하는 표시사항의 활자의 크기

a. 인쇄가용면적 50 ㎠ 이하 : 5.0포인트 이상

b. 인쇄가용면적 50 ㎠ 초과 ~ 500㎠ 이하 : 7.5 포인트 이상

c. 인쇄가용면적 500 ㎠ 초과 : 12포인트 이상

예외) 바탕색과 구별되는 색상으로 표시하는 경우로서 표시면적이 인쇄가용면적의 6% 이상인 제품과 회수하여 재사용하는 납세병마개제품

④ 표시는 지워지지 아니하는 잉크·각인 또는 소인 등을 사용하여 한글로 표시. 다만 소비자의 이해를 돕기 위하여 한자와 상표법에 의하여 등록된 외국어 상표는 혼용하거나 병기하여 표시가능

⑤ 용기나 포장은 다른 제조업소의 표시가 있는 것을 사용하여서는 아니 됨. 다만, 유해성이 없으며 다른 회사의 제품원료로 제공할 경우는 제외

⑥ 수입되는 식품들 중 한글표시를 생략할 수 있는 경우

 a. 자연상태의 농·임·축·수산물 또는 과일류

 b. 소분판매를 위한 대포장(벌크상태)의 것

 c. 자사의 제품을 제조하거나 조리에 사용하기 위한 식품 등

 d. 대외무역관규정에 의하여 외화획득용(수출용 원자재 포함)으로 수입하는 식품 등. 다만, 외화획득용으로 수입하는 식품 및 식품첨가물은 국내 공급 시 영업허가(신고)기관 및 영업허가(신고)번호, 업소명, 소재지, 유통기한을 표시하여야 함

마. 표시사항의 적용특례

① 즉석판매제조·가공업의 경우 표시사항을 진열상자에 표시하거나 별도의 표지판에 기재하여 게시하는 때에는 제품별 표시 생략가능

② 제품특성상 인쇄·각인 또는 소인이 불가능한 경우와 수입식품의 경우에는 표시사항이 인쇄된 스티커 부착가능. 이 경우, 수입식품 등에 있어서는 수출국에서 표시한 표시 사항이 있어야 하며 원래의 포장지에는 표시된 주요표지사항을 가려서는 아니 됨. 다만, 수입식품 등의 포장지가 외국어로 표시되지 아니한 경우에는 표시사항을 스티커로 부착해서는 아니 되며, 옹기류에 있어서는 재질표시를 생략할 수 있음

③ 표시사항이 인쇄된 라벨은 떨어지지 않게 부착가능

④ 위의 표시대상 중 ⑥에 해당하는 식품은 제품명(내용물의 명칭), 업소명, 제조년월일(포장일), 내용량, 보존 및 취급방법만을 표시가능

⑤ 단무지 또는 두부류를 운반하는 운반용 상자를 사용하여 판매하는 경우에는 업소명 및 소재지, 영업허가(신고)기관명 및 영업허가(신고) 번호만을 표시가능

⑥ 수출식품에 대하여는 수입자의 요구에 따라 표시할 수 있음

2. 제품의 포장방법 및 포장재의 재질 등의 기준에 관한 규칙

(1993. 8. 17 총리령 제430호)

제1조 (목적)

이 규칙은 자원의 절약과 재활용촉진에 관한 법률 제15조 제1항의 규정에 의하여 제품을 제조·수입 또는 판매하는 자(이하 "제조자 등"이라 한다)가 따라야 할 포장폐기물의 발생억제 및 재활용을 촉진하기 위한 제품의 포장방법 및 포장재의 재질 등의 기준에 관한 사항을 규정함을 목적으로 한다.

제2조 (정의)

이 규칙에서 사용하는 용어의 정의는 다음 각호와 같다. <개정 99. 2. 19>

1. "포장"이라 함은 제품의 유통과정에서 가치 및 상태를 보호하기 위하여 적합한 용기 등에 담거나 적합한 재료로 씌운 상태를 말한다.

2. "포장재"라 함은 제품의 포장에 사용하는 물질을 말한다.

3. "종합제품"이라 함은 1회 이상 포장한 최소 판매단위의 제품과 1회 이상 포장한 같은 종류 또는 다른 종류의 제품을 함께 포장한 것을 말한다.

4. "감량화"라 함은 포장재를 감량하거나 포장재를 회수하여 재활용 또는 처리(매립을 제외한다. 이하 같다)하는 것을 말한다.

제3조 (적용범위)

이 규칙은 수송을 목적으로 하는 제품포장에 대하여는 적용하지 아니한다.

제4조 (제품의 포장방법)

① 제조자 등은 제품을 포장할 때에는 포장재의 사용과 포장횟수를 줄여 불필요한 포장을 억제하여야 한다.

② 제조자 등이 준수하여야 할 포장공간비율·포장횟수 등 제품의 종류별 포장방법은 별표 1과 같다. <개정 99. 2. 19>

제5조 (포장재의 재질기준)

① 제조자 등은 재활용이 용이한 포장재를 사용하도록 노력하여야 한다.

② 제조자 등은 폴리비닐클로라이드를 사용하여 첩합(라미네이션) 또는 도포(코팅)한 포장재 외의 포장재를 사용하여야 한다.

③ 제조자 등은 완구·인형 또는 종합제품을 포장할 때에는 발포폴리스틸렌계 포장재 외의 포장재를 사용하여야 한다.

제5조 (포장재의 재질기준) 〈시행일 2001. 1. 1〉

① 제조자 등은 재활용이 용이한 포장재를 사용하도록 노력하여야 한다.

② 제조자 등은 폴리비닐클로라이드를 사용하여 첩합(라미네이션)·수축포장 또는 도포(코팅)한 포장재(제품의 용기 등에 붙이는 표지를 포함한다) 외의 포장재를 사용하여야 한다. 다만, 다음 각호의 제품에 폴리비닐클로라이드 수축포장재 외의 포장재를 사용하는 경우 포장재의 기능에 장애를 초래하는 때에는 폴리비닐클로라이드 수축포장재를 사용할 수 있다.

1. 석유사업법 제2조 제2호의 규정에 의한 석유제품

2. 약사법 제2조 제4항의 규정에 의한 의약품

3. 동물유 및 식물유

4. 화공약품 및 농약

5. 냉동이 필요한 제품

③ 제조자 등은 완구·인형 또는 종합제품을 포장할 때에는 발포폴리스틸렌계 포장재 외의 포장재를 사용하여야 한다.

제5조의2 (합성수지재질 포장재의 연차별 감량)

① 별표 1에 규정된 제품의 제조자 등은 별표 2의 합성수지재질 포장재의 연차별 감량화 목표율을 이행하여야 한다.

② 제조자 등은 포장재의 생산자 등과 함께 단체(이하 "재활용단체"라 한다)를 구성하여 공동으로 합성수지재질 포장재를 감량화할 수 있으며, 재활용단체에 참여한 제조자 등은 해당 제품에 당해 재활용단체에 참여하였음을 나타내는 표시를 할 수 있다.

③ 제조자 등이 제2항의 규정에 의한 재활용단체를 구성하고자 하는 경우에는 다음 각호의 서류를 제출하여 환경부장관으로부터 지정을 받아야 한다.

1. 다음 각목의 사항을 기재한 서류

가. 대표자 성명

나. 목적 및 사업의 범위

다. 소요재원 조성에 관한 사항

라. 폐기물의 회수·재활용·처리체계 구축에 관한 사항

2. 대상제품 제조자 등의 60퍼센트 이상 또는 대상합성수지재질 포장재 총량의 60퍼센트 이상을 차지하는 제조자 등의 참여약정서

④ 재활용단체가 제1항의 규정에 의한 목표율을 고려하여 환경부장관이 따로 정하는 목표율을 이행한 경우에는 당해 재활용단체에 참여한 제조자 등은 제1항의 규정에 의한 목표율을 이행한 것으로 본다.

⑤ 제1항 및 제4항의 규정에 의한 목표율을 이행여부 확인 및 감량화의 방법에 관하여 필요한 사항은 환경부장관이 정하여 고시한다. <본조신설 99. 2. 19>

제5조의3 (제품의 포장방법 및 재질에 관한 검사 등)

① 법 제15조 제2항에서 "환경부령이 정하는 전문기관"이라 함은 다음 각호의 기관을 말한다.

1. 국립기술품질원

2. 산업디자인진흥법에 의한 한국산업디자인진흥원

3. 환경부장관이 포장방법 및 포장재질에 관한 검사를 할 수 있는 전문성을 가지고 있다고 인정하여 고시하는 기관

② 법 제15조 제2항의 규정에 의한 검사명령을 받은 제조자 등은 그 명령을 받은 날부터 20일 이내에 제1항의 규정에 의한 전문기관이 발행한 검사성적서를 검사를 명한 기관의장에게 제출하여야 한다. <본조신설 99. 2. 19>

제5조의4 (포장방법 및 포장재의 재질 표시방법)

법 제15조 제3항의 규정에 의한 포장방법 및 포장재의 재질을 표시하는 방법은 별표 3과 같다. <본조신설 99. 2. 19>

제6조 (제품포장방법 등의 예외)

제조자 등이 제4조 또는 제5조의 규정을 준수할 수 없는 경우에는 제조·수입 또는 판매하기 전에 다음 각호의 서류를 작성하여 환경부장관에게 제출하여야 하며, 환경부장관은 제출된 서류의 내용을 검토하여 그 결과를 서면으로 통보하여야 한다. <개정 95. 2. 6, 99. 2. 19>

1. 제품의 종류·포장재질·포장공간비율 및 포장횟수

2. 제4조 또는 제5조의 규정을 준수할 수 없는 사유

3. 제5조의3 제1항의 규정에 의한 전문기관이 발급한 포장재질 또는 포장공간비율에 관한 검사성적서 및 의견서

제7조 (포장용기의 재사용)

① 다음 각호의 제품을 제조하는 자는 그 포장용기를 재사용할 수 있는 제품의 생산량이 당해 제품 총생산량 중 차지하는 비율이 다음 각호의 비율 이상이 되도록 노력하여야 한다. <개정 99. 2. 19>

1. 화장품 중 색조화장품(메이크업)류 : 100분의 10

2. 합성수지용기를 사용한 액체·분말세제류 : 100분의 50

3. 두발용 화장품 중 삼푸·린스류 : 100분의 20

4. 위생용 종이제품 중 물티슈류 : 100분의 20

5. 분말커피류 : 100분의 10

6. 크레용·크레파스·물감 : 100분의 10

② 유통산업발전법시행령 제4조의 규정에 의한 대형점·백화점·쇼핑센터 및 도매센터에서 제1항 각호의 1에 해당하는 제품을 판매하는 자는 제1항의 규정에 의하여 생산된 포장용기를 재사용할 수 있는 제품을 진열·판매하는 등의 방법으로 포장용기가 재사용될 수 있도록 협조하여야 한다. <개정 99. 2. 19>

제8조 (포장제품의 재포장 자제)

유통산업발전법시행령 제4조의 규정에 의한 대형점·백화점·쇼핑센터·도매센터 및 면적이 33제곱미터 이상인 매장에서 포장된 제품을 판매하는 자는 구매자가 요구하지 아니하는 한 포장되어 생산된 제품을 다시 포장하여 제공함을 자제함으로써 포장폐기물을 줄이도록 적극 노력하여야 한다. <개정 95. 2. 6, 99. 2. 19>

제9조 (가전제품의 포장용완충재의 감량화 등)

① 별표 4의 가전제품을 제조 또는 수입하는 자는 동표의 가전제품의 포장용 합성수지재질 완충재의 연차별 감량화 목표율을 이행하여야 하며, 감량화를 위한 자체계획을 수립하여 시행하여야 한다. 이 경우 용적이 3만 세제곱센티미터 미만인 가전제품에 대하여는 발포성 합성수지재질 외의 완충재를 사용하도록 노력하여야 한다. <개정 99. 2. 19>

② 제1항의 규정에 의한 가전제품을 품목별로 연간 2만 대 이상 제조 또는 수입하는

자는 그 완충재를 감량화한 전년도 실적과 당해연도 계획을 매년 2월 말까지 환경부
장관과 산업자원부 장관에게 제출하여야 한다. <개정 95. 2. 6, 99. 2. 19>

③ 제1항의 규정에 의한 감량화 목표율의 이행여부 확인 및 감량화의 방법에 관하
여 필요한 사항은 환경부장관이 정하여 고시한다. <신설 99. 2. 19>

④ 제조자 등이 가전제품을 판매할 때에는 구매자가 요구하지 아니하는 한 그 포장
재를 회수하여야 한다.

3. 자가품질검사

(1) 관련규정(법 제19조 및 규칙 제19조 관련 별표 8)

식품들을 제조·가공하는 영업을 하는 자는 제조·가공하는 식품 등의 기준·규격 합
성 여부를 스스로 검사하여야 함

(2) 대상

영 제7조 제1호의 식품제조·가공업, 제2호의 즉석판매제조·가공업, 제3호의 식품첨
가물제조업과 제7호의 용기·포장류제조업

(3) 식품 등의 검사

①식품 등에 대한 자가품질검사는 제조·가공하는 품목별로 실시

a. 즉석판매제조·가공대상식품에 있어서 동일한 성분·규격을 적용받는 식품유형별
로 실시 할 수 있음

b. 기구 및 용기·포장의 경우 동일한 재질의 제품으로 크기나 형태가 다를 때에는
재질별로 실시할 수 있음

② 검사주기 적용시점은 제품제조일을 기준으로 산정

③ 검사항목의 적용은 당해 제품의 해당 항목에 한함

(4) 검사의뢰 및 기록서

① 자가품질검사시설의 미비 등으로 직접 검사하기 어려운 때에는 법 제19조 제2항
의 규정에 의하여 식품위생검사기관에 의뢰

② 식품위생검사기관 중 동업조합의 공동검사실에 의뢰하여 자가품질검사를 하고
자 하는 때에는 식품의약안전청장이 검사능력이 있다고 인정한 당해 식품에 한하여
의뢰하여 검사가능

③ 영업자는 검사기록서를 2년간 보관하여야 하며, 검사기관은 검사대장을 최종 기재일로부터 3년간 보존하여야 함

※ 자가품질검사기준(규칙 제19조 관련)

1. 식품 등의 검사

가. 식품에 대한 자가품질검사는 판매를 목적으로 제조·가공하는 품목별로 실시하여야 한다. 다만, 즉석판매제조·가공 대상식품의 경우에는 동일한 성분·규격을 적용받는 식품유형별로 이를 실시할 수 있다.

나. 기구 및 용기·포장의 경우 동일한 재질의 제품으로 크기나 형태가 다를 때에는 재질별로 자가품질검사를 실시할 수 있다.

다. 자가품질검사주기의 적용시점은 제품제조일을 기준으로 산정한다.

라. 검사항목의 적용은 당해 제품의 해당항목에 한한다.

마. 식품 등의 자가품질검사는 다음의 구분에 의하여 실시하여야 한다.

(1) 별표 9 제1호 사목(1)(나)의 규정에 의하여 검사실을 갖추지 아니할 수 있도록 정하여져 있는 식품제조·가공업 및 즉석판매제조·가공업의 대상 식품 중 빵류(크림빵에 한한다)·아이스크림제품류·식육제품·어육제품·두부류·묵류·식용유지류·인산제품류·음료류·추출가공식품·순대류 및 도시락류

○ 식품별 성분에 관한 규격 : 6월마다 1회 이상

(2) 식품제조·가공업 중 인삼제품류

(가) 식품일반의 성분에 관한 규격 중 잔류농약 : 1월마다 1회 이상[인삼제품류 중 농축인삼류·농축홍삼류·인삼분말류(인삼 100%에 한한다) 및 홍삼분말류(홍삼 100%에 한한다)]

(나) 식품별 성분에 관한 규격 : 1월마다 1회 이상

(3) (1)(2) 외의 식품제조·가공업자

○ 식품별 성분에 관한 규격 : 1월마다 1회 이상

(4) 식품첨가물제조업자 또는 용기·포장류제조업자

(가) 식품첨가물별 성분에 관한 규격 : 1월마다 1회 이상

(나) 기구 또는 용기·포장별 규격 : 동일재질별로 2월마다 1회 이상

2. 기타 자가품질검사와 관련한 세부사항은 식품의약품안전청장이 정하는 바에 의한다.

4. 건강진단

가. 관련규정 : 법 제26조, 제34조 및 제35조

나. 건강진단대상자

식품 또는 식품첨가물(화학적 합성품인 식품첨가물 제외)을 채취·제조·가공·조리·저장·운반 또는 판매하는 데 직접 종사하는 자. 다만, 완전포장된 식품 또는 식품첨가물을 운반 또는 판매하는 데 종사하는 자는 제외

다. 영업에 종사하지 못하는 질병의 종류

① 전염병예방법 제2조 제1항 제1호의 규정에 의한 제1군 전염병

② 전염병예방법 제2조 제1항 제3호의 규정에 의한 제3군 전염병 중 결핵(비전염성인 경우 제외)

③ 피부병 기타 화농성 질환

④ 후천성면역결핍증(성병에 관한 건강진단을 받아야 하는 영업에 종사하는 자에 한함)

※ B형간염 : 취업제한대상자에서는 제외되었으나 영양사 및 조리사의 면허교부 시 식품위생법 및 전염병예방법에 의거 면허교부 결격대상임(의사의 진단에 의하여 제한적으로 허용)

※ 위반 시 과태료 : 별지 과태료부과금액 참조

라. 건강진단항목 및 진단횟수

대상	건강진단 항목	횟수
식품 또는 식품첨가물(화학적 합성품인 식품첨가물을 제외한다)을 채취·제조·가공·조리·저장·운반 또는 판매하는 데 직접 종사하는 자. 다만, 영업자 또는 종업원 중 완전포장된 식품 또는 식품첨가물을 운반 또는 판매하는 데 종사하는 자를 제외한다.	1. 장티푸스(식품위생관련영업 및 집단급식소 종사자에 한한다)	1회/년
	2. 폐결핵	
	3. 전염성 피부질환 (한센병 등 세균성 피부질환을 말한다)	

5. 즉석판매제조·가공영업자의 준수사항

(규칙 제42조 관련)

(1) 제조·가공한 식품을 영업장 외의 장소에서 판매하거나 판매를 목적으로 하는 사람에게 판매하여서는 아니 된다.

(2) 손님이 보기 쉬운 곳에 가격표를 붙여야 하며, 가격표대로 요금을 받아야 한다.

(3) 영업신고증을 업소 안에 보관하여야 한다.

(4) 축산물가공처리법 제12조의 규정에 의하여 검사를 받지 아니한 축산물은 이를 식품의 제조·가공에 사용하여서는 아니 된다.

(5) 「야생동·식물보호법」에 위반하여 포획한 야생동물은 이를 식품의 제조·가공에 사용하여서는 아니 된다.

(6) 유통기한이 경과된 제품을 진열·보관하거나 이를 식품의 제조·가공에 사용하여서는 아니 된다.

(7) 수돗물이 아닌 지하수 등을 먹는 물 또는 식품의 제조·공정 등에 사용하는 경우에는 먹는물관리법 제43조의 규정에 의한 먹는 물 수질검사기관에서 다음의 구분에 따라 검사를 받아 마시기에 적합하다고 인정된 물을 사용하여야 한다. 다만, 동일건물에서 동일수원을 사용하는 경우에는 하나의 업소에 대한 시험 결과로 갈음할 수 있으며, 시·도지사가 오염의 염려가 있다고 판단하여 지정한 지역에서는 먹는 물 수질기준 및 검사 등에 관한 규칙 제2조의 규정에 의한 먹는 물의 수질기준에 따른 검사를 하게 할 수 있다.

① 일부항목 검사 : 1년(음료류 등 마시는 용도의 식품인 경우에는 6월)마다 먹는 물 수질 및 검사 등에 관한 규칙 제4조의 규정에 의한 간이상수도의 검사기준에 따른 검사(잔류염소 검사를 제외한다). 다만, 전 항목 검사를 실시하는 연도의 경우를 제외한다.

② 전 항목 검사 : 3년마다 먹는 물 수질 및 검사 등에 관한 규칙 제2조의 규정에 의한 먹는 물의 수질기준에 따른 검사

(8) 제12조 제3항의 규정에 의한 출입·검사 등 기록부는 최종기재일부터 2년간 보관

하여야 한다.

(9) 행정처분기준에 의하여 시정명령·폐기처분·시설개수명령 등 사후조치가 필요
한 행정처분을 받은 영업자는 그 명령에 따른 사후조치를 이행한 경우 그 이행결과를
지체 없이 처분청에 보고하여야 한다.

[연습문제]

1. 식품위생법에서 규정된 포장의 표시규정을 알아보자.

2. 떡의 품질의 향상을 위하여 첨가할 수 있는 식품첨가물을 적고, 떡품질에 미치는 영향을 구체적으로 설명하라.

3. 떡의 포장에 사용될 수 있는 포장재와 포장재 선정 시 주의해야 할 사항을 알아보자.

4. 떡가공공장에서 생산된 떡의 자가품질검사항목을 적고 검사방법을 설명하라.

5. 떡의 품질에서 위생성이 중요한 이유와 현재의 소규모가공공장에서 개선해야 할 사항을 알아보자.

6. 종업원 5명 이하와 50명 이상일 때, 떡가공공장에서의 위생교육을 알아보자.

7. 떡판매 종업원이 고객에게 떡을 판매할 때 알아야 할 항목에 대하여 알아보자.

8. 중국이나 일본 등 외국에서 떡매장을 준비할 때, 식품위생법의 중요성에 대하여 알아보자.

참고문헌

강인희 외 6인. 한국음식대관. 제3편 떡, 과정, 음청. 한림문화사 (2000)

고완석 외 4인. 단위조작. 보문당 (2003)

고학균 외 12인. 미곡종합처리시설. 문운당 (1995)

김동훈. 식품화학. 탐구당 (2004)

김성곤 외 2인. 제과제빵 과학. 비엔씨월드 (1999)

류기형 외 5인. 압출성형사료공학. 문운당 (2004)

류기형. 식품압출성형공학. 공주대학교출판부 (2005)

류기형 외 6인. 식품공학개론. 문운당 (2003)

변유량 외 14인. 현대식품공학. 지구문화사 (2003)

신길만. 제과·제빵 재료학. 교문사 (2004)

윤숙자. 한국의 떡, 한과, 음청류. 지구문화사 (2004)

이철호, 채수규, 이진근. 식품공업품질관리이론. 유림문화사 (1995)

이화영 외 3인. 단위조작. McGrew Hill Korea (2003)

전재홍 외 8인. 한국의 떡. 형살출판사 (2003)

정영선. 떡과 한과. 웅진닷컴 (2003)

한국식품과학회. 식품공학. 형설출판사 (1984)

Hoseney R.C. Principle of Cereal Science and Technology. AACC (1994)

VAn Beynum G.M.A. Joels J.A. Starch Conversion Technology. Dekker (1985)

- 연구논문 -

강선희, 류기형. 수침시간에 따른 찹쌀의 페이스트 점도변화. 산업식품공학 5(4) 241~245 (2001)

강선희, 류기형. 전통 유과가공공정의 분석(I) : 수침 및 꽈리치기 공정. 한국식품과 학회지 34(4) 597~603 (2002)

구소영, 이효지. 칡가루를 첨가한 칡설기의 재료배합비에 따른 관능적, 텍스쳐 특성. 한국조리과학회지 17(5) 523~532 (2001)

권경순. 증편제조를 위한 퍼지이론 적용에 관한 연구. 한국식품영양회 15(3) 228~234 (2002)

김기숙. 백설기 조리법의 표준화를 위한 조리과학적 연구(I). 대한가정학회지 25(2) 79~ (1987)

김기숙, 이소영. 백년초 분말의 첨가비율과 저장에 따른 증편의 품질 특성. 한국조리과학회지 18(2) 179~184 (2002)

김정옥, 신말식. 멥쌀전분으로 제조한 RS3형 저항전분이 인절미의 특성에 미치는 영향. 한국조리과학회지 19(1) 65~71 (2003)

김종군, 김주숙. 제조방법에 따른 약식의 품질 특성. 한국조리과학회지 16(5) 453~459 (2000)

김종군. 한국 고유 떡류의 보존성에 관한 연구. 수도여자사범대학 가정교육과 639~653

신말식, 김정옥, 이미경. 수침시간과 입자크기가 상온에서 수침한 맵쌀가루에 미치는 영향. 한국조리과학회지 17(4) 309~315 (2001)

이지, 정낙원, 차경희. 찹쌀가루를 첨가한 솔설기의 재료 배합비에 따른 관능적 · 텍스쳐 특성. 한국조리과학회지 18(6) 661~669 (2002)

오미향, 김경자. 가공쌀가루 대체량을 달리한 백설기의 저장기간과 온도에 따른 관능적 및 기계적 특성. 한국조리과학회지 19(1) 34~45 (2003)

오미향, 김경자. 단백질 대체량을 달리한 백설기의 저장기간과 온도에 다른 관능적 및 기계적 특성. 한국조리과학회지 19권(1) 46~59 (2003)

유지나, 김영아. 올리고당 첨가가 백설기의 호화와 노화에 미치는 영향. 한국조리과학회지 17(2) 156~164 (2001)

윤선, 이춘자, 박혜원, 명춘옥, 최은정, 이지정. 날콩가루를 첨가한 증편 피자판 개발에 관한 연구. 한국조리과학회지 16(3) 267~271 (2000)

윤숙자, 안현주. 제조방법을 달리한 호박떡의 품질 특성. 한국조리과학회지 16(1) 36~39 (2000)

윤숙자. 단호박 첨가수준에 다른 호박떡의 기호성 및 품질특성. 한국조리과학회지 15(6) 586~590 (1999)

윤숙자. 수분 첨가량에 다른 절편의 노화도에 관한 연구. 한국조리과학회지 16(5) 402~409 (2000)

윤숙자. 막걸리와 물의 첨가비율에 따른 증편의 품질특성. 한국조리과학회지 19(1) 11~17 (2003)

윤숙자. 발효시간에 따른 증편의 기계적 및 관능적 특성. 한국조리과학회지 19(4) 423~429 (2003)

이승현, 장명숙. 화전조리법의 표준화를 위한 조리과학적 연구(1). 한국조리과학회지 17(3) 237~245 (2001)

이은하, 우경자. 올리고당 종류와 첨가에 따른 증편의 품질 특성. 한국조리과학회지 17(5) 431~439 (2001)

이인의, 이혜수, 김성곤. 찹쌀떡의 저장중의 텍스쳐 변화. 한국식품과학지 15(4) 379~384 (1983)

이효지, 백현남. 느티떡의 재료배합비에 따른 관능적 및 텍스쳐 특성. 한국조리과학회지 20(1) 49~56 (2004)

정해욱. 콩절편의 소화율, 호화도 및 노화속도. 한국조리과학회지 12(2) 162~165 (1996)

정혜숙, 김경지. 콩가루 및 땅콩가루를 첨가한 콩떡의 포장 후 저장 중 물성 변화(2). 한국조리과학회지 17(3) 204~210 (2001)

정혜숙, 김경자. 콩기름과 콩가루를 첨가한 콩떡의 관능적 특성. 한국조리과학회지 17(2) 123~128 (2001)

한명주, 신지은, 한여옥, 김나영, 이경희. 쑥의 첨가량, 저장기간에 따른 쑥개떡의 품질특성. 한국조리과학회지 17(6) 634~638 (2001)

찾아보기

ㅇ

ㅈ

ㅍ

ㅎ

기타

저자약력

◆ 류기형 박사

· 공주대학교 산업과학대학장 (현재)
· 공주대학교 식품공학과 교수 (현재)
· 캐나다 마니토바주립대학교 식품공학과 객원교수(현재)
· 한국산업식품공학회 간사장 (2007)
· 한국농산물저장유통학회 학술간사 (2006)
· 한국산업식품공학회 재무간사 (2004~2006)
· 한국식품영양과학회 식품영양과 산업 편집위원장 (2004)
· 한국산업식품공학회 총무간사 (2003~2004)
· 한국산업식품공학회 편집간사 (2001~2002)
· 미국 미시건주립대학교 교환교수 (1999)
· 미국 코넬대학교 연구원 (1992~1994)
· 미국 캔자스주립대학교 식품공학박사 (1992)

실무와 기술사를 위안

안 국 떡 · 냉동떡 그리고 기초에서 창업까지 ·

2005년 11월 11일 초 판 발행
2008년 7월 20일 개정판 발행

지 은 이 · 류 기 형
발 행 인 · 김 홍 용
펴 낸 곳 · **도서출판 효 일**
주   소 · 서울시 동대문구 용두2동 102-201
전   화 · 02) 928-6644
팩   스 · 02) 927-7703
홈페이지 · www.hyoilbooks.com
e - mail · hyoilbooks@hyoilbooks.com
등   록 · 1987년 11월 18일 제 6-0045 호

무단복사 및 전재를 금합니다.

값 24,000 원

ISBN 978-89-8489-170-8